HUANJING TURANG ZHILI

环境土壤治理

主　编　钟　磊
副主编　王天志　孙裴斐　孙于茹

天津大学出版社
TIANJIN UNIVERSITY PRESS

图书在版编目（CIP）数据

环境土壤治理 / 钟磊主编；王天志, 孙棐斐, 孙于茹副主编. -- 天津：天津大学出版社, 2024.4

ISBN 978-7-5618-7696-1

Ⅰ.①环… Ⅱ.①钟… ②王… ③孙… ④孙… Ⅲ.①土壤退化－修复 Ⅳ.①S151

中国国家版本馆CIP数据核字(2024)第064460号

出版发行	天津大学出版社
地　　址	天津市卫津路92号天津大学内（邮编：300072）
电　　话	发行部：022-27403647
网　　址	www.tjupress.com.cn
印　　刷	廊坊市海涛印刷有限公司
经　　销	全国各地新华书店
开　　本	787mm×1092mm　1/16
印　　张	12.75
字　　数	331千
版　　次	2024年4月第1版
印　　次	2024年4月第1次
定　　价	42.00元

前　言

在全球化、工业化和城市化的浪潮中，人类社会对自然资源的依赖和消耗日益加剧，环境问题日益凸显。土壤，作为地球生态系统的重要组成部分，不仅承载着植物生长、农业生产的重任，更是人类生存与发展的基石。然而，随着工业污染、农药化肥滥用以及不合理的土地利用等问题的出现，土壤污染和退化问题日益严重，对人类健康、粮食安全以及生态环境造成了严重威胁。

鉴于此，我们编写了这本《环境土壤治理》教材，旨在为读者提供一套系统、全面、实用的环境土壤治理知识体系。本教材总共10章，主要包括土壤的基本知识，污染与退化的成因、危害及评估方法，土壤污染治理、修复和改良的原理、技术等内容，同时涉及土壤生态保护和可持续利用的前沿理念和实践，以期为读者提供更为广阔的视野和思考空间。

在编写过程中，我们力求做到理论与实践相结合，既注重理论知识的系统性和科学性，又强调实践应用的可操作性和实用性。我们希望通过本书的学习，读者能够掌握环境土壤治理的基本理论和技能，具备解决实际问题的能力，为推动我国土壤环境保护和可持续发展贡献力量。

环境土壤治理是一项复杂而艰巨的任务，需要政府、企业、科研机构和社会公众的共同努力。我们期待本书的出版能够引起更多人对土壤环境问题的关注和重视，共同为构建美丽中国、服务我国土壤修复及耕地保护贡献力量。

本教材由天津大学钟磊担任主编，天津大学王天志、海南大学孙棐斐、北京建工环境修复股份有限公司孙于茹担任副主编。本教材在编写过程中参考和引用了相关手册、书籍和文献，在此对原作者表示深深的感谢。另外，中国科学院大学薛凯老师、杜剑卿老师，哈尔滨工业大学何伟华老师对本教材的编写工作给予了大力的支持，在此一并表示感谢。我们真诚欢迎广大读者对本教材提出宝贵的意见和建议，以便我们不断完善和提高。

钟磊

2024 年 1 月于天津大学北洋园

目　　录

第1章 绪论

1.1 土壤概述

土壤是地球上生命赖以生存的物质基础,是孕育生命的摇篮。关于土壤的定义有很多种,苏联草地管理学家、土壤学家、农学家 B. P. 威廉斯指出"土壤是地球陆地上能够生长绿色植物的疏松表层",这个定义正确地表示了土壤的基本功能和特性;而 ISO 11074:2005 则从土壤的组成和发生考虑,认为土壤"由矿物质颗粒、有机质、水分、空气和活的有机体以发生层的形式组成,是经风化和物理、化学作用以及生物过程共同作用形成的地壳表层"。目前的主流观点认为,土壤是历史自然体,是位于地球陆地表面和浅水域底部,具有生命力、生产力的疏松而不均匀的聚积层,是地球系统的组成部分和调控环境质量的中心要素。土壤是生物多样性最丰富、能量交换和物质循环最活跃的地球表层,具有调控物质和能量循环的能力,可以吸附、分散、降解、净化环境中的污染物,是自然环境各要素的中心环节;对人类来说,土壤能够提供动植物生存所需的必要营养元素、水分等条件,是发展农业、园艺、建筑等行业的基础。1883 年,俄国土壤学家道库恰耶夫指出,土壤是地球演化过程中经过长时间的包括气候、生物、母质、地形、时间和人为活动等在内的综合成土作用而形成的三维自然体,是古生态学信息库、自然史库、基因库的载体,能够帮助人们更好地理解地球和人类的历史。随着科技的不断进步与发展,人们对于土壤的了解越发深入,诸如土壤圈、根际生命共同体、土壤地理学、环境土壤学等新概念、新学科的出现也为土壤学研究带来了新的机遇和挑战。

土壤有狭义和广义两个概念,狭义上指特定的由岩石风化形成的具有生物活性的疏松物质,广义上指包裹地球表面的土壤圈层(简称土壤圈),与大气圈、水圈、岩石圈、生物圈共同构成地球五大圈层。瑞典科学家马特森在 1938 年提出了"土壤圈"这一概念,它是大气圈、水圈、岩石圈、生物圈四个圈层在地表或地表附近相互作用的产物,是"覆盖于地球陆地表面和浅水域底部的一种疏松而不均匀的覆盖层及其相关的生态与环境体系"。土壤圈由上及下分为腐殖质层、表土层、底土层和基岩四个部分,其中农业生产和生物生命活动主要在腐殖质层、表土层进行。对耕作土壤来说,土壤表层 0~20 cm 深的表土层又被称为土壤耕层,土壤耕层以下的土壤层次为耕底层。土壤耕层在富集了土壤主要肥力的同时,也是植物根系分布集中的层次。土壤质地指的是土壤中泥砂的比例,其中直径小于 0.01 mm 的土粒被称为泥,直径为 0.01~1 mm 的土粒被称为砂,直径大于 1 mm 的土粒则被称为砾石,可根据土壤质地的不同将土壤分为砂土、黏土和壤土,表 1-1 给出了国际制土壤质地分类方法。土壤结构的类型有块状、片状、核状、柱状、团粒状等。土壤颗粒通过不同的堆积方式黏结形成土壤结构,而土壤质地对土壤生产性状的影响也是通过土壤结构表现出来的。

表 1-1 国际制土壤质地分类方法

质地类别	质地名称	各粒级含量/%		
		黏粒 （<0.002 mm）	粉粒 （0.002~0.02 mm）	砂粒 （0.02~2 mm）
砂土类	砂土及壤质砂土	0~15	0~15	85~100
壤土类	砂质壤土	0~15	0~45	55~85
	壤土		30~45	40~55
	粉砂质壤土		45~100	0~55
黏壤土类	砂质黏壤土	15~25	0~30	55~85
	黏壤土		20~45	20~55
	粉砂质黏壤土		45~85	0~40
黏土类	砂质黏土	25~45	0~20	55~75
	壤质黏土		0~45	10~55
	粉砂质黏土		45~75	0~30
	黏土	45~65	0~35	0~55
	重黏土	65~100	0~35	0~35

　　土壤中的物质可概括为固体、液体和气体三个部分（固相、液相、气相），三相物质的组成及其变化是土壤自身固有的内在属性，会影响土壤的理化性状。土壤中的物质主要包括水分、矿物质、有机质、生物、空气等。土壤矿物质是岩石经过风化作用形成的不同大小的矿物颗粒，一般占土壤固相质量的 95%~98%，可看作土壤的"骨骼"。土壤矿物质种类很多，化学组成复杂，会直接影响土壤的物理、化学性质，是作物养分的重要来源之一。土壤有机质指土壤中所有含碳的有机物质，包括动植物残体、微生物分解和合成的各种有机质，按其分解程度可分为新鲜有机质、半分解有机质和腐殖质。不同土壤的有机质含量差异很大，森林土壤的有机质含量高达 20%~30%，而部分沙漠土壤的有机质含量仅为 0.5%，一般耕作土壤的有机质含量低于 5%。有机质含量是衡量土壤肥力的一个重要指标。土壤中的生物主要包括动物、植物（主要是根系）和微生物。土壤中的微生物数量很多，在土壤中主要起分解有机质、矿物质和固定氮素的作用。

　　由于受到自然因素和人类活动的影响，近年来土壤环境发生重大变化，严重影响了土壤的生态功能，并对其他各圈层之间的动态平衡产生了一定的冲击，威胁到自然界各级生物的生存和人类社会的正常发展。因此，研究影响土壤环境变化的因素并采取合适的应对措施是当务之急。

1.2 土壤的形成

　　土壤是由岩石经过风化、侵蚀、沉积、压实、化学反应等多个过程形成的，其形成需要数百年甚至数千年的时间。B. P. 威廉斯提出了土壤形成过程中的大小循环学说，即土壤形成的实质是物质的地质大循环和营养元素的生物小循环的矛盾与统一。物质的地质大循环是指地壳表层岩石在风化过程中产生的风化碎屑物质,经雨水淋洗、河流搬运进入海洋湖泊,经胶结、压紧、成岩进一步沉积生成次生岩石,次生岩石在漫长的地质发展过程中随着地壳上升、海陆变迁又回到陆地上,暴露于地表后再次风化,风化产物经淋溶、搬运和沉积进而成岩的这一恒定不变、周而复始的循环过程。地质大循环涉及的空间大、时间长,在这一过程中植物营养元素处于流动分散状态,不累积。营养元素的生物小循环是指各种生物(主要指植物)反复吸收利用并积累营养物质的过程,是一种螺旋形上升、由量变到质变的过程,并非简单的机械重复。生物小循环涉及的空间小、时间短,能够促进植物营养元素的积累,最大限度地发挥有限营养元素的作用。

根据成土过程中物质交换和能量转化的特点和差异,土壤成土过程主要分为原始成土、有机质积聚、富铝化、钙化、盐化、碱化、灰化、潜育化等过程。原始成土过程是指从岩石露出地表着生微生物及低等植物开始到高等植物定居的过程,包括岩石表面着生蓝藻和绿藻等岩生生物、地衣对原生矿物造成强烈破坏、生物风化与成土速度大大增加并为高等绿色植物生长准备肥沃基质三个阶段,多发生在高山区。有机质积聚过程是木本或草本植被下土体上部有机质增加的过程,分为腐殖化、粗腐殖化及泥炭化三种,具体体现为漠土有机质积聚过程、草原土有机质积聚过程、草甸土有机质积聚过程、林下土有机质积聚过程、高寒草甸土有机质积聚过程和泥炭积聚过程。富铝化过程是在热带、亚热带地区的土壤中,由于矿物风化形成了弱碱性条件,可溶性盐基及硅酸大量流失,进而导致铁铝在土体内相对富集的过程,包括脱硅作用和铁铝相对富集作用。钙化过程主要出现在干旱及半干旱地区,由于成土母质中碳酸盐含量较高,碳酸钙在季节性淋溶作用下能够向下迁移,以多种形态(假菌丝、层状等)累积为钙积层(其碳酸钙含量为 10%~20%)。盐化过程指地表水、地下水和母质中的盐分,在蒸发作用下通过土壤水的水平、垂直移动,逐渐向地表积聚,或表现为残余积盐特点的过程,多发生在干旱地区,参与作用的盐分有 $NaCl$、Na_2SO_4、$MgSO_4$ 等;滨海地区的土壤也会发生盐化,$NaCl$ 一般占绝对优势。碱化过程是土壤中交换性钠或镁[即可参与离子交换的钠离子(Na^+)或镁离子(Mg^{2+})]含量增加的过程,会使土壤呈强碱性($pH>9.0$),导致土壤黏粒高度分散、物理性质变差。灰化过程是指在冷湿的针叶林气候条件下土壤中发生的铁铝通过配位反应而迁移的过程。针叶林的残落物被真菌分解产生的强酸性富里酸对土壤矿物有很强的分解作用,矿物分解使硅、铝、铁分离,铁、铝与有机配位体作用,向下迁移形成灰化淀积层,而二氧化硅留在土层上部形成灰白色土层。潜育化过程主要出现在水稻土、沼泽土中,需要土壤长期渍水、有机质处于嫌气分解状态,这一过程中铁、锰强烈还原形成灰至灰绿色土体,该过程往往发生在剖面下部的永久地下水位以下。

影响土壤形成的因素主要包括母质因素、气候因素、生物因素、地形因素、时间因素、人类因素等,而五大成土因子分别是母质因子、气候因子、生物因子、地形因子、时间因子,下面分别介绍五大成土因子和人类活动对土壤形成的影响。

1.2.1　母质因子

与土壤形成有关的块状固结的岩体被称为母岩,而与土壤发生直接联系的母岩风化物及其再积物则被称为母质。根据母质的堆积特点和运输方式,可将母质分为定积母质和运积母质:定积母质是指岩石矿物经风化作用后未经搬运的碎屑物质(风化物);运积母质是指风化产物被外力(如重力、流水、风和冰川移动等)作用搬运到其他地点堆积成的物质。母质代表着土壤的初始状态,是土壤形成的物质基础,其组成和理化性质对土壤的机械组成和矿物风化特征、透水性和不均一性有深刻影响,一定程度上决定了土壤的形成和肥力。在土壤形成的初期阶段,母质对土壤物理性状和化学组成的作用最为显著。随着成土过程的进行,母质与土壤的性质差别逐渐变大,但土壤中会保有母质的部分特征。石灰岩母质上的土壤中钙的含量最高;酸性岩母质上的土壤中硅、钠、钾的含量高于基性岩母质上的土壤,而铁、锰、镁、钙的含量一般低于基性岩母质上的土壤。成土母质的类型与土壤质地关系密切:发育在基性岩母质上的土壤质地一般较细(粉粒、黏粒较多),发育在石英含量较高的酸性岩母质上的土壤质地一般较粗(砂粒较多),而发育在残积物和坡积物上的土壤含石块较多,在洪积物和冲积物上发育的土壤具有明显的质地分层特征。土壤的矿物组成深受成土母质的影响:发育在基性岩母质上的土壤中角闪石、辉石等深色矿物较多,发育在酸性岩母质上的土壤中石英、白云母等浅色矿物含量较高,而冰碛物、黄土母质上发育的土壤中水云母和绿泥石等黏土矿物含量较高。

1.2.2　气候因子

气候因子主要指温度和降水因子,二者能够通过影响土壤的水热状况、物质的转化迁移以及生物群落的结构组成影响岩石的风化和成土过程,同时能够影响土壤的形成速率,是直接影响成土过程的强度和方向的基本因素。气候因子直接与母质的风化过程有关,因为水热状况会直接影响矿物质的分解与合成过程、物质的积累和淋失;同时,气候因子会通过控制植物和微生物的生长活动影响有机质的分解和积累,在一定程度上决定了养料物质循环的速度。例如:温度每增加 10 ℃,土壤中的平均化学反应速度加快 1~2 倍;温度从 0 ℃增加到 50 ℃,土壤中化合物的解离度会增加 7 倍;在温带地区,自东向西大气湿度递减,会依次出现黑土、黑钙土、栗钙土、棕钙土、灰漠土、灰棕漠土、棕漠土,而在东部温带湿润区,由北而南热量递增,土壤分布依次为暗棕壤、棕壤、黄棕壤、黄壤、砖红壤。

1.2.3　生物因子

生物因子包括动物、植物、微生物,其在土壤形成过程中有独特的"创新作用",能够将"死"的母质转变为"活"的土壤,是土壤形成过程中最活跃的因子。动物在成土过程中的主要作用是形成腐殖质、转化养分、疏松土壤、促进土壤形成团聚结构;同时,动物类群的组成和数量也是土壤性质和类型的标志、土壤肥力的指标。植物在成土过程中的作用主要是转化能量、形成有机质、富集养分并使其有效化,以及促进土壤形成和结构体的发展。植物能够通过光合作用合成自身生长需要的有机质,并有选择性地吸收分散在大气、水体和母质中的营养元素,将矿质元素有效化,并以枯枝落叶和残体的形式将有机养分归还给地表。影响土壤有机质含量的主要因素就是植被类型的养分归还量与归还形式。此外,植物根系能够分泌有机酸,通过溶解作用和根系的挤压作用,破坏矿物晶格,改变矿物性质,促进岩石风化,加速成土过程。同时,水热条件和自然植被的演变也会引起土壤类型的演变。微生物是"最古老的造土者",在成土过程中的主要作用包括:分解有机质,释放植物可利用的养料;合成土壤腐殖质,发展土壤的胶体性能;固定大气中的氮素,增加土壤中氮的含量;促进土壤物质的溶解和迁移,提高矿物养分的有效性。

1.2.4　地形因子

地形因子主要通过引起物质、能量再分配而间接地对土壤形成产生影响。地形因子首先影响大气中的水热条件并使之重新分配,从而影响土壤的发育:土壤中的物质容易淋失,在地形低洼处,土壤会额外获得一部分水量,因而使得腐殖质容易堆积;在相对陡峭的山坡上,由于重力作用和地表径流的侵蚀作用,疏松地表物质的迁移速率增大,难以发育成深厚的土壤;在较为平坦的地形部分,地表疏松物质的侵蚀速率较小,使得成土母质能够在较稳定的气候条件和生物条件下发育成深厚的土壤。而阳坡由于接受的太阳辐射能比阴坡多,温度状况比阴坡好,但水分状况较差,其植被覆盖度多数情况下低于阴坡,进而导致了阳坡和阴坡土壤中的物理、化学、生物过程的差异。地形对土壤发育的影响在山地表现得尤为明显,山地地势高、坡度大、切割强烈,水热状况和植被变化明显,所以山地土壤具有垂直分布的特点。例如,随着海拔高度的变化,太白山南北坡的水热条件也相应发生变化,体现出不同土壤类型垂直分布的规律。

1.2.5　时间因子

时间因子对土壤的形成没有直接影响,但时间因子会体现在土壤的不断发展上。成土时间较长时,土壤受气候因子的影响较大,土壤剖面发育较完善,与母质的差异较大;成土时间较短时,土壤受到气候因子的影响较小,土壤剖面分化较差,与母质的差异较小。时间因子可用土壤年龄表示,土壤年龄是指土壤发育时间,可分为绝对年龄和相对年龄。土壤的绝对年龄是指从在当地新鲜风化层或新母质上开始发育时算起到目前所经历的时间,通常用年表示;土壤的相对年龄是指土壤的发育阶段或土壤的发育程度。一般情况下提到的土壤年龄都是指土壤的绝对年龄。高纬度地区冰碛物上土壤的绝对年龄多数小于一万年,低纬度且未受冰川作用地区土壤的绝对年龄可达数十万至数百万年。在时间尺度上,土壤形成具有一定的阶段性。例如,热带地区的土壤形成可以分为五个阶段:初期,土壤母质为未风化的母质;青少年时期,母质开始风化,但许多母质仍保留在土壤中;壮年期,易风化的矿物大部分已经分解,土壤年龄明显增加;老年期,多数矿物已分解,只有少数抗风化能力强的原生矿物得以保存;最后阶段,土壤发育已经完成,原生矿物基本风化完成。

1.2.6　人类活动

除了五大成土因子,人类活动对土壤形成的影响也不容忽视。人类对土壤形成的影响主要体现在改变成土因子对土壤形成和演变的作用。人类对地表生物状况的改变最大,主要体现在农业生产活动方面,由于人类种植的作物替代了天然植被,其群落结构相对单一,需要额外的物质和能量输入维持其生长需求。人类的耕耘活动改变了土壤的结构、水分、温度、保水性、透气性、养分循环状况、元素组成、微生物活动等,培育出了肥沃高产的农耕土壤,但同时一些违反自然规律的活动(如过量施用化肥、随意丢弃垃圾等)导致了土壤的退化,对土壤环境造成了负面影响。

总的来说,五大成土因子都能对土壤的形成产生一定的影响,其中母质、生物、气候因子可为土壤形成提供物质和能量,是土壤形成的物理、化学因素;地形因子影响土壤中物质和能量的分配情况,是土壤形成的空间因素;时间因子控制土壤形成的历程,是土壤形成的时间因素。此外,人类活动也对土壤形成造成了一定的正面和负面影响。

地壳表面的岩石、风化体受到环境因素作用会形成具有一定剖面形态和肥力特征的土壤,这一过程被称为土壤发育,在这一过程中会形成土壤剖面。土壤剖面是从地面向下直到土壤母质的垂直切面,具有若干个大体与地面平行的土层。土壤发生层是指在土壤形成过程中具有特定性质和组成,大致与地面相平行,并具有成土过程特性的层次。可通过颜色、质地、结构、新生体、侵入体、紧实度等从外观上识别不同的土壤发生层。侵入体包括石子、砖瓦、煤渣、石灰等,可用于判断土壤来源以及人为因素对土壤层次影响的深度及广度;新生体包括铁盘、铁锰结核、石灰结核条纹、胶膜、盐斑等,可用于判断土壤性质、组成、发生过程等重要特性。土壤剖面构造是各土壤发生层在垂直方向有规律的组合和有序的排列状况,不同土体具有不同的土壤剖面构造,因此土壤剖面构造是识别土壤的最重要的特征。土壤剖面可以反映土壤中物质的存在形态,是土壤肥力因素的外部表现,可以通过土壤剖面来了解土壤的形成过程、肥力状况、发展方向以及成土因素长期作用的历史记录;此外,土壤剖面也是认土、用土、改土的主要依据之一,因此研究土壤剖面具有重要意义。

一般来说,发育完全的自然土壤,其土壤剖面可以划分为淋溶层、淀积层、母质层三个层次。淋溶层是土体最上部的土层,是有机质的积聚层和物质的淋溶层,在土壤剖面中最为重要,任何土壤都具有这一层次;淀积层在淋溶层之下,位于土体中部或下部,是物质淀积作用形成的土层,发育完善的土体必须具备这一土层;母质层位于土体的最下部,其成土作用不明显,组成物就是母质。由于受到人类生产活动和自然因素的综合作用,旱地耕作土壤产生层次分化,其剖面从上到下可分为表土层、心土层和底土层。表土层可进一步分为耕作层和犁底层,其中耕作层受人为耕作、施肥、灌溉等影响最大,有机质含量十分丰富且颜色较深,疏松多孔、结构良好,根系总量在 60% 以上;犁底层在耕作层之下,长期受到耕作、机械挤压,因而其黏粒下沉且较为紧实黏重,可以起到托水、托肥作用。心土层位于犁底层下部,可以起到保水、保肥的作用,对作物后期的生长有一定影响。底土层未受到耕作影响,保持了母质或自然土壤淀积层的原本面貌。表 1-2 给出了土壤剖面发生层与层次字母注记。自然土壤剖面通常可划分为原始土壤类型(AC 或 CR 型)、幼年土壤类型(AC 型)和发育完善的土壤类型(ABC 型)三种基本类型。

表 1-2　土壤剖面发生层与层次字母注记

土壤剖面发生层代号	层次名称
A	淋溶层
B	淀积层
C	母质层
O	有机质层,水分不饱和,有机质含量 ≥ 35%
H	有机质层,水分长期饱和,有机质含量 ≥ 35%
E	灰化层,砂粒与粉粒聚集
G	潜育层
P	人工熟化层(水稻中的渗育层)

土壤剖面发生层代号	层次名称
W	潴育层
D	沉积的砾质异元母质层
R	连续的坚硬岩层

1.3　土壤的分类

1.3.1　有关土壤分类的概念

土壤分类是指在深入了解土壤发育规律和演替规律的基础上,通过比较土壤之间的相似性和差异性,根据土壤不同发育阶段的物质组成和特征,对土壤圈中客观存在的各种土壤进行科学区分和归类的过程。对土壤进行分类是为了阐明土壤在自然和人为因素影响下发生、发展的规律,揭示成土条件及过程与土壤属性之间的联系。土壤分类可反映不同土壤类型间的自然发育联系。土壤分类的合理、准确程度展现了土壤科学的发展水平,同时适用性广的土壤分类标准也是国内外土壤信息交流的重要工具。迄今为止,土壤分类发展大致经历了古代朴素的土壤分类阶段、近代土壤发生学分类阶段和定量化的土壤系统分类阶段三个重要阶段。想要正确认识土壤、合理利用土壤资源,就要通过对各种土壤进行分类,深入了解各类土壤的特点,从而为改造土壤、提高土壤肥力和农业生产水平提供科学依据。

土壤分类单元是指依照选用的土壤分类标准选出的土壤性质相似的一组个体,可以依据这些性质将这组土壤个体与其他土壤个体区分开来,并对应一个分类层级。这个分类层级反映了这一分类单元与其他分类单元的演化关系。20 世纪 50 年代,美国土壤学家西蒙森首次提出了单个土体的概念,它是最小的土壤单位,人为假设其平面的形状近似于六角形,是一种能够代表个体土壤的最小体积,而它的体积大小取决于土壤发生层次的变异程度。在单个土体的范围内,土壤剖面的发生层次一般是连续的、均一的,是在自然景观中以其独特的位置、大小、基本性质、剖面形态、坡度等特征存在的三维实体,是进行土壤分类的基层单位。聚合土体与土壤个体同义,是由相连且近似的多个单个土体组合形成的。

1.3.2　世界土壤分类系统的发展过程

土壤分类的理论基础为俄国土壤学家道库恰耶夫提出的土壤地带学说,它是根据土壤的形成条件、成土过程和土壤性质进行土壤分类的。而土壤系统分类是建立在土壤诊断层和诊断特性基础上、以系统化和定量化为特点的土壤分类,目前已有 45 个国家直接采用了这一分类,并且有 80 个国家将其作为本国土壤的第一或第二分类,土壤系统分类是世界土壤分类发展的趋势。土壤分类应以土壤发生学为理论基础,同时根据土壤特性进行分类,不能根据成土条件的差别和推断的成土过程来分类。土壤分类的依据包括成土因素对土壤形成的影响和作用、成土过程的核心特征、土壤属性的差别等。土壤分类的工作内容主要包括对土壤类别的区分、概括和归类、分级编排和命名。土壤类别的区分是指按照土壤类型的特征指标来区分土壤;土壤的概括和归类是在根据土壤主要特征区分土壤的基础上,对相似的土壤进行比较归纳,使其在不同分类级上作为分类的指标具有一定的概括性;之后,根据土壤特性对土壤进行分级编排,形成多级分类单元;最后,为某个具体的土壤类别选择合适的名称。土壤分类的要求主要包括:土壤分类应采取多级分类制,各分类级上各个分类单元应有明确的定义;要将土壤属性作为区分土壤类型的标准;在进行土壤分类时,要将土壤由低级到高级分成"塔状"。土壤分类系统是土壤大家族的统一体系,每个土壤都应该在这一分类系统中有一个特定的位置,并且只有一个位置。由于自然条件和知识背景的不同,目前还没有世界统一的土壤分类系统。国际影响力较大的土壤分类系统有美国的土壤诊断分类体系、苏联的土壤发生分类系统、西欧的土壤形态发生学分类系统和联合国世界土壤图图例单元系统。

1.3.3 中国土壤分类系统的发展过程

中国土壤分类的发展始于 20 世纪 30 年代,经历了马伯特土壤分类、土壤地理发生分类和土壤系统分类三个阶段。1933—1936 年,中国从美国引进马伯特土壤分类理论,根据生物气候条件划分高级单元(土类),根据土壤实体划分基层单元(土系),对中国土壤进行了分类;从 1954 年开始,中国采用苏联的土壤发生分类系统并将其应用于实际调查中,这一分类方法以土壤发生假说为基础,侧重成土因素中生物、气候因子的作用,重点研究中心地带的典型土壤类型,忽视了时间因素、土壤本身属性,缺乏定量指标和对过渡地带土壤类型的研究,无法适应社会发展需求;20 世纪 80 年代,中国在借鉴国外土壤分类标准的基础上,于1984 年发布了《中国土壤系统分类检索(第三版)》,提出了中国土壤系统分类的首个方案;在第二次土壤普查结果的基础上,中国借鉴了诊断分类中一些土纲的名称,1992 年全国土壤普查办公室制定了中国土壤分类系统。目前,中国土壤分类处于土壤发生分类和系统分类并存的状态,这也使得中国能够面向世界、与国际接轨。

中国土壤发生分类遵循发生学原则,以土壤属性为基础,坚持成土因素、成土过程和土壤属性结合的分类依据,体现了土壤分类的客观性和真实性;同时遵循统一性原则,将自然土壤和耕作土壤作为统一的整体进行土壤类型的划分,具体分析了自然因素和人为因素对土壤的影响,深入揭示了自然土壤与耕作土壤在发生上的联系及其演化规律。中国土壤发生分类采用七级分类制——土纲、亚纲、土类、亚类、土属、土种和亚种。土纲根据成土过程的共同特点和土壤性质上的某些共性进行划分,体现土壤重大属性的差异;亚纲是在同一土纲内,根据土壤明显水热条件差别所形成的土壤属性的重大差异对土壤进行划分;土类是土壤高级分类的基本分类单元,是根据土壤主要成土条件、成土过程和由此发生的土壤属性来划分土壤的,同土类土壤应具有某些共同的发生属性与层段、相似的肥力特征和改良利用途径;亚类的划分依据是主导土壤形成过程以外的另一个次要的或新的成土过程,反映了土类范围内较大的差异性;土属是根据母质、水文、地形等地方性因素来划分的,反映了区域性变异对土壤的影响;土种是土壤分类系统中基层分类的基本分类单元,根据土壤发育程度对土壤进行划分,主要反映土属范围内属性的差异;亚种是土种范围内的变化,反映了土壤肥力的变异程度。中国土壤发生分类采用连续命名和分段命名相结合的方法:以土纲和亚纲为一段,以土纲名称为基本词根,加形容词/副词前辍构成亚纲名称,即亚纲名称为连续命名,如铁铝土土纲中的湿热铁铝土含有土纲与亚纲的名称;又将土类和亚类分成一段,以土类名称为基本词根;命名尽量简明和系统化。

经过约 20 年的研究,中国土壤系统分类取得了较大的发展成果。与以往的土壤分类相比,中国土壤系统分类以发生学理论为指导,将历史发生和形态发生相结合,以诊断层和诊断特性为基础,使每一种土壤都能够在检索系统中找到唯一的分类位置,面向世界且与国际接轨,且充分体现了中国的特色。诊断层是指用以鉴别土壤类别,在性质上有一系列定量规定的特定土层,位于土体最上部的诊断层被称为诊断表层,由于物质淋溶、迁移、沉积或就地富集作用在土壤表层下所形成的具有诊断意义的土层被称为诊断表下层。诊断特性是用于分类的、具有定量规定的土壤性质,不表现为特定的土层,泛指土层或非土层。诊断现象是指在性质上已发生明显变化、不能完全满足诊断层或诊断特性的规定条件,但在土壤分类上具有重要意义、能够作为划分土壤类别依据的土壤性质。中国土壤系统分类设立了 11 个诊断表层、20 个诊断表下层和 2 个其他诊断层次、25 个诊断特性。该系统采用六级分类制——土纲、亚纲、土类、亚类、土族、土系。土纲是根据诊断层或诊断特性确定的类别;亚纲是土纲的辅助级别;土类是对亚纲的进一步划分;亚类是土类的辅助级别,主要根据是否偏离中心概念划分土壤;土族是基层分类单元;土系是最低级别的分类单元。中国土壤系统分类采取分段命名与连续命名相结合的方法,以土纲、亚纲、土类、亚类为一段,名称结构以土纲为基础,前面叠加反映亚纲、土类、亚类性质的词;土族名称采用在土壤亚类名称前冠以土壤主要分异特性的连续名;土系名称则由地名或地名加优势质地名称(如富铁土、湿润富铁土、黏化湿润富铁土等)构成。表 1-3 给出了基于全国第二次土壤普查结果汇总、修订的《中国土壤分类与代码》(GB/T 17296—2009)的中国土壤系统分类。

表 1-3 中国土壤系统分类

土纲	亚纲	土类
铁铝土	湿热铁铝土	砖红壤、赤红壤、红壤
	湿暖铁铝土	黄壤
淋溶土	湿暖淋溶土	黄棕壤、黄褐土
	湿暖温淋溶土	棕壤
	湿温淋溶土	暗棕壤、白浆土
	湿寒温淋溶土	棕色针叶林土、灰化土
半淋溶土	半湿热半淋溶土	燥红土
	半湿暖温半淋溶土	褐土
	半湿温半淋溶土	灰褐土、黑土、灰色森林土
钙层土	半湿温钙层土	黑钙土
	半干温钙层土	栗钙土
	半干暖温钙层土	栗褐土、黑垆土
干旱土	干温干旱土	棕钙土
	干暖温干旱土	灰钙土

土纲	亚纲	土类
漠土	干温漠土	灰漠土、灰棕漠土
	干暖温漠土	棕漠土
初育土	土质初育土	黄绵土、红黏土、新积土、龟裂土、风沙土
	石质初育土	石灰(岩)土、火山灰土、紫色土、磷质石灰土、石质土、粗骨土
半水成土	暗半水成土	草甸土
	淡半水成土	潮土(浅色草甸土)、砂姜黑土、林灌草甸土、山地草甸土
水成土	矿质水成土	沼泽土
	有机质水成土	泥炭土
盐碱土	盐土	盐土、漠境盐土、滨海盐土、酸性硫酸盐土、寒原盐土
	碱土	碱土
人为土	人为水成土	水稻土
	灌耕土	灌淤土、灌漠土
高山土	湿寒高山土	草毡土、黑毡土
	半湿寒高山土	寒钙土、冷钙土、冷棕钙土
	干寒高山土	寒漠土、冷漠土
	寒冻高山土	寒冻土

1.4 环境土壤学的形成与发展

1.4.1 环境土壤学的形成背景

环境土壤学研究人类活动引起的土壤环境质量变化及其对人体健康、社会经济、生态系统的影响,探索调节、控制和改善土壤环境质量的途径和方法。土壤是环境要素之一,能为绿色植物提供肥力、水分和养料,具有同化和代谢进入土壤中的污染物的能力,是人类不可缺少的自然资源。土壤肥力关系到作物生长和粮食安全,在进行农业生产时,必须重视土壤肥力的培育,但盲目投入肥料、农药会对土壤造成破坏,导致严重的土壤污染。虽然土壤具有一定的自净作用,但当污染物含量超过最大负荷量时,会引起土壤生态系统平衡和功能的破坏,对人类的生存和健康造成威胁。现代土壤承载的是"万物健康"的使命,探究科学解决土壤健康问题的途径、传播土壤健康的理念,对人类社会和全球可持续发展具有重要意义。

环境土壤学是环境问题出现以后在土壤学基础上发展起来的新兴学科,是环境地学的一个分支,同时也是土壤学和环境科学的重要组成部分。想要解决目前面临的众多土壤环境问题,就需要联合环境学、生态学、化学、数学(统计学)、经济学、社会学等多学科专家,对各领域知识进行梳理和整合,根据经济效益以及公众和社会需要找到有效解决问题的办法。环境土壤学是研究人类与土壤圈、生物圈、岩石圈、水圈和大气层之间相互作用的一门学科。

环境土壤学同时涉及缓冲带和地表水的品质、废水与雨水的土地处理、控制水土流失、修复污染土壤、土壤退化、应用分子生物学和基因工程学发展可降解有害污染物的土壤微生物、全球变暖等多个领域的内容,是一门同时注重基础和应用的学科。

总的来说,环境土壤学的发展经历了起步、发展和逐渐完善三个阶段。起步阶段:20 世纪 50—60 年代末,环境土壤学刚刚起步,尚未形成独立完整的体系,主要采用传统土壤学的研究方法解决当时出现的土壤环境问题,如土壤污染物分析测试方法的探索、局部区域土壤污染的治理等。发展阶段:20 世纪 70—80 年代末,环境土壤学的研究内容不断丰富,土壤环境背景值的分析元素由几种主要的有毒重金属元素扩展到 60 余种化学元素,研究区域从城市拓展到农业区,将背景获取与实际应用相结合,同时开展土壤环境容量、污染承载负荷、土壤环境质量评价、土壤污染发生机制、土壤中污染物的迁移转化、土壤污染控制技术与方法等研究。逐渐完善阶段:20 世纪 90 年代至今,环境土壤学研究的深度和广度不断扩展,如有关土壤重金属对生物的毒害机理的研究已发展到分子水平,针对土壤重金属污染的研究已扩展到洲际并涉及污染物迁移规律和动态变化方面。同时,土壤环境学开始关注污染物累积引起的土壤环境质量变化及这种变化对生态系统的结构、功能和人体健康的影响,开始涉及有关多种元素、污染物的交互作用和复合污染的研究,重视土壤胶体对污染物迁移转化的影响和作用。

1.4.2　环境土壤学的研究内容

环境土壤学的核心内容是土壤环境质量与可持续发展,着眼于土壤环境质量的保护、利用和改善,研究土壤和环境的协调关系及土壤的可持续利用,重点关注土壤环境中外源物质的侵袭、累积或污染程度及其预防与修复,以及土壤质量演变过程中土壤环境质量的变化。环境土壤学主要研究土壤环境的现状及演变特征、外源物质在土壤环境中的反应行为、土壤环境生态和人体健康、人为活动对土壤环境的冲击和土壤环境工程等方面的内容。

1. 土壤环境的现状及演变特征

进行土壤环境现状及演变特征的研究,必须针对土壤元素背景值与土壤负载容量进行深层次探讨。土壤环境现状包括土壤及植物的元素背景值、有机物类型与含量、生物种群和活性等与生物多样性有关的资料,是检验过去和预测未来土壤环境演化的基础,对于判断土壤中化学物质的行为与环境质量来说是必要的基础资料。

土壤元素背景值指在未受或少受人类活动的影响下,尚未受到污染破坏或少受污染破坏的土壤中各元素的含量。将土壤中有关元素的测定值与土壤背景值进行比较,可以判断土壤受污染的程度。土壤元素背景值能够真实地反映在一定时间和空间范围内,一定的社会和经济条件下土壤中元素的基本信息及其相互之间的关系。土壤背景值在实际应用中有两种概念:一种是指一个国家或地区土壤中某元素的平均含量,若污染区某元素的含量超过该值即为污染,且超过越多表明污染越重;另一种是指定未被污染的某一类型土壤中某元素的平均含量,将受污染的同一类型土壤中某元素的平均含量与之相比,就可分析得到该土壤受污染的程度。

土壤负载容量,又名土壤环境容量,是指一个特定区域环境能够容纳污染物质的限度,这一限度与该环境的空间、自然背景值及社会功能、污染物的理化性质以及环境的自净能力等因素有关。环境的绝对容量（WQ）是指某一环境所能容纳的某种污染物的最大负荷量，达到绝对容量没有时间限制，即与年限无关；而土壤的年容量（WA）是指某一土壤环境在污染物的积累浓度不超过环境标准规定的最大容许值的情况下，每年所能容纳的某污染物的最大负荷量，其与环境标准规定值、环境背景值和环境对污染物的净化能力都有关系。目前，有关重金属土壤负载容量的研究很多，但有关有机物土壤负载容量的研究较少，这主要是因为多数有机物相比于重金属而言进入土壤后很快就能降解，而其他难降解有机物的定量检测十分困难，技术条件很难达到测定要求，但未来需要对土壤中一些持久性有机污染物进行研究，因此相关技术条件有待改善。

2. 外源物质在土壤环境中的反应行为

对于土壤环境来说，外源物质包括人为添加的化学物质以及外来生物，需要重点研究这些物质在土壤系统中的迁移、转化、归趋及其影响因素。土壤中毒害物质的生物有效性与它们在环境中的反应和归趋有紧密联系。研究控制土壤中化学物质归宿的过程，如吸附、沉淀、溶解、氧化还原、配位、催化、生物过程等，可以加深对土壤负载容量的理解。根际效应在根际土壤微生物群落的构建过程中起着关键作用，受土壤类型、植物类型、气候变化等因素影响。根际环境与土壤环境在物理、化学、生物特征上有一定的区别，其中的一系列酸碱反应、氧化还原反应、生化反应、活化与固定反应、配位与解离反应等能够改变外源毒害物质的生物有效性和生物毒性，因此在研究外源物质的反应行为时，应重点关注对根际环境中污染物迁移转化机制的研究。在综合研究外源物质的基础上，构建其在土壤中迁移转化的模型，建立相关的土壤环境质量标准和指标体系，以便对其进行有效监测和控制。

3. 土壤环境生态和人体健康

土壤环境生态和人体健康主要是指土壤异常情况与人体疾病之间的关系，探究与土壤环境化学、矿物学和生物学等有关的土壤因素。包括有机胶体、无机胶体、有机-无机复合胶体在内的土壤胶体能够储藏微量元素和有机污染物，对这些物质的动态变化和生物有效性有较大的影响，而这些物质又与生物的生存繁衍有关，因此应当重点对土壤胶体开展相关研究。此外，重大环境事故对土壤环境也有较大影响，应重点考虑其给土壤生态环境和人体健康带来的危害。

4. 人为活动对土壤环境的冲击

人为活动对土壤环境的冲击体现在多个方面，包括经济开发对土壤生态环境演变的影响，温室效应对土壤环境的影响，点源、面源污染以及重大工程对土壤环境质量的影响，等等。人为活动会给土壤环境带来一定程度的冲击，因此研究人类行为与土壤环境之间的相互作用关系十分重要。

5. 土壤环境工程

土壤环境工程是指与土壤环境保护有关的项目工程，如土壤环境监测与治理、城市污水土地处理、固体废弃物的土地处理、污染土壤的治理修复、对土壤净化功能的开发等。建设土壤环境工程有助于改善土壤环境质量，同时也可促进人类社会经济、文化等方面的发展。

环境土壤学的学科独特性决定了其研究方法的特殊性，需要结合数学、物理、化学、计算机等多学科的理论知识对其展开研究。第一，土壤环境体系较为复杂，对分析测试条件的要求较高，需要开发能够满足测试需求的定性、定量技术手段，并注意测试仪器的灵敏度及抗干扰能力。第二，要将宏观与微观分析方法相结合，系统研究土壤中的能量、信息交流及物质循环过程,在观察宏观现象的同时还要深入分析其微观机理。第三,可以通过建立相关模型进行研究,不断改进模型以提高其准确性、可靠性,并将理论模型成果投入实际应用中。第四,可以通过构建土壤环境数据库,全面整合土壤环境数据,实现多种土壤环境数据的统筹管理和共享。由于环境土壤学涉及对多门学科研究方法的利用,因此需要培养高素质的综合型人才,以适应当今环境土壤学发展的需要。

近年来,有关土壤环境保护的研究取得了重要的成果。我国开展了大规模的土壤环境质量状况调查,极大地丰富和扩充了环境土壤学的基础资料和研究内容。未来,大数据研究很可能会促进土壤环境大数据的构建与应用。通过数字土壤环境的大数据集合,可以搭建土壤保护与防治等专题平台,提供基于土壤环境大数据的公共服务;利用大数据的知识挖掘功能,实现土壤环境的量化管理;同时,针对污染土壤的靶向修复与安全利用,建立保障农产品质量安全的数字化溯源网络,保障农产品的质量安全。在大数据研究发展的同时,对土壤的微观研究也在不断深入发展,对元素和化合物在土壤中的行为机理研究取得了突破性进展。研究人员对重金属元素在土壤中迁移转化的影响因素进行了研究,发现重金属的形态、土壤理化环境(pH 值、有机质、团聚体)及不同重金属之间的相互作用都会影响重金属在土壤中的有效性,而耕作方式、作物基因型、土壤改良剂等因素会影响农耕作物对重金属的吸收。研究发现:在水稻新陈代谢旺盛的根部,重金属的富集系数最大,而在储存器官(如籽粒)中,重金属的富集系数显著减小,即水稻的根部比地上部分富集重金属的能力更强;小麦各部位按重金属含量由高到低排序为根系、茎叶、籽粒,不同重金属在小麦植株中的富集系数按大小排序为 Cr>Pb>Cd;玉米植株中各部位按重金属含量由高到低排序为根、茎、叶,根部是积累重金属的主要器官,有效阻止了重金属向植株地上部分的迁移。此外,考虑金属的有效性时需要结合自由态离子和动力学过程进行分析,综合考虑扩散运输、动态解离、转运吸收等多个过程,对植物吸收重金属的过程进行合理模拟与预测。

1.5　土壤质量与环境问题

1.5.1　土壤质量与土壤健康

土壤质量指土壤在生态系统中保持生物的生产力、维持环境质量、促进动植物健康的能力。土壤质量是一个发展中的概念,随着时代发展和科技水平提高,土壤质量的概念在不断发展变化。我国相关标准将土壤质量定义为与土壤利用和土壤功能相关的土壤性质的总称,美国土壤委员会则将其定义为“在自然或人工生态系统内,某种特定土壤维持植物和动物生产力、保持和提高水质和空气质量、支撑人类健康和生活环境的能力”。综合多种观点,可以将土壤质量定义为“正常或胁迫条件下土壤维持和改善其生产力、生命力和环境净化能力的综合体现与量度,包括土壤肥力质量、土壤环境质量和土壤健康质量”。20 世纪70 年代后,随着人类对土壤资源的过度开发利用,土壤退化加剧,农业可持续发展以及全球生态环境受到严重威胁,土壤质量这一概念应运而生。土壤质量涉及土壤的主要功能、类型和所处的地域,以及土地利用、土壤管理、生态环境系统、社会经济、政治状况以及人的认识等多个方面。

土壤的功能和生态平衡有赖于土壤肥力质量(土壤为植物提供养分和生产生物物质的能力)、土壤环境质量(土壤容纳、吸收和降解各种环境污染物的能力)和土壤健康质量(土壤影响人类和动植物健康的能力)这三个既相互独立又相互联系的组成要素的结合。土壤质量可分为静态质量和动态质量:静态质量指成土过程中形成的不受或少受人类活动影响的土壤自然组成与性质;动态质量指那些可通过人为干预而优化的部分,如有机质、生物多样性等,这些因素明显受利用和管理方法的影响。土壤质量是保障土壤生态安全和资源可持续利用的能力指标,是现代土壤学研究的核心。

土壤质量与土壤健康有密不可分的关系,因此自土壤质量进入大众视野后,土壤健康同样得到了大众的广泛关注。土壤受到污染后,土壤质量下降,土壤健康受到严重威胁。土壤健康与人类社会发展的关系是一个永恒的话题,只有土壤健康维持在一个较高的水平,才能保证清洁、健康、生产力高的土壤上能够产出丰富优质的产品,才能满足人类生产生活的需求。2013 年,第 68 届联合国大会正式宣布,将 2015 年定为"国际土壤年",其提出了"健康土壤带来健康生活"的口号,并指出"只有健康土壤才能生产健康食物,进而孕育健康的人类与社会"。土壤健康的内涵最早由美国土壤学家多兰(Doran)提出,他认为土壤健康是指土壤作为一个重要的生命系统,在其生态系统和土地使用边界内发挥维持动植物生产力、维持或改善水和空气质量、促进动植物健康功能的能力。我国发布的《耕地质量等级》(GB/T 33469—2016)将土壤健康状况定义为"土壤作为一个动态生命系统具有的维持其功能的持续能力,用清洁程度、生物多样性表示"。土壤质量侧重于土壤理化功能,而土壤健康更注重土壤物理功能、化学功能与生物功能的内在联系,更强调土壤生物功能、作物产量及品质与健康的协同提升。土壤健康主要指土壤质量中的动态质量,强调生物或者生态服务功能,它的应用性、针对性较强。

1.5.2　土壤环境质量

土壤环境质量指在一个具体的环境内,土壤环境对生物生存繁衍及人类社会经济发展的适宜程度。土壤环境质量与土壤受外源物质冲击的程度密切相关,能够评估土壤环境的优劣。土壤环境质量具有相对性,某一环境条件能够满足某一需求,但不一定能够满足其他需求,因此对土壤环境质量的评价可能会随着土地实际利用情况的不同而发生变化。土壤环境质量与土壤在自然成土过程中所形成的固有环境条件、元素或化合物的组成与含量以及土壤利用过程及其动态变化有关。此外,土壤作为次生污染源对整体环境质量的影响也应当纳入考虑范围。应保持良好的土壤环境质量,使其满足农业生产和经济社会发展的需求。在土壤受到外源物质污染后,需要采取合适的补救措施,减少其对土壤的负面影响。因此,需要建立评价土壤环境质量优劣的体系,对土壤环境质量进行有效评价。

由于我国土壤类型繁多,且各种类型的土壤之间差异性较大,建立符合土壤情况的环境质量标准难度较高。建立土壤环境质量标准需要遵循一定的原则:首先,土壤是一种较为复杂的体系,土壤环境质量标准应该是包含多种标准的系列标准或标准系列;其次,要考虑土壤的固有属性和动态变化情况,与土壤的利用及管理方式相结合;再次,在考虑土壤元素总量的同时,应将可提取态(有效态)纳入考虑范围;最后,要与当地实际情况相结合,考虑当地大众的生活生产需求,确定具体的土壤标准值。总的来说,制订的评价标准要在能够衡量特定条件下土壤质量状况的同时，对土壤资源的持续利用、土壤环境的保护起到一定的促进作用。近年来相关部门草拟、试行了多个法案，如《土壤环境质量 农用地土壤污染风险管控标准（试行）》（GB 15618—2018）、《土壤环境质量 建设用地土壤污染风险管控标准（试行）》（GB 36600—2018）等，征求大众意见，以期能够制订更符合中国土壤环境实际状况的法律法规和标准。多个省市也起草和修订了相关法律法规及标准，如河北省于 2023 年 1 月 27 日起实施的《建设用地土壤污染风险筛选值》（DB 13/T 5216—2022）、深圳市于 2020 年 7 月 1 日起实施的《土壤环境背景值》（DB4403/T 68—2020）和《建设用地土壤污染风险筛选值和管制值》（DB4403/T 67—2020）等。针对耕地土壤环境质量，人们已经建立了土壤和农产品综合质量指数法作为评价标准，其包括土壤元素背景值、土壤环境质量标准、农产品中污染物限量标准等多个评价参数，可以对土壤环境质量做出评价，以便今后根据评价结果采取相应的管理措施。

1.5.3　土壤安全

土壤在社会、生态、经济、文化和精神等方面具有多重功能，传统的土壤资源概念已经不能全面反映土壤的整体功能和价值，因而土壤安全的概念开始形成。土壤安全是指土壤为人类提供食物、纤维和淡水资源等生态系统服务的同时，能够维持生物多样性和相对稳定性的一种状态，这一概念的提出也为将来深入研究土壤、利用土壤和保护土壤提供了理论支撑。土壤安全的内涵和研究内容十分广泛，与目前全球面临的环境挑战密切相关。（a）食品安全：土壤主要通过提供生物质（养分、物质等）、降低污染程度影响食品安全。（b）水安全：土壤能够保持水分，并且在化合物的迁移转化及养分循环中发挥重要作用。（c）能源安全：土壤通过生产生物质能源作物，对能源安全产生影响。（d）减缓气候变化：土壤是全球陆地生态系统最大的碳汇，通过影响碳的固定过程而减缓气候变化，同时对作物产量和粮食安全也有影响。（e）保护生物多样性：土壤是最大的基因库和物种栖息地，其生物多样性在促进养分、水分和能量循环，改善土壤结构，控制土传病害方面具有重要作用。（f）提供生态系统服务：土壤在生产生物质、输送并调控养分、提供基因库和水文循环、处置废弃物、提供建筑材料以及文化、美学需求等方面提供生态系统服务。因此，土壤安全在应对这些环境挑战时均能够发挥重要作用。对于我国来说，目前土壤安全的主要任务为对土壤价值进行评估，利用国家监测网络对土壤质量进行监测，完善与土壤安全相关的法律法规体系，对土壤安全的基础性问题进行研究，加强对土壤安全相关知识的宣传教育等，多方面、全方位开展研究，推动土壤安全事业的发展（沈仁芳和滕应，2015）。

1.5.4　土壤环境问题

环境污染主要是指人类活动所引起的环境质量下降而有害于人类及其他生物正常生存和发展的现象。按照环境要素，可将环境污染分为大气污染、水体污染和土壤污染等，而土壤污染源可分为天然源和人为源，其中主要包括自然灾害、污水灌溉、固体废弃物利用、农药和肥料施用、大气沉降物积累等。由于人口急剧增长，工业迅速发展，固体废物不断向土壤表面堆放和倾倒，有害废水不断向土壤中渗透，大气中的有害气体及飘尘也不断随雨水降落在土壤中，导致土壤环境受到严重污染。土壤污染相关问题是人们重点关注的内容，但从广义上讲,土壤环境问题还包括土壤荒漠化、盐渍化和侵蚀等退化过程。由人类活动引起的土壤污染和土地退化问题,已经严重威胁世界发展的可持续性。

我国土壤的十大问题包括耕作层变浅、土壤有机质减少、土壤板结、土壤酸化、土壤次生盐渍化、土壤营养失调、土壤污染、土壤侵蚀、土壤-植物系统病、设施农业土壤综合征。2014年我国环境保护部和国土资源部发布的《全国土壤污染状况调查公报》显示,我国土壤环境状况总体不容乐观,部分地区土壤污染较重,耕地土壤环境质量堪忧,工矿业废弃地土壤环境问题突出。工矿业、农业等人为活动以及土壤环境背景值高是造成土壤污染或超标的主要原因。全国土壤总的超标率为16.1%,其中轻微、轻度、中度和重度污染点位的比例分别为11.2%、2.3%、1.5%和1.1%。污染物类型以无机型为主(无机污染物超标点位数占全部超标点位数的82.8%),有机型次之,复合型污染比重较小。从污染分布情况看,南方土壤污染重于北方;长江三角洲、珠江三角洲、东北老工业基地等部分区域土壤污染问题较为突出,西南、中南地区土壤重金属超标范围较大;镉、汞、砷、铅四种无机污染物含量分布呈现从西北到东南、从东北到西南方向逐渐升高的态势。总的来说,我国各地区土壤污染程度不均衡,耕地受土壤污染的侵害较为严重,土壤保护形势严峻,亟须开展相关的调查研究活动,采取有效的补救措施,改善土壤环境质量,降低土壤退化程度,保证良好的土壤环境。目前,土壤污染修复技术主要包括物理修复技术、化学修复技术和生物修复技术三种。物理修复技术利用污染物在土壤中的吸附、扩散规律及土壤介质与污染物物理性质的差异,以物理方法(沉淀、过滤、磁分离、浮选等)将其分离去除,主要包括物理分离技术、翻土与客土技术、土壤气相抽提技术、固化/填埋技术、热解吸技术等。化学修复技术是基于污染物的化学行为去除污染物和改良土壤的措施,主要利用氧化还原反应、聚合反应、水解反应及pH值调节等机制,通过添加改良剂、抑制剂等化学物质降低污染物的扩散性、水溶性、生物有效性,将污染物完全降解或转化为低毒性、低移动性的化学形态,以减小其对生态环境的负面影响,主要包括化学氧化、化学还原脱氯、化学淋洗、溶剂浸提等技术。生物修复技术是指利用植物、动物和微生物吸收、转化、降解土壤污染物的措施,将污染物浓度降低到土壤可承受的水平或转化为无害物质。三者之中,物理修复技术的应用频率较高,其中又以物理分离技术为主要代表,在小范围土壤污染修复工作中效果良好。化学修复技术的应用范围越发宽泛,其中化学淋洗技术应用较多,该项技术在改变污染物化学性质方面有着十分重要的价值,同时污染物的溶解性以及在液相中的可迁移性水平明显提高。但是,物理和化学修复技术成本较高,不容易治理彻底,会对土壤环境造成二次污染,修复污染程度较重、污染范围较广的场地时效率不高。在我国提倡经济社会可持续发展的背景下,土壤污染修复工作需要减小对土壤和生态环境的二次损伤,因此生物修复技术逐渐得到广泛应用。现如今,用于土壤污染修复防治工作的生物技术主要分为植物修复技术和微生物修复技术两种,部分动物也可用于土壤修复,但目前对降解植物和菌株的研究依旧停留在小面积示范和实验室阶段,因此生物修复技术尚未得到大范围推广和应用,需要相关人员对处理土壤重金属污染物的方法进行进一步研究。

针对土壤环境问题,2016年国务院发布了《土壤污染防治行动计划》,提出了十个方面的行动计划:开展土壤污染调查,掌握土壤环境质量状况;推进土壤污染防治立法,建立健全法规标准体系;实施农用地分类管理,保障农业生产环境安全;实施建设用地准入管理,防范人居环境风险;强化未污染土壤保护,严控新增土壤污染;加强污染源监管,做好土壤污染预防工作;开展污染治理与修复,改善区域土壤环境质量;加大科技研发力度,推动环境保护产业发展;发挥政府主导作用,构建土壤环境治理体系;加强目标考核,严格责任追究。目前,我国土壤污染防治的难点主要包括公众的土壤污染防治意识较弱、土壤污染监测技术的发展水平无法满足需求、土壤污染防治法律体系不健全、污染防治技术无法适应防治实践、污染防治资金缺乏等,应当结合当地实际情况,采取针对性措施,开展土壤污染防治相关工作。第一,需要对土壤污染底数进行全面调查,掌握土壤污染的真实情况,以便后续对土壤污染展开精准防治;第二,应健全土壤污染防治法律体系,有针对性地对不同土壤污染类型分别立法,严格执行修复责任追究制度,并配套相应的污染防治技术标准规范,出台地方相关政策和防治措施,不断完善土壤污染防治法律体系,为土壤污染防治工作的开展提供法律支持;第三,应健全土壤污染责任主体制度,借鉴西方发达国家的工作经验,将土地使用权人、污染责任人等多个主体纳入其中,确保相关企业和个人能够自觉地加大土地保护工作力度,将各种有害物处理之后再进行排放,从源头上控制土壤污染;第四,应拓宽土壤污染防治资金的来源和应用范围,提倡社会公众积极捐款,将其用于土壤污染修复工作,建立并完善企业的保证金制度,缓解我国土壤污染防治工作缺乏资金的局面;第五,应完善土壤风险评估标准体系,对目标区域的土壤污染现象进行全天候信息收集以及快速识别,获得该区域的精准监测数据,开展保护土壤生态系统健康工作以及防治土壤污染事件的安全风险评估工作,为我国土壤污染修复工作提供理论支持。

综上,目前我国对土壤环境保护与污染防治的研究尚在起步阶段,在资金投入、人才培养、设备研发等多个方面都存在问题。为保护土壤环境与解决污染治理问题,应采取多方面的有效措施,完善相关法律法规,建立健全责任主体制度,拓展土壤污染防治资金来源及应用范围,加快研发相关设备,对不同类型用地实施分类管理,全面推动土壤污染防治工作的进行。

第2章　土壤的性质及生态功能

2.1　土壤的性质

土壤是生态系统的重要组成部分,其物理、化学性质对环境健康和生物多样性具有显著的影响。土壤的物理性质包括土壤的质地、孔性和结构性,其决定了土壤的水分特征(透水性)、通气性以及土壤的力学性质。土壤的化学性质,如土壤的酸碱性和氧化还原性,影响着植物对营养的吸收、土壤微生物的活性以及土壤中化学反应的进行。

2.1.1　土壤的物理性质

从物理学角度出发,土壤可被视作一个极为复杂的三相(固相、液相和气相)分散系统。其固相部分由大小、形状各异且排列方式多样的土粒构成,这些土粒之间的排列与组织形式直接决定了土壤的结构特征及其孔隙结构,而水分和空气则在这些孔隙中储存和传输。土壤的三个相态以及它们之间的相互作用,形成了土壤的多种物理特性。例如:土壤固相的组成影响着其机械稳定性和负荷承载能力;液相中的水分和营养元素对植物生长发挥着显著作用;气相部分关系到土壤的通气性和微生物活动。这些相互作用不仅影响土壤的物理状态,如孔隙度、密度和质地,还影响土壤的化学性质和生物活性。

1. 土壤质地
（1）土壤质地的概念

土壤质地(soil texture)指土壤中不同粒径颗粒的相对含量。根据质地,土壤通常可以分为砂土、壤土和黏土三种基本类型。每种土壤类型根据机械组成的细微差别又可进一步细分为多种不同的土壤质地。土壤质地不仅反映了土壤的成因和发展过程,还体现了土壤的稳定性。例如:砂土质地的土壤颗粒大,孔隙度高,透水性好,但养分保持能力差,容易遭受侵蚀;黏土质地的土壤颗粒小,孔隙度低,透水性差,但养分保持能力强,抗侵蚀能力好。由此可见,不同质地的土壤在抵抗外界干扰和维持自身稳定性方面表现出不同的自然特征。

土壤质地可在一定程度上反映土壤的矿物组成和化学成分。土壤质地决定土壤颗粒的大小,从而影响土壤的物理性质。土壤质地也会对土壤孔隙结构产生直接影响,进而影响土壤中水分、空气和热量的运移以及物质的转化。

（2）土壤颗粒与粒级

土壤颗粒,也称土粒,是构成土壤固相骨架的基本颗粒,其呈现多种多样的形态和大小,可以呈单粒,也可聚合成复合颗粒。根据单个土粒的当量粒径(假定土粒为圆球形时的直径),可将土粒分为若干组,称为粒级。然而,如何将土粒根据大小进行分类,划分出多少个粒级,以及如何确定各粒级之间的分界点,在学界仍未有一致的标准。当前,国内外常见的几种土壤粒级制列于表 2-1 中。

由表 2-1 可见,几种常见的粒级制都把土粒按大小分成石砾、砂砾、粉粒和黏粒四组。

目前,国际上通行的粒级制把当量粒径<0.002 mm 的土壤颗粒称为黏粒。我国的土壤分类系统与美国农业部的土壤分类系统都是依据土壤颗粒的粒级进行分类的。研究表明,相同粒级的土粒大小相近,且成分与性质基本相同。土粒粒级不同的矿物,其组成有很大差别,因而化学成分也有较大差异。通常土粒越小,其石英和长石的含量越低,云母和角闪石的含量越高,二氧化硅(SiO_2)的含量越低,氧化铝(Al_2O_3)、氧化铁(Fe_2O_3)、氧化铬(Cr_2O_3)、氧化钙(CaO)、氧化镁(MgO)、五氧化二磷(P_2O_5)和氧化钾(K_2O)等的含量越高。

表 2-1　国内外常见的土壤粒级制

当量粒径/mm	中国制	卡钦斯基制		美国农业部制	国际制
2~3	石砾	石砾		石砾	石砾
1~2				极粗砂粒	
0.5~1	粗砂粒	物理性砂粒	粗砂粒	粗砂粒	粗砂
0.25~0.5			中砂粒	中砂粒	
0.2~0.25	细砂粒		细砂粒	细砂粒	
0.1~0.2					细砂
0.05~0.1				极细砂粒	
0.02~0.05	粗粉粒	物理性黏粒	粗粉粒	粉粒	粉粒
0.01~0.02					
0.005~0.01	中粉粒		中粉粒		
0.002~0.005	细粉粒		细粉粒		
0.001~0.002	粗黏粒			黏粒	黏粒
0.000 5~0.001	细黏粒	黏粒	粗黏粒		
0.000 1~0.000 5			细黏粒		
<0.000 1			胶质黏粒		

资料来源:朱祖祥.土壤学 [M].北京:农业出版社,1983.

（3）土壤质地的分类

国内外的土壤学研究历经多年,已形成了几种广为接受的标准体系,诸如国际制、美国农业部制、卡钦斯基制及中国制等。这些分类体系均与特定的粒级分级标准及土壤机械分析前的(复粒)分散方法相配合。在这些质地分类制中,普遍采用的是三元制(以砂粒、粉粒、黏粒三种粒级的含量比例为依据)和二元制(以物理性砂粒与物理性黏粒的含量比例为依据)。

①国际制。国际土壤质地分类根据砂粒(0.02~2 mm)、粉粒(0.002~0.02 mm)、黏粒(<0.002 mm)的含量比例划定了 12 种质地类别,如图 2-1 所示。

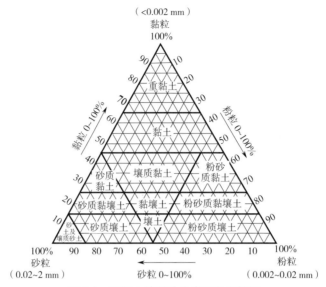

图 2-1　国际土壤质地分类三角坐标图

②美国农业部制。该分类根据土壤中砂粒（0.05~2 mm）、粉粒（0.002~0.05 mm）和黏粒（<0.002 mm）的含量比例划定了 12 种质地类别，如图 2-2 所示。

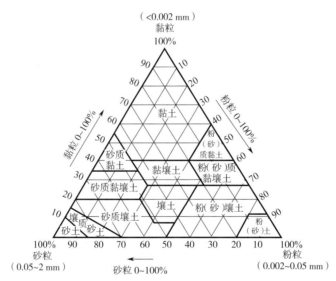

图 2-2　美国农业部土壤质地分类三角坐标图

③卡钦斯基制。如表 2-2 所示，卡钦斯基土壤质地分类包含 3 个主要组别，共 9 种不同的土壤质地类型。

表 2-2　卡钦斯基土壤质地分类

质地组	质地名称	不同土壤类型当量粒径小于 0.01 mm 的粒级的含量/%		
		灰化土	草原土壤、红黄壤	碱化土、碱土
砂土	松砂土	0~5	0~5	0~5
	紧砂土	5~10	5~10	5~10
壤土	砂壤	10~20	10~20	10~15
	轻壤	20~30	20~30	15~20
	中壤	30~40	30~45	20~30
	重壤	40~50	45~60	30~40
黏土	轻黏土	50~65	60~75	40~50
	中黏土	65~80	75~85	50~65
	重黏土	>80	>85	>65

④中国制。熊毅在 20 世纪 30 年代首次提出的中国土壤质地分类系统,是我国土壤学领域的一个里程碑。该分类系统初步将土壤分为砂土、壤土、黏壤土和黏土 4 大组,共包含 22 种不同的土壤质地类型。该分类为后来的土壤学研究和实践提供了基础框架。1987 年出版的《中国土壤(第二版)》对这一分类体系进行了扩展,新增了"砾质土"类别,进一步丰富和完善了我国土壤质地分类。如表 2-3 所示,现行的中国土壤质地分类系统既反映了土壤物理性质的多样性,也为土壤管理和利用提供了科学的指导。

表 2-3　中国土壤质地分类

质地组	质地名称	颗粒组成/%		
		砂粒(0.05~1 mm)	粗粉粒(0.01~0.05 mm)	细黏粒(<0.001 mm)
砂土	极重砂土	≥80	—	<30
	重砂土	70~80		
	中砂土	60~70		
	轻砂土	50~60		
壤土	砂粉土	≥20	≥40	
	粉土	<20		
	砂壤土	≥20	<40	
	壤土	<20		
	砂黏土	≥50	—	≥30
黏土	轻黏土	—		30~35
	中黏土			35~40
	重黏土			40~60
	极重黏土			≥60

资料来源:邓时琴. 关于修改和补充我国土壤质地分类系统的建议 [J]. 土壤,1986(6):304-311.

在综合考量各种土壤质地分类制度后发现,无论采用何种分类标准,土壤普遍被划分为三大基本类别:砂土、壤土和黏土。该分类在农业生产与工程建设领域中表现出一致性。在农业生产中,不同质地的土壤对作物的生长条件和生态适应性产生显著影响:砂土因其较高的透气性和良好的排水能力而适合培育需求水分较少的作物;壤土以其均衡的保水和透气特性被普遍认为是最适合农作的土壤类型;黏土虽然保水能力强,但需精心管理以提高其支持作物生长的能力。在工程建设方面,土壤的物理特性直接决定了其作为建筑基础的适用性。砂土具有良好的结构稳定性和承载性能,常作为理想的建筑基础材料;壤土具有中等质地,因而展现出稳定的支撑特性;黏土尽管在某些情境下需要特别处理,但其独特的物理特性也为工程建设提供了可能性。

2. 土壤结构性

土壤结构性研究的核心在于对土壤结构体及其分类的深入探讨。在自然界中,土壤固体颗粒很少完全以单粒状态存在。更常见的情况是,在内外因素的综合作用下,土粒团聚,形成具有一定形状、大小和性质的团聚体(即土壤结构体),由此产生土壤结构。因此,土壤结构性可定义为土壤结构体的种类、数量(尤其是团粒状结构的数量),以及结构体内部和外部孔隙状况共同形成的综合性质。

土壤结构体的分类主要依据其形态、大小和性质。目前尚无国际统一的分类标准,通常根据外部性状(如形态和大小)来分类,更详细的分类还会考虑外部性状与内部特性(如稳定性和多孔性)。常见的分类如下。

(1)块状结构和核状结构

块状结构和核状结构是土壤学中两种重要的土壤结构形态,这类结构由土粒通过不同方式相互黏结而形成。块状结构由土粒黏结成的不规则土块形成,通常内部结构较为紧密。其典型特征是各个块体的尺寸相对均匀,长、宽、高三个尺寸相近,且通常不超过 5 cm。基于块体的尺寸,块状结构可进一步细分为大块状、小块状、碎块状和碎屑状结构,这些分类反映了土壤的物理特性和形成过程。核状结构则由更小、边角更为明显的碎块组成,通常出现在富含黏质的心土或底土中。这种结构多由石灰质或氧化铁等物质胶结而成,结构紧实且坚硬,不易在水中分散。例如,红壤下层的核状结构就是由氧化铁胶结形成的,坚硬性和抗分散性是其显著特点。

(2)棱柱状结构和柱状结构

棱柱状结构是由土粒黏结而成的柱状体,其特点是纵轴长度明显大于横轴长度,结构比较紧实。这种结构通常直立于土体中,多出现在土壤的表下层。棱柱状结构的一个显著特征是其边角较为明显,外部常被铁质胶膜所覆盖,这有助于增强土壤的稳定性和抗侵蚀能力。柱状结构的形成与棱柱状结构类似,但其边角不明显,形成的是较为圆滑的柱状体。这种结构在半干旱地区的心土和底土中较为常见,尤其在碱性土壤的碱化层中更为典型,通常与土壤的盐渍化过程有关。

(3)片状结构(板状结构)

片状结构(板状结构)是一种横轴长度远大于纵轴长度的扁平状土壤结构。它常出现在长期耕作的土壤表下层,如犁底层。片状结构的出现是由于长期重复耕作导致土壤紧实。此外,在地表层结壳或板结的情况下,也会观察到片状结构。研究发现,在冷湿气候下的针叶林区,灰化层中也常见典型的片状结构,其与土壤有机质的积累和分解有密切关系。

（4）团粒状结构

团粒状结构呈近似球形，质地较松散，多孔，直径范围为 0.25~10 mm。团粒状结构的形成是一个复杂的多级团聚过程，这与其他结构体的形成方式不同，这个过程主要在腐殖质或其他有机胶体的作用下进行。团粒状结构在提高土壤的透气性和水分保持能力方面发挥着重要作用。

相较于非团聚化土壤（无团粒状结构），团粒状结构土壤具有多个显著特点。（a）团粒状结构具备多级孔性，表现出较高的总孔隙度，即整体的水分和气体容量较大。在团粒状结构土壤中，复粒、微团粒和团粒等各级结构体间存在大小不一的孔隙，它们能够蓄水、透水和通气，这使得土壤孔隙状况更为理想。（b）团粒内部的毛管孔隙能有效储存水分且能使空气流通，有利于植物根系对水分的吸收和利用。（c）团粒表面的大孔隙与空气接触，可以为好气性微生物提供活动空间，从而促进有机质的迅速分解，供应植物所需的有效养分。而团粒内部的毛管孔隙虽然通气性能较差，但有利于水分和养分的存储。（d）在团粒状结构土壤中，团粒之间的接触面积较小，黏结性较弱，这减小了耕作时的阻力，延长了适宜耕作的时间段，从而有利于植物根系的发育。相比之下，非团聚化土壤在耕作过程中遇到的阻力较大，耕作质量不佳，且适宜耕作的时间段较短。（e）具有团粒状结构的旱地土壤通常展现出优良的耕层构造。在肥沃的水田土壤中，耕层含有一定数量的水稳性微团粒，这有助于解决土壤中水分和气体共存的矛盾。在微团粒之间存在水分，而微团粒内部则蓄存空气，从而保证了土壤中水分和气体的平衡。（f）团粒状结构土壤的水分状况良好，有助于维持整个土壤层的温度稳定。

3. 土壤孔性

土壤孔性即土壤孔隙性质，主要描述了土壤中孔隙的总量及大小孔隙的分布特性。土壤孔性由土壤质地、密实程度、有机质含量以及结构等多个因素共同决定。土壤结构性细致地描述了土壤中固体颗粒的结合模式以及与之相关的孔隙特性和稳定性。因此，土壤孔性实质上是土壤结构性的直接体现，良好的土壤结构通常伴随着优秀的土壤孔性。而孔隙性质主要分为土壤孔隙的数量与分布，可通过孔隙度与分级孔度进行表征。通常，土壤孔隙度并非直接测量所得，而是依据土壤的容重与比重数据计算得出。土壤的分级孔度，亦即土壤大小孔隙的分布特性，涵盖了孔隙间的连通性和稳定性。

（1）土壤比重

土壤比重是指单位体积内的固态土粒（不包括粒间孔隙）的干重与 4 ℃下同体积水的质量的比值，其是一个无量纲的值。该值的大小主要受土壤的矿物组成的影响，同时土壤中的有机质含量也在一定程度上影响该值。在土壤学领域，通常采用接近于土壤矿物本身比重（2.6~2.7）的数值，即 2.65，作为评估表层土壤平均比重的标准数值。

（2）土壤容重

土壤容重是指单位体积土壤（包括粒间孔隙）的干重，单位是克每立方厘米（g/cm³）。该值受土壤质地、有机质含量、结构状态以及压实程度等多种土壤属性的影响，因而在不同类型的土壤中有着较大的变化范围。例如，砂土由于孔隙较大但数量有限，其总孔隙容积相对较小，导致容重较大，通常为 1.2~1.8 g/cm³。相反，黏土由于孔隙容积较大，其容重较小，一般为 1.0~1.5 g/cm³。壤土的容重则位于二者之间。此外，土壤的有机质含量越高，其容重越小。同一质地的土壤，如果形成了团粒状结构，则容重较小；反之，如无团粒状结构，则容重较大。另外,土壤的不同层次也影响其容重,耕层土壤的容重通常为 1.1~1.3 g/cm³,随着土层深度的增加,容重相应增大,可达到 1.4~1.6 g/cm³。

土壤容重作为土壤学中的关键基础参数,既可用于初步判断土壤的质地、结构、孔隙度和松紧状态,又可用于估算任意体积土壤的质量。

（3）土壤孔隙特性

1）土壤孔度

土壤孔隙是指土壤中由土粒或团聚体之间及其内部的空间。土壤孔度被定义为土壤孔隙在土壤整体容积中所占的比例,亦称为总孔隙度。土壤孔度是一个用于量化土壤孔隙数量的指标,其计算公式为

$$
\begin{aligned}
土壤孔度 &= \frac{孔隙容积}{土壤容积} \times 100\% = \frac{土壤容积 - 土粒容积}{土壤容积} \times 100\% \\
&= \left(1 - \frac{土粒容积}{土壤容积}\right) \times 100\% \\
&= \left(1 - \frac{土壤质量/土粒密度}{土壤质量/容重}\right) \times 100\% \\
&= \left(1 - \frac{容重}{土粒密度}\right) \times 100\%
\end{aligned}
\tag{2-1}
$$

在土壤孔隙特性分析中,不同类型的土壤表现出显著的差异。例如,砂土的孔隙较大,但数量较少,导致其孔度较低,通常为 30%~45%;相反,黏土的孔隙虽然较小,但数量众多,使得其孔度较高,一般为 45%~60%。结构良好的表层土壤的孔度为 55%~65%,甚至可超过70%。

2）土壤孔度分级

土壤孔度分级或称孔隙类型分级,是一种描述土壤孔隙大小和功能差异的方法。尽管不同种土壤的总孔隙度可能相同,但由于其内部大小孔隙的分布不同,它们的土壤特性也会有所差异。因此,土壤学中常采用孔隙类型分级来更准确地描述土壤孔隙特性。

由于土壤固相骨架中土粒的大小、形状和排列的差异,土粒间孔隙的大小、形状和连通性呈现出极其复杂的变化。这种复杂性使得传统的测量方法难以直接测定孔隙的直径而进行精确分级。因此,土壤学中通常采用当量孔径（或称有效孔径）这一概念来替代实际测量的孔径。当量孔径是一个抽象的概念,其与孔隙的具体形状和均匀性无关,而基于水分运移和空气交换的实际效能来界定。根据当量孔径分类的方法可以更有效地反映土壤孔隙在水文和生物学功能上的差异,对于理解和预测土壤的水分动态、根系发育和微生物活动等具有重要意义。

土壤水吸力与当量孔径的关系如下：

$$
d = \frac{3}{T}
\tag{2-2}
$$

式中：d 为孔隙的当量孔径（mm）；T 为土壤水吸力（mbar 或 cmH_2O）（注：$1\ cmH_2O \approx 1\ mbar = 100\ Pa$）。

由式（2-2）可知,当量孔径与土壤水吸力成反比。基于当量孔径,土壤孔隙可分为三类：非活性孔、毛管孔和通气孔。非活性孔是土壤中最微小的孔隙,其当量孔径在 0.002 mm 以

下,即使是细菌也很难在其中运动。此外,非活性孔的持水力极大,而且水分移动的阻力也很大,其中的水分难以被植物有效利用,因此又被称为无效孔隙。毛管孔则为土壤中具有毛管作用的孔隙,其当量孔径为 0.002~0.02 mm。在该尺度下,毛管力开始显著发挥作用,使得水分能够沿着孔隙向上运动。毛管孔的大小适宜植物根毛(直径小于 0.01 mm)伸入其中,同时也为原生动物和真菌菌丝体提供生长空间。毛管孔不仅具有良好的水分传导性能,还能有效地保存水分,以供植物吸收利用。该孔隙结构在维持土壤水分平衡和植物生长中起着关键作用。通气孔较粗,其当量孔径超过 0.02 mm,该尺度下的孔隙允许水分在重力的作用下自由流动。在通气孔中,植物的幼根能够顺畅地生长和延伸。此外,这种孔隙结构能促进气体和水分的流动,为根系提供必要的空气和水分。各级孔度的具体计算方法如下:

$$非活性孔度 = \frac{非活性孔容积}{土壤总容积} \times 100\% \tag{2-3}$$

$$毛管孔度 = \frac{毛管孔容积}{土壤总容积} \times 100\% \tag{2-4}$$

$$通气孔度 = \frac{通气孔容积}{土壤总容积} \times 100\% \tag{2-5}$$

3)适宜的土壤孔隙状态

在土壤的结构中,大小孔隙共同构成土壤独特的物理特性。通常土壤的总孔隙度大约为 50%,该比例对于土壤的健康和功能至关重要。其中,毛管孔的占比一般为 30%~40%,非毛管孔占 10%~20%。理想情况下,非活性孔的占比应当较小。若土壤的总孔隙度达到 60%~70%,则表明土壤过于疏松。这可能导致土壤无法有效地保水,同时也影响植物的立苗。过分疏松的土壤不利于植物根系的稳固和生长。然而,若非毛管孔的占比低于 10%,则意味着土壤的通气性可能不佳。在这种情况下,空气在土壤中的流动受限,同时水分的渗透和流通也会变得困难。这不仅影响植物的生长,还可能导致土壤环境中有害物质的积累,进而影响土壤的生态平衡。

4. 土壤水分特征

在土壤学领域,土壤水分特征一般用土壤水分特征曲线表示。土壤水分特征曲线描述了土壤水的基质势(或水吸力)与土壤含水率之间的关系。该曲线的形状和特征不仅能够反映土壤水的能量状态与数量关系,还揭示了土壤水分的基本物理特性。通过分析曲线特征,可以更好地理解不同土壤类型在干旱或湿润条件下的水分行为,从而为土壤水分管理和植物灌溉策略提供科学依据。

(1)土壤水分特征曲线

土壤水的基质势与土壤含水率之间的关系,目前无法仅凭土壤的基本性质从理论上推导得到。通常,这种关系通过使用原状土样,在不同基质势(或水吸力)下测定相应的含水率,然后绘制出曲线来描述,如图 2-3 所示。

当土壤达到饱和含水状态(即含水率达到饱和含水率 θ_s)时,土壤的水吸力 S 或基质势 Ψ_m 为零。此时,土壤孔隙完全充满水,不存在空气。当施加微小吸力时,如果土壤中的水分还未开始排出,含水率将维持在这个饱和水平。当吸力增加到一定程度,超过土壤最大孔隙持水能力时,土壤开始排水,含水率随之下降。这个临界值 S_a 即水分开始排出的吸力值,被称为进气吸力或进气值。进气值是土壤水分特征曲线的一个关键参数,该值与土壤质地和结构有着直接的关联。粗质地的砂性土壤或结构良好的土壤通常具有较低的进气值,而细质地的黏性土壤的进气值则较高。砂性土壤由于其孔隙大小不均匀,通常在较低的吸力下就开始排水,这使得其进气值相对较低。随着吸力的增加,土壤中较小的孔隙也开始排水,使得含水率持续下降。在吸力持续增加的过程中,土壤中孔隙从大到小逐步排水,含水率逐渐降低。最终,在极高的吸力下,大部分水分被排出,只有极小的孔隙中仍然能够保持一定量的水分。因此,通过分析土壤水分特征曲线上的进气值和随后的含水率变化,可以更好地理解和预测土壤在不同水分条件下的行为。

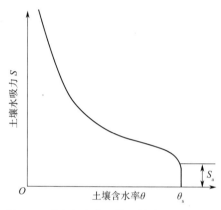

图 2-3　以水吸力表示的土壤水分特征曲线

(2)土壤水分特征曲线的影响因素

1)土壤质地

不同质地的土壤,其水分特征曲线表现出显著的差异性。图 2-4 所示的低吸力条件下几种土壤的水分特征曲线(涉及脱湿过程)清晰地揭示了这一现象。通常土壤中黏粒的含量越高,相同吸力条件下的含水率也越高,或者在相同含水率条件下所需的吸力越大。产生该现象的原因是,随着土壤中黏粒含量的增加,更多的微小孔隙得以形成。对黏质土壤来说,其孔隙大小分布较为均匀,这导致随着吸力增加,土壤水分含量下降的速度相对较慢。反观砂质土壤,由于其大多数孔隙较大,当吸力达到一定程度后,这些大孔隙中的水分会优先被排出,导致土壤迅速失去大量水分,因此其水分特征曲线表现为在低吸力阶段较为平缓,而在高吸力阶段则显得陡峭。这一特性对于理解不同质地的土壤在水分管理和保持方面的行为具有重要意义,尤其在农业灌溉和水土保持的实践中,为有效进行水分管理提供了重要的指导。

2)土壤结构和温度

土壤结构的差异会对其水分特性曲线产生显著影响,尤其是在低吸力范围内。通常越密实的土壤拥有的大孔隙越少,而中小孔径的孔隙则更加丰富。因此,在相同吸力下,容重较大的土壤通常会表现出较高的含水率。此外,温度也会影响土壤水分的物理性质。随着温度的上升,水分的黏滞性和表面张力会降低,这同样会导致基质势的增大或水吸力降低。这种影响在土壤含水率较低时尤为显著。因此,温度变化对土壤水分的保持和移动具有重要的影响,特别是在考虑灌溉管理和土壤水分保护策略时,温度因素不容忽视。

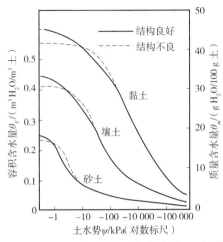

图 2-4　三种代表性土壤的水分特征曲线（低吸力脱湿过程）

3）土壤水分变化过程

土壤水分特征曲线与土壤水分变化过程具有紧密联系。对于同一种土壤，其水分特征曲线并不是固定不变的单一曲线。土壤脱湿（即由湿变干）和土壤吸湿（即由干变湿）过程测得的水分特征曲线是不同的，如图 2-5 所示。这种现象被称为滞后现象。滞后现象在砂土中比在黏土中更为明显。这是因为在相同水吸力条件下，砂土从湿态变为干态时，相比于从干态变为湿态时，会保留更多的水分。产生滞后现象的原因可能与土壤颗粒的胀缩性质以及土壤孔隙的分布特征相关。

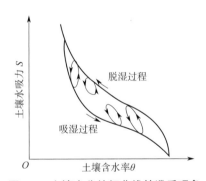

图 2-5　土壤水分特征曲线的滞后现象

5. 土壤通气性

（1）土壤通气性的概念及其重要性

土壤通气性指的是气体通过土壤的能力，其反映了土壤特性对空气更新的综合影响。土壤与大气之间的空气交换主要依赖气体扩散作用，而这种扩散仅在未被水填满的孔隙中进行。因此，土壤通气性的优劣主要取决于土壤的总孔隙度（尤其是空气孔隙度）的大小。土壤通气性对土壤空气更新至关重要。若土壤通气性差，则土壤空气中的氧气（O_2）将在短时间内被耗尽，同时二氧化碳（CO_2）含量显著增加，这可能对作物生长造成不利影响。实验数据显示，在 20~30 ℃条件下，每小时每平方米 0~30 cm 表层土壤消耗的 O_2 可达 0.5~1.7 L。若土壤不具备通气能力，其所含的 O_2 可能在 12~40 h 内耗尽。因此，土壤通气性的重要性在于,通过与大气交换,不断更新土壤空气成分,保持土壤气体成分的均一性。

（2）土壤通气性的衡量指标

通常用以下三种指标来衡量土壤的通气性。

1）空气孔隙度

空气孔隙度指非毛管孔隙度。非毛管孔隙度大于10%,通常被认为是通气性良好的标志;土壤空气孔隙度占总孔隙度的1/5~2/5且分布均匀,也被视为通气性良好的标志。

2）土壤氧扩散率

土壤氧扩散率指氧气被消耗或排出后重新补充恢复的速率,用单位时间内通过单位土壤截面积扩散的氧气质量来表示,该数值一般要求为$(30\sim40)\times10^{-8}$ g/$(cm^2 \cdot min)$,以保证植物良好生长。

3）氧化还原电位（E_h）

土壤通气状况在很大程度上决定了其氧化还原电位。E_h通常以300 mV为界限,高于此值表明土壤处于氧化态,低于此值则为还原态。

（3）土壤通气性的生态与环境意义

土壤通气性直接影响土壤内部的生态平衡,关乎植物根部的生长、微生物群落的构建及其活跃程度,以及土壤溶解氧的含量。通气性良好的土壤不仅能够为植物根系提供充足的氧气,还能促进植物根部的健康生长和分泌活动以及增加土壤中好氧微生物的数量和活性。从环境科学的角度看,土壤通气性对土壤中多种环境污染物的行为会产生一定的影响。良好的土壤通气条件有利于加速重金属、农药以及其他有机污染物在土壤中的迁移、转化和降解过程,这对污染土壤的生态修复工作具有重要的环境意义。例如,在土壤污染物的生物降解过程中,充足的氧气供应可以显著提高微生物降解有害物质的效率,从而有效减小土壤中的污染负荷。因此,在进行土壤污染修复和治理的实践中,维持并提升土壤通气性同样是至关重要的一环。

6. 土壤力学性质

土壤在外力作用（如耕作）下呈现的一系列力学特性统称土壤力学性质,也称为物理机械性,主要包括黏结性、黏着性和塑性等。

（1）土壤黏结性和黏着性

土壤黏结性描述的是土壤颗粒间因分子力而形成的相互粘连特性。在干燥条件下,这主要由土壤颗粒自身的分子力造成。而在湿润状态下,颗粒间黏结往往是通过水膜作为中介实现的,即颗粒-水膜-颗粒的相互作用。黏结性的强弱通常用单位面积上的黏结力来表示,这些黏结力包括范德瓦耳斯力、库仑力、水膜的表面张力等物理引力,氢键作用,以及化学胶结剂（如腐殖质、多糖胶和碳酸钙等）的胶结作用。

土壤黏着性是指土粒在一定含水量范围内黏附在外物上的特性,即土粒-水-外物之间的相互吸引能力。黏着性的大小同样以单位面积上的力来表示。黏着性开始显现的最小含水量称为黏着点,丧失黏着性的最大含水量称为脱黏点。

土壤黏结性和黏着性均属于表面现象,其影响因素主要是土壤的活性表面和含水量。土壤减弱质地越黏重、黏粒含量越高,则黏结性和黏着性越强。而土壤团聚、腐殖质的存在则会使土壤黏结性和黏着性减弱。土壤含水量对黏结性和黏着性的影响显著,只有在适度的含水量范围内,土壤才表现出一定的黏结性和黏着性。

（2）土壤塑性

塑性是指土壤在外力作用下变形,外力撤销后仍能保持变形的特性。土壤塑性主要与片状黏粒及其水膜有关。过干的土壤不能任意塑形,泥浆状态的土壤虽可变形,但不能保持变形后的状态。只有在特定的含水量范围内,土壤才具有塑性。此时,土粒间的水膜厚度允许土粒滑动变形,同时保持黏结性。例如,湿砂可塑但干后散碎,因为其黏结性弱。没有黏结性的土壤也没有塑性,黏结性弱的土壤不具显著塑性。

土壤呈现塑性的含水量范围被称为塑性范围,其上限和下限分别称为上塑限和下塑限,二者之差称为塑性值。塑性值越大,塑性越强。塑性值的大小与黏结性的强弱正相关。影响土壤黏结性的因素,如土壤表面积和土粒形状等,也会影响塑性。值得注意的是,土壤有机质可以明显减弱黏结性,提高上塑限和下塑限,但通常不改变塑性值。

2.1.2　土壤的化学性质

1. 土壤胶体的特性及其吸附性

（1）土壤胶体及其种类

土壤胶体主要指直径小于 2 μm 的微小颗粒,是土壤中最细微且活性最高的部分。这些微观颗粒构成了土壤中各种化学过程和反应的基础,并深刻地影响着一系列重要的土壤特性（包括土壤矿物的形成与演变、土壤结构的稳定性、土壤养分的有效性以及土壤中污染物的毒性和污染土壤的修复能力等）,覆盖了土壤学的物理、化学和生物学多个领域。根据其成分和来源,土壤胶体可被划分为三类:无机胶体、有机胶体和有机-无机复合胶体。无机胶体主要由土壤矿物颗粒组成;有机胶体主要来自土壤中的有机物质;有机-无机复合胶体则是二者的结合体,展现出复杂的物理和化学特性。这些不同类型的土壤胶体在土壤的结构和功能中扮演着关键角色。

1）无机胶体

无机胶体主要包括晶质和非晶质的硅、铁和铝的含水氧化物,以及多种类型的层状硅酸盐（主要是铝硅酸盐）矿物。其通常被称为土壤黏粒矿物,是岩石风化和土壤形成过程中的产物,对土壤特性有显著影响。

在无机胶体中,含水氧化物的多样性源于氧化物不同的水化程度。含水氧化物可分为晶质（结晶型）和非晶质（无定形）两大类。结晶型的含水氧化物,如三水铝石（$Al_2O_3 \cdot 3H_2O$）、水铝石（$Al_2O_3 \cdot H_2O$）和针铁矿（$Fe_2O_3 \cdot H_2O$）,具有明确的结晶结构。与之相对,无定形的含水氧化物则包括各种水化状态下的 $SiO_2 \cdot nH_2O$、$Fe_2O_3 \cdot nH_2O$、$Al_2O_3 \cdot nH_2O$ 和 $MnO_2 \cdot nH_2O$ 等,它们往往以凝胶或水铝英石等形式存在,结构上更为松散和多变。

2）有机胶体

有机胶体在土壤中起着至关重要的作用,其主要成分为腐殖质,辅以少量的木质素、蛋白质和纤维素等。腐殖质胶体含有多种官能团,属于两性胶体。在土壤环境中,这些胶体通常带有负电荷,因此对无机阳离子（尤其是重金属离子）具有较强的吸附能力。尽管有机胶体在调节土壤化学特性方面具有重要作用,但与无机胶体相比,其稳定性较低。这意味着有机胶体更容易被微生物分解。因此,在考虑土壤养分循环和管理策略时,需要特别注意有机胶体的这一特性。

3）有机-无机复合胶体

在土壤中，有机胶体很少单独存在，常与无机胶体相结合，形成有机-无机复合胶体。此类复合胶体主要是通过金属（如钙、镁、铁、铝等）的二价或三价阳离子和官能团（如羧基、醇羟基等）与带负电的黏粒矿物及腐殖质相互作用形成的。在这种结构中，有机胶体通常以薄膜形态紧密包裹在黏粒矿物的表面，有时甚至渗透到黏粒矿物的晶体结构内部。有机-无机复合的程度通常与土壤中有机质的含量负相关。一般而言，有机质的含量越低，有机-无机复合的程度越高。研究发现，不同的复合体类型，如钙键、铁键、铝键复合体，在成分、结构和对土壤肥力的影响方面存在明显差异。在特定条件下，这些复合体可以相互转化。钙键复合体相对容易被置换，铝键复合体的置换难度次之，而铁键复合体则几乎不可置换。通过调节这些金属键，可以有效地改变复合体的化学组成和土壤特性。

（2）土壤胶体的特性

土壤胶体由微粒核和周围的双电层构成。这种独特的构造赋予了土壤胶体显著的电荷和表面特性，表现为带电性和较大的表面积。这些特性使得土壤胶体能够吸持各种重金属等污染元素，并展现出显著的缓冲能力。土壤胶体在维持土壤中元素平衡、适应酸碱变化以及减轻某些有毒物质危害方面发挥着关键作用。土壤胶体因其特殊的结构，还具有分散、絮凝、膨胀和收缩等特性，这些特性对土壤结构的形成和土壤中污染元素的行为有着重要影响。土壤胶体上的表面电荷是其展现出一系列化学和物理化学性质的根本原因。土壤中的大多数化学反应实际上是界面反应，源于不同结构的土壤胶体产生的电荷与溶液中的离子、质子和电子的相互作用。土壤胶体表面的电荷数量决定了它能吸附的离子总量，而表面电荷密度（由土壤胶体表面电荷数量和表面积共同决定）则影响对这些离子的吸附强度。因此，土壤胶体的特性对污染元素和有机污染物在土壤固相表面或溶液中的积聚、滞留、迁移和转化过程起着决定性作用，是土壤具有一定自净能力和环境容量的基础。

（3）土壤吸附性

土壤是具有永久电荷表面和可变电荷表面的复合体系，能够同时吸附阳离子和阴离子。土壤胶体表面的离子可以通过静电吸附，与溶液中的离子进行交换反应，也可以通过共价键与溶液中的离子发生配位吸附。在土壤学领域，土壤固相与液相界面上的离子或分子浓度高于整体溶液中相应离子或分子浓度的现象被称为正吸附。在特定条件下，也可能发生正吸附的相反现象，即负吸附，这是土壤吸附性能的另一种表现形式。

土壤吸附性作为土壤化学特性中的一个重要方面，取决于多种因素，具体包括土壤固相物质的组成、含量、形态，以及溶液中离子的种类、含量、形态，还受到酸碱度、温度和水分状况等条件及其变化的影响。此外，土壤吸附性也会显著影响土壤中物质的形态、转化、迁移以及有效性。根据产生机理的不同，土壤吸附性可分为交换性吸附、专性吸附、负吸附和化学沉淀等四个方面。

1）交换性吸附

交换性吸附指带电土壤表面通过静电力吸附带异号电荷的离子或极性分子。在此过程中，相等当量的同号离子从土壤表面解吸并进入溶液，这本质上是土壤固液相之间的离子交换反应。

2）专性吸附

专性吸附是非静电作用导致的土壤对特定离子的吸附过程。土壤对重金属离子的专性吸附机理包括表面配位作用和内层交换等；土壤对多价含氧酸根等阴离子的专性吸附机理则涉及配位体交换和化学沉淀。专性吸附主要发生在水合氧化物型表面(羟基化表面)与溶液的界面上。

3)负吸附

负吸附是土壤表面排斥阴离子或分子的现象，导致土壤固液相界面上的阴离子或分子浓度低于溶液中相应离子或分子的浓度。这种现象主要由静电因素引起，即阴离子在负电荷表面的扩散双电层中受到排斥力作用。负吸附体现了土壤系统力求降低表面能以达到稳定的机制。在现代土壤吸附概念中，负吸附特指对阴离子的排斥，而对分子的排斥则通常被视为土壤的物理性吸附。

4)化学沉淀

进入土壤的物质与土壤溶液中的离子(或固相表面)发生化学反应，从而形成难溶性的新化合物，并从土壤溶液中沉淀出来(或在固相表面沉积)，这实际上是化学沉淀反应，与界面化学行为的土壤吸附现象不同。然而，在实际操作中，有时二者难以清楚区分。

(4)土壤胶体的环境意义

1)对重金属等污染元素生物毒性的影响

土壤和沉积物中的锰、铁、铝等金属的氧化物及其水合物，在多种微量重金属离子的富集过程中起着关键作用，氧化锰和氧化铁的作用尤为显著。例如，在红壤和黄壤中的铁锰结核里，锌、钛、钴、镍、铜和钒等重金属元素的富集现象非常显著。锌、钴和镍的含量与锰的含量呈现正相关性，而钛、铜、钒和钼的含量则与铁的含量正相关。这些重金属离子被铁和锰的氧化物吸附后，通常无法用阳离子交换通用试剂(如乙酸铵、氯化钙等)进行提取，这进一步表明这种富集现象是氧化物胶体专性吸附的结果。专性吸附在微量金属离子的富集方面具有重要作用，因此它成为地球化学及环境学科的关键内容之一。

氧化物及其水合物在土壤中对重金属离子的专性吸附在调控土壤溶液中金属离子的浓度方面发挥着至关重要的作用。土壤溶液中诸如锌、铜、钴和钼等微量重金属离子的浓度，主要受吸附-解吸作用的调节，特别是受氧化物专性吸附的影响显著。因此，专性吸附对调节金属元素的生物有效性及其生物毒性具有重要意义。此外，土壤作为重金属元素关键的汇，在控制环境中重金属污染方面发挥着重要的作用。当外来重金属进入土壤或河湖底泥，它们往往被土壤中的氧化物和水合物等胶体通过专性吸附机制固定，这不仅在一定程度上减轻了水体中的重金属污染，而且有助于缓冲和调节这些金属离子从土壤溶液向植物体的迁移与累积。然而，专性吸附同时也可能导致土壤的潜在污染风险。因此，在研究专性吸附时，还需关注被土壤胶体专性吸附的金属离子对生物的潜在影响。

2)对有机化合物环境行为的影响

土壤胶体在决定农药等有机化合物在土壤环境中的行为方面有着重要的作用，其显著影响这些化合物在环境中的滞留特性。例如，农药进入土壤后，可能被黏粒矿物吸附，导致其活性暂时降低。然而，环境条件的变化可能导致农药重新被释放出来。该过程说明土壤胶体在环境中的化学物质循环和转化中扮演着重要的媒介角色。此外，有些有机化合物在黏粒表面可能会发生催化降解，进而实现脱毒作用，表明土壤胶体在环境修复中也可能发挥作用。带负电荷的非聚合有机农药通常不会在有水的条件下被黏粒矿物强烈吸附。这可能是因为负电荷的存在减弱了农药与带负电的黏粒矿物之间的静电吸引力。相反，带有正电荷的有机物与黏粒矿物表面的负电荷产生强烈的静电吸引,因此被黏粒矿物强力吸附。这种差异性的吸附行为不仅反映了土壤胶体的复杂性,还指出了影响土壤中农药行为的关键因素,对农药管理和环境保护具有重要意义。

黏粒矿物对阳离子态有机污染物的吸附主要是通过离子交换作用实现的。例如,杀草快和百草枯等强碱性除草剂在水中易溶解并完全离子化,其被黏粒吸附的程度与黏粒的离子交换量紧密相关,这说明离子交换对有机农药在土壤中的行为起着决定性作用。许多弱碱性有机农药在阳离子态下与黏粒上金属离子的交换能力不仅取决于农药的质子接受能力,而且受到土壤 pH 值的影响。此外,黏粒矿物表面提供的氢离子可促进农药的质子化,增强农药与黏粒的亲和力。

有机污染物与黏粒的复合作用对其生物毒性具有显著影响,这种影响力由吸附和解吸的强度决定。例如,蒙脱石对百草枯的吸附减弱了其对植物的毒性,而高岭石和蛭石吸附的百草枯仍保持生物毒性。这揭示了不同类型的黏粒矿物对农药行为的影响,以及农药与黏粒复合体稳定性的重要性。不同交换性阳离子对蒙脱石吸附农药的释放也呈现差异:铜-黏粒-农药复合体最为稳定,复合体中的农药会逐渐少量释放;钙-黏粒-农药复合体的稳定性较差,其中的农药几乎立即完全释放;铝体系中的农药释放状况则介于二者之间。该现象表明,农药在土壤中解吸的难易程度直接影响土壤中残留农药生物毒性的大小。

2. 土壤的酸碱性

土壤的碱性是影响其化学特性的关键因素,其与土壤的固相组成和吸收性能密切相关,对植物生长、土壤生产力以及土壤污染和净化都具有重要影响。以下从五个方面进行详细介绍。

（1）土壤 pH 值

土壤的酸碱性通常通过测量土壤溶液的 pH 值来评估。该指标被视为反映土壤性质的核心变量,因为它对土壤中多种化学反应和过程有着显著的影响。土壤 pH 值主导着氧化还原反应、沉淀与溶解过程、吸附与解吸现象以及配位反应。对于植物和微生物所需的营养元素的有效性,土壤 pH 值的变化具有较大影响。例如,在 pH > 7 的条件下,某些元素,尤其是微量金属阳离子(如 Zn^{2+}、Fe^{2+} 等),其溶解度降低,可能导致植物和微生物因这些元素的缺乏而受到不利影响。而当 pH < 5.5 时,许多重金属的溶解度增加,对许多生物构成毒害。在更极端的 pH 值条件下,土壤中可能出现特殊的离子和矿物。例如,当 pH > 8.5 时,通常存在大量的溶解性或交换性钠;当 pH < 3 时,则可能存在金属硫化物。

（2）土壤酸度

土壤酸度通过使用碱性物质[例如 $Ca(OH)_2$]进行滴定而测定,涵盖了土壤中的各种形态的酸(包括土壤潜在酸和土壤活性酸两类)。

1）土壤潜在酸

土壤潜在酸指的是与土壤固相相关的全部滴定酸,包括土壤非交换性酸和交换性酸。土壤固体表面的酸度和潜在形态(具有产生质子的能力)与土壤 pH 值密切相关。土壤固体表面酸度的重要形态包括:可解离释放酸的有机酸;水解释放酸的有机配合铝;阳离子交换和水解释放的交换性 H^+ 和 Al^{3+};矿物表面的非交换性酸,如铁、铝的氧化物和水铝英石等。这些不同形态的酸共同构成了土壤潜在酸,由于这些酸性离子在土壤微孔隙中扩散缓慢,有机配合铝的解离也相对缓慢,因此它们对土壤溶液中 H^+ 和 Al^{3+} 浓度(即土壤活性酸)变化的化学过程反应较为迟缓。这说明土壤潜在酸是一个长期影响土壤酸碱度和生态环境的因素,对理解土壤化学性质以及调节土壤环境至关重要。

①土壤非交换性酸是指那些不能被浓中性盐溶液(例如 1.0 mol/L KCl 溶液)快速置换进入溶液的结合态 H^+ 和 Al^{3+}。非交换性酸与腐殖质中的弱酸性基团、有机配合铝,以及矿物表面的羟基铝等紧密相关。这说明非交换性酸是土壤中长期存在的酸性物质,对土壤的酸性有着缓慢但持续的影响。

②土壤交换性酸是指能被浓中性盐溶液(通常是 1.0 mol/L KCl 溶液)置换进入溶液的结合态 H^+ 和 Al^{3+}。交换性酸与有机配合铝、腐殖质中易解离的酸性基团及黏土交换点位上的 Al^{3+} 密切相关。这表明交换性酸是土壤中更活跃、容易变化的酸性组分,对土壤酸碱性的短期变化有直接影响。

2)土壤活性酸

土壤活性酸指的是与土壤溶液相关的全部滴定酸,主要是溶液中的游离 Al^{3+} 和 H^+。这表明活性酸是土壤中最易发生变化和对环境变化最敏感的酸性组分。

至于土壤酸性的形成,可归因于多种来源。首先,土壤中 H^+ 的产生主要归因于二氧化碳,二氧化碳既来自土壤气体,也来自有机质的分解、植物根系以及微生物的呼吸作用。土壤中的有机物分解产生有机酸,硫化细菌和硝化细菌参与反应,进一步生成硫酸和硝酸。此外,施用的生理酸性肥料,如硫酸和硫酸钾等,也是引起土壤酸化的重要因素。其次,气候条件对土壤酸化的影响同样不容忽视。在多雨且潮湿的地区,土壤中的盐基离子容易被淋洗掉,导致溶液中的氢离子替代这些盐基离子,积累在土壤胶体上。最后,Al^{3+} 的生成与土壤的酸性条件密切相关。在酸性条件较强时,黏土矿物中铝氧层的铝会释放,转化为土壤胶体表面的交换性 Al^{3+}。这些 Al^{3+} 的数量远超 H^+ 的数量,使得土壤呈现出潜在的酸性。特别是在长江以南地区,酸性土壤的形成主要由 Al^{3+} 引起。

（3）土壤碱度

碱性土壤的形成是自然成土条件和土壤内在因素相互作用的结果。在碱性土壤中,主要的碱性成分是钙、镁和钠的碳酸盐及碳酸氢盐,这些成分连同胶体表面吸附的交换性钠共同构成土壤的碱性基础。该类碱性物质(特别是碳酸钙和碳酸钠)的水解反应,以及交换性钠的水解,是导致土壤显示碱性的关键过程。土壤的碱度通常通过测量土壤溶液的 pH 值来确定,并据此对土壤进行碱性分级。碱性土壤中交换性钠的相对浓度对土壤碱度的影响尤为显著,因此交换性钠的饱和度被认为是衡量土壤碱度的一个重要指标,又被称为土壤碱化度。该指标反映了土壤中碱性成分的丰富程度以及土壤的碱性强弱,其计算公式为

$$土壤碱化度 = \frac{交换性钠的量（mmol/kg）}{阳离子交换量（mmol/kg）} \times 100\% \qquad (2\text{-}6)$$

土壤碱化与盐化之间存在着显著的成因关联。在盐土积盐的过程中,土壤的胶体表面会吸附一定量的交换性钠。然而,由于土壤溶液中高浓度的可溶性盐分,这些交换性钠被阻止水解,从而使盐土的 pH 值维持在 8.5 以下。在这种情况下,盐土的物理性质不会恶化,也不会表现出典型碱土的特性。仅当盐土经历了一定程度的脱盐过程后,土壤中的交换性钠开始解吸,土壤才开始展现出碱化的特征。然而,土壤脱盐并不是土壤碱化的必要条件。在盐土经历频繁交替的积盐和脱盐过程中,钠离子逐渐取代胶体上吸附的钙离子、镁离子,从而促使土壤向碱化方向转变。

（4）影响土壤酸碱性的因素

土壤酸碱性是多种成土因素共同作用的结果,这些因素包括气候、地形、母质、植被和人类活动。在高温多雨的气候下,土壤通常因盐基流失而呈酸性;在干旱地区,土壤则因盐基积累而呈碱性。地形也会影响土壤酸碱性,高坡地区的土壤因淋溶作用强而偏酸性,低洼地区则因盐碱积累而偏碱性。不同类型的母质,如酸性母岩和碱性母岩,也会导致形成的土壤酸碱性不同。不同的植被类型,如针叶林和阔叶林,对土壤酸碱性也有影响。人类活动,尤其是施肥方式,会显著改变土壤的酸碱性。此外,土壤的物理化学性质,如盐基饱和度、离子种类和土壤胶体类型,也是影响土壤酸碱性的重要因素。

（5）土壤酸碱性的环境意义

土壤酸碱性对其化学和生物过程具有显著影响,尤其是在调控污染物的行为和毒性方面。在酸性条件下,许多金属元素以更活跃的形式存在,导致毒性增加;而在碱性条件下,这些金属元素倾向于形成难溶沉淀,从而降低毒性。此外,土壤酸碱性还影响有机污染物的稳定性和降解速率。例如,某些有机农药在酸性土壤中更稳定,而在碱性土壤中则更易降解。土壤酸碱性不仅直接影响污染物的化学状态,还通过影响微生物活性和土壤化学反应间接改变污染物的环境行为。这一点在环境科学和土壤学中至关重要,因为其决定了污染控制和土壤修复策略的有效性。

3. 土壤的氧化还原性

土壤的氧化还原性与土壤的酸碱性相似,也是其化学特性之一。土壤氧化还原性的重要性不仅在于体现了其基本的化学性质,更在于其对土壤环境和生态系统的影响。电子在土壤中的转移和流动会引发氧化还原反应,导致元素价态发生变化,这一过程涉及碳、氮、硫、铁和锰等多种元素。在这一复杂的化学交互中,氧气和有机质显示出较强的活跃性,而铁、锰和硫等元素的变化则受氧气含量和有机质的显著影响。土壤的氧化还原状态会在不同的环境条件下展现出独特的动态特征,特别是在土壤湿润和干燥交替的情况下,以及有机物分解和微生物活动的过程中,氧化还原反应表现得尤为活跃。这些反应不仅是影响土壤形态发展和土壤剖面特征形成的关键因素,而且在调节土壤中元素的生物有效性和环境行为方面发挥着核心作用。例如,土壤中铁和硫的氧化还原状态可以影响重金属的形态和迁移,从而间接影响土壤污染物的生态风险。

近年来,随着对土壤环境学的深入研究,氧化还原性在环境修复和土壤污染控制中的作用受到了更多关注。研究表明,通过调节土壤的氧化还原条件,可以有效控制土壤中有害化学物质的活性和毒性,从而将其对环境造成的威胁降到最小。例如,通过改变土壤的氧化还原状态,可以促使某些重金属形成沉淀或转化为更安全的形态,这对于污染土壤的修复具有重要意义。

（1）土壤氧化还原体系

土壤的氧化还原特性源于其内部丰富的氧化还原物质。土壤中的氧分子及某些高价金属离子发挥氧化剂的作用,土壤中的有机质及其在缺氧条件下的分解产物和某些低价金属离子充当还原剂。由于土壤成分的多样性,这些化学反应可以同时进行,构成了一个复杂的反应体系。土壤中典型的氧化还原反应体系如表 2-4 所示。

表 2-4　土壤中典型的氧化还原体系

体系类别	氧化还原反应	E^0/V		$pE^0 = \lg K$[①]
		pH = 0	pH = 7	
氧体系	$1/4O_2 + H^+ + e^- \rightleftharpoons 1/2H_2O$	1.23	0.84	20.8
锰体系	$1/2MnO_2 + 2H^+ + e^- \rightleftharpoons 1/2Mn^{2+} + H_2O$	1.23	0.40	20.8
铁体系	$Fe(OH)_3 + 3H^+ + e^- \rightleftharpoons Fe^{2+} + 3H_2O$	1.06	-0.16	17.9
氮体系	$1/2NO_3^- + H^+ + e^- \rightleftharpoons 1/2NO_2^- + 1/2H_2O$	0.85	0.54	14.1
	$1/8NO_3^- + 5/4H^+ + e^- \rightleftharpoons 1/8NH_4^+ + 3/8H_2O$	0.88	0.36	14.9
硫体系	$1/8SO_4^{2-} + 5/4H^+ + e^- \rightleftharpoons 1/8H_2S + 1/2H_2O$	0.30	-0.21	5.1
有机碳体系	$1/8CO_2 + H^+ + e^- \rightleftharpoons 1/8CH_4 + 1/4H_2O$	0.17	-0.24	2.9
氢体系	$H^+ + e^- \rightleftharpoons 1/2H_2$	0	-0.41	0

资料来源:陈怀满,朱永官,董元华,等. 环境土壤学 [M].3 版. 北京:科学出版社,2018.

注:① K 为反应的平衡常数。

土壤的氧化还原能力可以通过测量土壤的氧化还原电位(E_h)来评估。影响土壤 E_h 的因素包括土壤的通气条件、微生物的活性、易分解有机质的含量、植物根系的代谢活动和土壤的 pH 值等。通常,旱地土壤 E_h 为 400~700 mV,而水田土壤 E_h 则介于 -200 mV 和 300 mV 之间。根据土壤 E_h,可以预测土壤中有机物和无机物可能发生的氧化还原反应以及其环境行为。

在土壤中,氧气承担着氧化剂的角色。通常,在空气流通良好且含水量相对较低的土壤环境中,土壤的氧化还原电位较高,说明在该环境中氧化作用占主导。而在常有积水的水田中,由于氧气供应受限,氧化还原电位往往较低,从而展现出还原性的特点。土壤中的氧化还原反应不仅受氧气的影响,还与多种因素相关,如土壤微生物的活动、植物根系的代谢过程以及外源物质的引入等。了解这些知识对理解土壤中污染物的行为模式至关重要,尤其是当这些污染物参与土壤中的氧化还原反应时,它们的迁移性与毒性可能发生重大变化。另外,氧化还原反应可能引起土壤酸碱度的变化,进而影响土壤的物理结构、化学性质及污染物的环境行为。当前的环境科学研究正在不断深化对土壤氧化还原性的认识。其中,一些先进的研究成果不仅加深了人们对土壤氧化还原过程中微生物的作用、植物根系的相互作用及外源物质的影响的理解,还为土壤管理和污染控制提供了更为有效的策略。

（2）土壤氧化还原性的环境意义

土壤的氧化还原特性在调控和影响有毒物质的行为及毒性方面有着重要的作用,该特性对有机污染物和重金属的行为有显著的影响。

对于有机污染物,热带和亚热带地区的间歇性降雨和干湿循环环境特别有利于厌氧和好氧微生物的繁殖,从而促进有机农药的降解。其中,农药滴滴涕(DDT)的开环反应和地亚农的嘧啶环裂解都需要氧气参与。而在还原性环境中,六氯环己烷等有机氯农药可在特定微生物(如蜡状芽孢杆菌)的作用下发生脱氯反应,加快代谢。

关于重金属,土壤中的亲硫元素在厌氧还原条件下容易生成难溶性硫化物,从而有效降低其毒性。E_h 小于 -150 mV 的水稻土壤可生成大量低价硫(S^{2-}),从而降低重金属的生物可利用性和毒性。然而,当土壤转为氧化态时,难溶硫化物可能变为易溶的硫酸盐,从而导致生物毒性的增加。例如:在水稻种植中淹水条件会显著降低镉的溶出量,因此淹水条件下生成的硫化镉毒性较低;水稻根际铁、锰氧化物胶膜能够吸附、氧化还原和固定金属离子,从而阻止其进入水稻根系,以降低其毒害;在还原条件下,铁、锰氧化物胶膜的还原可使砷活化,最终使砷积累于水稻的根际。

综上所述,土壤的氧化还原特性在人们理解和控制土壤环境中有毒物质的行为和毒性方面起到至关重要的作用。该特性不仅影响有机污染物的分解和代谢,还关联到重金属的形态和毒性。此外,土壤内部的氧化还原过程,尤其是微生物介导的生物电化学过程,是土壤中元素循环、重金属脱毒转化、有机污染物迁移转化和温室气体排放等关键过程的重要组成部分。对这些过程的深入理解对制定有效的土壤污染控制方法以及土壤修复策略具有十分重要的意义。

(3)土壤缓冲体系

缓冲体系在本质上是指一个体系抵抗 pH 值变化的能力。而在环境土壤学中,这一概念被扩展——包含土壤对 pH 值变化的抵抗能力,这种能力主要通过吸附作用和离子交换作用来实现。从广义上说,土壤的缓冲性还涵盖了对其他离子浓度变化的抗性。

在土壤缓冲体系中,土壤胶体对重金属、氟化物、硫化物、农药、石油烃等污染物的吸附作用至关重要。这些物质在土壤胶体上的吸附作用导致土壤溶液中的相应离子和元素浓度降低,从而减小了它们对土壤微生物、植物根系及土壤动物的毒性影响,同时也降低了它们在食物链中对高等生物的毒害。因此,土壤缓冲体系不仅限于对 pH 值的调节,它还在氧化还原电位、污染特性等方面展现出显著的缓冲作用。这一体系是土壤环境特有的,包含与土壤成分直接相关的重要物理和化学过程,对土壤净化贡献重大。通常土壤中腐殖质含量越高,其缓冲能力越强。

4. 土壤中的配位反应

在土壤这一复杂的化学体系中,配位化合物和螯合物的形成对金属离子的行为具有显著影响。配位化合物由金属离子与电子供体(配位体)结合而成。当这些配位体与金属离子形成环状结构时,生成的配位化合物被称为螯合物,这类物质比简单的配合物具有更高的稳定性。

土壤中常见的无机配位体包括氯离子(Cl^-)、硫酸根(SO_4^{2-})、碳酸氢根(HCO_3^-)和氢氧根(OH^-),以及在特定条件下出现的硫化物、磷酸盐和氟离子(F^-)。这些配位体能取代水合金属离子中的水分子,与金属离子形成稳定的螯合物或配离子,从而影响土壤中金属离子的生物有效性。有机物参与螯合作用的基团更为多样,主要包括羟基(—OH)、羧基(—COOH)、氨基(—NH$_2$)、亚氨基(=NH)、羰基($\diagdown$C=O)和硫醚(R—S—R)结构等。富含这些基团的有机物包括腐殖质、木质素、多糖类、蛋白质、有机酸和多酚等,其中腐殖质由于具有数量优势且形成的螯合物稳定性好,显得尤为重要。

土壤中可被螯合的金属离子主要包括 Fe^{2+}、Fe^{3+}、Al^{3+}、Cu^{2+}、Zn^{2+}、Ni^{2+}、Pb^{2+}、Co^{2+}、Mn^{2+}、Ca^{2+} 和 Mg^{2+} 等。不同元素形成的螯合物稳定性各异,但通常会受土壤 pH 值的影响。在酸性环境中,H^+、Al^{3+}、Fe^{3+} 和 Mn^{2+} 浓度增加,对其他土壤离子产生较强竞争力;而在碱性环境

中, Ca^{2+}、Mg^{2+} 浓度增加,同时 Fe^{2+}、Mn^{2+}、Cu^{2+} 和 Zn^{2+} 等因形成氢氧化物沉淀浓度降低,从而受到 Ca^{2+}、Mg^{2+} 等的竞争,各元素螯合态所占的比例也因此有所差异。在环境土壤学中,特别值得关注的是某些污染性金属离子在形成螯合物之后,其在土壤中的行为会发生明显变化。螯合物的形成影响了金属离子的迁移和转化过程。在土壤溶液中金属离子往往以螯合态的形式存在,这一特性在环境保护和土壤修复方面具有重要的意义。为了利用这一特性降低土壤中污染元素的生物毒性,已经有大量研究致力于开发有效的人工螯合剂。这些螯合剂能够与重金属离子形成稳定的螯合物,从而减小这些金属离子的生物可利用性和生物毒性。在土壤中应用这些人工螯合剂,可以有效控制重金属污染及其对植物和微生物的毒害作用,从而为污染土壤的修复和环境保护提供了一种有效的策略。

2.2　土壤微生物

土壤微生物是指生活在土壤中借用光学显微镜才能看到的微小生物,包括原核生物(如细菌、蓝细菌、放线菌等)和真核生物(如真菌、藻类、地衣等)。土壤微生物可参与土壤的形成与发展、土壤肥力的变化、养分的可用化以及有毒物质的降解等多个过程。此外,在土壤与植物构成的庞杂的生态系统中,土壤微生物因其广泛的分布、庞大的数量及多样的种类,成为土壤生态系统中最为活跃的一环。这些微生物的分布和活动不仅揭示了土壤生物因素对生物群落的组成、分布及种间相互作用的重要影响,而且显现了它们对植物生长、土壤环境以及物质循环和迁移的影响。尽管当前已知的微生物种类繁多(主要源于土壤中微生物的分离、驯化与选育),但这些已知种类仅占土壤微生物总数的 10% 左右。在土壤微生物中,细菌的数量最为庞大,其次是放线菌和真菌,藻类、原生动物和微型动物等按数量递减的顺序排列。这一分布格局反映了微生物在土壤生态系统中的多样性和复杂性。

20 世纪 70 年代,沃斯(Woese)根据 16S rRNA 序列的相似性,提出了与细菌不同的一类微生物——古菌。古菌是原核生物,但其在特殊环境中的生长特性与细菌有所区别。基于这一发现,沃斯将生命分为三大域:古菌域(Archaea)、细菌域(Bacteria)和真核生物域(Eukarya)。这一“三域系统”代表了生命的系统发育树,并且在生物分类学中具有重要意义。这种分类不仅反映了微生物世界的多样性和复杂性,而且揭示了生命演化的深层次关系。

2.2.1　土壤微生物的分类

1. 古菌域

作为一种单细胞微生物,古菌构成生物分类的一个域。这些微生物大多数能在极端环境中(例如在超高温、高酸碱度、高盐浓度以及严格无氧的条件下,或是在地球早期生命出现时的自然环境中)生存。根据古菌的生活习性和生理特性,它们可分为三大类:产甲烷菌、嗜热嗜酸菌和极端嗜盐菌。(a)产甲烷菌:这类古菌能够在严格厌氧的环境中生存,利用简单的二碳和单碳化合物进行代谢并产生甲烷。(b)嗜热嗜酸菌:这类古菌大多数是专性硫代谢菌,适应高温环境,其最适宜的生长温度为 70~100 ℃。(c)极端嗜盐菌:这类古菌可以在极高盐浓度的环境中生存。

古菌在地球物质循环中发挥着重要作用,对探索生命的起源和生物进化具有深远的意义。对古菌的研究揭示了生物适应特殊环境的遗传基因普遍存在于它们的质粒上,这使得古菌成为一个特殊的基因库,为构建新的有益生物种提供了可能。这类基因的发掘和利用不仅可以拓宽人们对生物多样性和适应性的理解,还可能为生物技术和环境科学领域带来新的应用前景。

2. 细菌域

在土壤生态系统中,细菌、蓝细菌、放线菌、黏细菌以及其他原核微生物各有其独特的生态角色和生物学特性。

（1）细菌

在土壤生态系统中,细菌占据绝对的主导地位,占土壤微生物总数的 70%~90%。它们体形微小,代谢活跃,繁殖速度快,并与土壤具有广泛的接触面,成为土壤生态系统中极为关键的活跃组分。细菌的多功能性使其能够利用多样的有机物作为碳源和能量来源,有效参与土壤中重金属的积累以及农药等有机污染物的分解过程,因此细菌在土壤污染修复领域具有显著的应用潜力和重要性。

（2）蓝细菌

作为光合自养的微生物,蓝细菌能够通过光合作用利用二氧化碳和水合成所需的营养物质,同时释放氧气。这些古老的微生物在湿润的土壤和水稻田中普遍存在,且以大量繁殖而著称。蓝细菌具备单细胞和丝状两种形态,其中部分菌种具备固氮的能力,可为土壤生态系统提供重要的氮源。

（3）放线菌

作为土壤微生物中的一个重要组成部分,放线菌在土壤生态系统中扮演着多重角色。它们主要以孢子或菌丝片段的形态存在于土壤中,种类繁多,数量庞大,仅次于细菌。放线菌的代表种类包括链霉菌、诺卡氏菌和小单胞菌等。大多数放线菌属于好氧腐生菌,能够分解各种有机物,如纤维素、淀粉、脂肪、木质素和蛋白质等。此外,放线菌还能够产生抗生素,与其他有害微生物产生拮抗作用,对维护土壤生态平衡具有重要意义。它们主要存在于中性或偏碱性、通气良好的土壤环境中。

（4）黏细菌

黏细菌虽然在土壤中的数量相对较少,却被认为是原核生物中最高级的形式。它们独特的生物学特性包括能够形成子实体和黏孢子。子实体内含有大量的黏孢子,这些孢子具有优越的抗旱性、耐高温性,并能在一定程度上抵抗超声波和紫外线辐射。在适宜的环境条件下,这些黏孢子能够萌发为营养细胞。因此,黏孢子极大地增强了黏细菌在恶劣环境中的生存能力,使黏细菌特别适合在干旱、低温和贫瘠的土壤条件中生存和繁衍。

（5）其他原核微生物

其他原核微生物包括立克次氏体和支原体等。立克次氏体是一类介于细菌与病毒之间的微生物,更接近于细菌,通常作为专性寄生体存在于真核细胞内。支原体是自由生活的极小型原核微生物,广泛分布于土壤、污水、垃圾、昆虫、脊椎动物以及人体中,对土壤生态系统的维持和动植物健康产生潜在影响。

这些微生物的生活和代谢对土壤环境的健康和生态平衡至关重要,其在土壤养分循环、有机物分解、污染物降解和生物多样性维持等方面发挥着不可或缺的作用。

3. 真核生物域

（1）真菌

在土壤微生物界,真菌因其独特的生态特性及广泛的生物多样性,在维持土壤环境的健康和生态平衡中扮演着举足轻重的角色。这类微生物的数量在细菌和放线菌之后位居第三,尤其喜好通气良好且偏酸性的土壤环境,其最佳生长 pH 值介于 3 和 6 之间,同时依赖于较高的土壤湿度。因此,真菌在森林和酸性土壤中占据主导地位。我国土壤真菌的种类繁多,资源丰富,包括青霉属、曲霉属、镰刀菌属、木霉属、毛霉属和根霉属等广泛分布的属。这些真菌根据营养习性,可被划分为腐生真菌、寄生真菌和菌根真菌(共生真菌)。近年来,菌根真菌在污染土壤修复领域引起了广泛关注,其在快速降解土壤中的有机污染物方面的潜力使其成为众多研究的焦点。这一研究方向为污染土壤的治理提供了新的思路,也为人们深入理解土壤生态系统的复杂相互作用提供了重要的资料。菌根真菌的独特功能,如能够在极端环境条件下生存并促进植物生长,使之成为环境修复和可持续农业实践中的重要资源。

（2）藻类

藻类属于真核原生生物,既包括单细胞的微型生物,也包括形态多样的多细胞生物。土壤中的藻类主要为硅藻、绿藻和黄藻等。土壤中的藻类大部分含有叶绿素,主要生长于土壤的表层,它们可通过光合作用吸收二氧化碳并释放氧气,从而有利于其他植物的根部呼吸和生长。而那些不含叶绿素的藻类则多生活在土壤的较深层,它们在分解有机质、维持土壤肥力方面扮演着重要角色。藻类作为土壤生态系统中的关键组成部分,对土壤的形成和发育起到了重要的作用,依靠光能自养的藻类为土壤生态系统提供了初级有机质。

（3）地衣

地衣是一种由真菌和藻类紧密共生形成的独特生物组合。其广泛分布在荒凉的岩石、土壤表面以及其他多样的物体表面。地衣通常是裸露的岩石和土壤母质上的最早定居者,对土壤的初期形成和生态系统的早期发育具有重要作用。这种共生体可以在极端恶劣的环境中生存和繁衍,这种生存能力显示了它们在土壤生态系统中的生物适应性和生态重要性。

2.2.2 土壤微生物的功能

土壤微生物在土壤肥力发展中起着核心作用。自养型微生物通过阳光合成或氧化无机化合物获得能量,同化 CO_2 来构建有机体,为土壤提供丰富的有机质。异养型微生物通过腐生、寄生、共生或捕食等方式获取能量和食物,是土壤有机质分解的关键力量。土壤微生物能将不溶性盐类转化为可溶性盐类,将有机质矿化为植物可吸收利用的化合物。此外,固氮菌能从空气中固定氮素,为土壤提供必要的氮源;微生物还参与腐殖质的分解与合成过程,从而起到改善土壤的物理和化学性质的作用。

在好氧环境中,细菌和放线菌等微生物参与有机质的分解。对于难以分解的纤维素,好气性纤维分解细菌如纤维黏菌属(*Cytophaga*)和生孢噬纤维黏菌属(*Sporocytophaga*),以及一些厌氧纤维分解细菌,能有效地逐步降解纤维素。对于污水、污泥中含氮的蛋白质化合物,氨化细菌如蕈状芽孢杆菌(*Bacillus mycoides*)、枯草芽孢杆菌(*Bacillus subtilis*)和腐败芽孢杆菌(*Bacillus putrificus*)、黏质沙雷氏菌(*Serratia marcescens*)、普通变形杆菌(*Proteus vulgaris*)和奇异变形杆菌(*Proteus mirabilis*)等,在多种酶的作用下将其逐步降解,生成有机酸、氨气(NH_3)等。其基本的反应过程如下:

$$蛋白质 \xrightarrow{\text{蛋白酶}} 多肽 \tag{2-7}$$

$$多肽 \xrightarrow{\text{肽酶}} 氨基酸 \tag{2-8}$$

$$氨基酸 \xrightarrow{\text{脱氨基作用}} 有机酸 + 氨 \tag{2-9}$$

氨基酸的最终降解过程涉及脱氨基反应,由好氧细菌催化的氧化脱氨基作用产生酮酸类脂肪酸和 NH_3 ,水解性脱氨基作用则生成有机酸、醇和 CO_2 ;而厌氧细菌则通过还原脱氨基作用,产生脂肪酸和 NH_3 。

土壤中的氨化细菌通过分解含氮有机化合物,将有机氮转化为无机氮,为土壤提供重要的氮源。一些特定的亚硝酸菌,如亚硝酸菌属(*Nitrosomonas*),将氨氮转化为亚硝酸;随后硝酸菌属(*Nitrobacter*)将亚硝酸氧化为硝酸,形成植物可吸收的硝态氮。在厌氧条件下,反硝化细菌,例如脱氮硫杆菌(*T. denitrificans*),可将硝酸盐还原为分子氮,进而减少了土壤中的有效氮。在好氧环境中,硫杆菌属(*Thiobacillus*)和贝氏硫菌属(*Beggiatoa*)等微生物能够将无机硫化合物氧化成硫酸盐,增加土壤中的有效硫。而在厌氧条件下,硫酸盐还原细菌如脱硫弧菌(*D. desulfuricans*)会将硫酸盐还原为硫化氢,可能会对植物产生毒害作用。同样,在好氧条件下,铁细菌如披毛菌属(*Gallionella*)、纤毛菌属(*Leptothrix*)和铁细菌属(*Crenothrix*)等,能够将 Fe^{2+} 氧化为 Fe^{3+} ,促使其沉淀。

固氮菌可以固定大气中的氮气(N_2),为土壤增添宝贵的氮素资源。磷、钾细菌则参与土壤中磷和钾的转化过程。微生物的活动不仅限于氮、硫、磷和钾,还涉及钙、镁、钼、硼、锌等多种营养元素的转化,上述过程在土壤的营养循环中发挥着不可或缺的作用。

2.2.3 土壤微生物的环境效益

（1）形成土壤结构

土壤的形成与发育不仅仅是土壤颗粒的简单组合,而是一个复杂且动态的过程,而土壤微生物在此过程中发挥着至关重要的作用。其生命活动,如代谢活动中氧气和二氧化碳的交换,以及有机酸的分泌,不仅促进土壤颗粒形成更大的团粒状结构,还赋予土壤以生命力和活性。土壤微生物的区系组成、生物量及其生命活动与土壤的形成和发育有密切关系。

（2）分解有机质

土壤微生物在分解有机质方面的作用同样不可小觑。例如,通过土壤微生物的作用,作物残根、败叶以及施用于土壤中的有机肥料等才能分解,从而释放出植物所需的各种营养元素。此外,微生物分解过程中所产生的腐殖质,不仅丰富了土壤的营养成分,还显著改善了土壤的结构和耕作性能。

（3）分解矿物质

土壤微生物还可以分解矿物质,其代谢产物能促进土壤中难溶性物质的溶解。例如磷细菌能分解出磷矿石中的磷,钾细菌能分解出钾矿石中的钾,以利于作物吸收利用,提高土壤肥力。另外,尿素的分解利用也离不开土壤微生物。这些土壤微生物就好比土壤中的肥料加工厂,将土壤中的矿质肥料加工成作物可以吸收利用的形态。

（4）发挥固氮作用

土壤微生物还有固氮作用。尽管氮气在空气中的比例高达 78%,但植物无法直接吸收利用。一些土壤微生物通过生物固氮作用,将大气中的氮气转化为植物可以直接吸收利用的固定态氮化物。这相当于在土壤生态系统内自行建立了一个"氮肥工厂",为植物提供必需的氮源,从而有效支持植物生长和维持土壤肥力。该过程显著提高了土壤的营养含量,也减少了对人工施肥的依赖。

（5）调节植物生长

在植物根系周围生活的土壤微生物还可以调节植物生长。这些与植物根部共生的微生物,例如根瘤菌、菌根真菌等,能够直接为植物提供氮素、磷素以及其他重要的矿质元素。此外,它们还分泌有机酸、氨基酸、维生素和植物生长素等多种有机营养物质,从而促进植物的生长发育。这种微生物与植物根系之间的互动,增强了植物的营养吸收能力,也加强了植物对逆境的适应性。

（6）降解有害物质

土壤中的微生物具有显著的环境净化能力,能有效分解土壤中残留的有机农药、城市废弃物和工厂排放物等。这些微生物通过其自然代谢过程,将有害物质转化为低毒或无毒物质,从而显著降低环境污染。当然,这些净化作用是由土壤中多种微生物群体共同完成的。每个微生物群体根据其独特的代谢路径和生物化学功能,协同作用,才能实现这些复杂的生物转化过程。

土壤微生物的多功能性也给人们以启示:如果能够让这些微生物遵循人类的指令,执行特定的生物化学功能,将会是多么美妙。事实上,科学家们已经朝这个方向迈出了坚实的步伐。在医药、农业和工业领域,微生物的应用已经相当广泛。尤其在土壤科学领域,通过筛选和培养特定的有效菌株,人们可以有效地修复被污染的土壤,制备生物肥料和生物农药等。这些应用展示了微生物在环境修复和资源利用中的巨大潜力,也预示着未来的微生物科技可能更加广泛地服务于人类社会的各个方面。

尽管如此,科学家们对土壤微生物的认识、了解和利用都很有限,大多数土壤微生物未知种群蕴藏着目前还无法估量的资源。从土壤微生物资源中分离筛选、开发出功能微生物,将是今后应该加强研究的重要工作。随着科技的进步,分子生物技术为科学家们探索微生物个体、群体间作用及其与环境关系的奥秘找到一把钥匙,微生物的大世界渐渐展现在人类眼前。为了充分开发微生物(特别是细菌)资源,1994 年美国发起了微生物基因组研究计划(MGP)。通过研究完整的基因组信息和利用微生物重要的功能基因,不仅能够加深对微生物的致病机制、重要代谢和调控机制的认识,更能在此基础上发展一系列与我们的生活密切相关的基因工程产品,包括接种用的疫苗、治疗用的新药、诊断试剂和应用于工农业生产的各种酶制剂等等。通过基因工程方法的改造,促进新型菌株的构建和传统菌株的改造,全面促进微生物工业时代的来临。未来,土壤将不再是一个神秘的"黑箱",而是一个可视、可触、可控的系统。土壤管理者将能够根据实际情况,通过各种措施有针对性地调整土壤微生物的种类和数量,制定合理的农业生产策略。通过引入有益的土壤微生物、改进施肥和种植体系,可以有效恢复或增强土壤的生态肥力,从而在根本上防治作物土传病害和解决连作障碍问题。对微生物功能的深入了解和利用,将有助于人们更加灵活和有效地控制土壤环境,推动农业和生态学的可持续发展。

2.3 土壤动物

土壤动物是指那些在土壤中完成全部或部分生命历程的动物群体。这一类别包含了多种多样的动物,几乎所有动物界的门和纲在土壤中都有其代表。根据类群,土壤动物可分为脊椎动物、节肢动物、环节动物、线形动物和原生动物等。这些土壤动物在土壤生态系统中发挥着多种关键作用,如参与有机物分解和营养循环,维护土壤结构和肥力。由于土壤动物在土壤中广泛存在和具有一定的生态功能,其在生态学研究和土壤管理实践中受到了广泛关注。

2.3.1 土壤动物的种类

(1)土壤脊椎动物

土壤脊椎动物是指那些在土壤中生活的大型高等动物。这一类群主要包括各类土壤哺乳动物(如各种鼠类)、两栖动物(如各类蛙类)以及爬行动物(如蜥蜴和蛇)。这些动物大多以植物或其他动物为食,且很多具有掘土的习性,其在疏松土壤、混合土层及改善土壤结构方面发挥着一定作用。

(2)土壤节肢动物

土壤节肢动物类群主要包括一些依赖土壤环境生活的昆虫(如各类甲虫)、螨类、弹尾类、蚁类、蜘蛛类和蜈蚣类等。在土壤生态系统中,这些动物的数量极为庞大。它们主要以死亡的植物残体为食,发挥着植物残体初期分解的关键作用,是土壤生态系统中重要的分解者和营养循环的参与者。

(3)土壤环节动物

土壤环节动物群体在土壤生态系统中占据着极为重要的位置,其中蚯蚓是典型代表。在肥沃的土壤中,蚯蚓的数量极为庞大,每公顷土壤中可达数十万至百万条之众。蚯蚓对促进植物残体、落叶的分解,有机质的分解和矿化起到关键作用。它们通过穿行于土壤中,有效地混合了土壤层,从而改善了土壤结构,增强了土壤的透气性、排水能力及深层土壤的持水能力。蚯蚓的这些活动,不仅影响了土壤的物理属性,还促进了土壤生物多样性和生物活动,从而间接影响物质在土壤中的运移和转化。基于蚯蚓在生态系统中的这些功能,其在污染土壤的生物修复研究中日益受到重视,并被广泛应用于环境保护和生态修复领域。

(4)土壤线形动物

土壤线形动物主要指线虫。作为土壤微生物界的一员,其体形远小于蚯蚓,通常呈纤细的长条状,是较为低等的微小蠕虫。根据不同的食性,线虫可分为杂食性、肉食性和寄生性线虫。许多线虫以寄生生活为主,它们寄生在植物根系或动物体内,常引发各种植物根部疾病。线虫在土壤生态系统中也扮演着重要角色,其通过调节植物根系微环境,间接影响植物的生长和土壤质量。

(5)土壤原生动物

原生动物亦称原虫,是单细胞的真核生物,其生物体结构简单,种类繁多,分布广泛。它们主要生活在海洋、淡水水体以及湿润的土壤环境中。在土壤中,原生动物的种类和数量因地区及土壤类型而异,一般每克土壤中含有数万至数十万个,其中表层土壤中的数量最多。原生动物的食物来源多样,鞭毛虫主要摄食细菌,变形虫在酸性土壤中以动植物残骸为食,而纤毛虫则以细菌和小型鞭毛虫为主要食料。在土壤生态系统中,原生动物通过调节细菌数量,促进生物活性,参与有机物的分解,从而维护土壤生态平衡和促进土壤健康。

2.3.2　土壤动物的环境效益

研究表明,土壤动物在复杂的土壤生态系统中,不仅能够促进有机物的分解,加速营养循环,还在改善土壤物理结构、维护生物多样性和生物地球化学循环中发挥关键作用。蚯蚓等动物的挖掘活动在增强土壤的疏松度和透气性的同时,提高了土壤的水分保持能力以及肥力。这种对土壤物理性质的改善,为植物根系提供了更优越的生长环境。各种土壤动物通过形成复杂的食物链和食物网,不仅为其他土壤生物提供了生存资源,而且在控制土壤中害虫和病原体的数量方面有着天然的优势。此外,这些土壤生物通过其生命活动,对土壤中碳、氮和其他元素的循环也产生了重要影响,甚至对全球生态平衡产生一定的影响。

此外,土壤动物的多样性和活动程度是评估土壤健康状况的重要指标。土壤动物存在状况能够反映出土壤环境的变化,为环境监测提供了重要的参考信息。在生物修复领域,蚯蚓等土壤动物在分解和转化土壤中的有害物质、恢复土壤的自然功能和生态平衡方面显示出巨大的潜力。因此,土壤动物既是土壤生态系统中不可替代的一环,也是生态学研究和土壤管理实践中的关键要素。

2.4　土壤植物

2.4.1　植物的根系、菌根、根瘤

1. 植物的根系

高等植物的根系,虽然仅占据土壤体积极微小的比例(大约 1%),却在土壤呼吸作用中发挥着巨大的作用,其贡献了 25%~33% 的呼吸总量。根系在土壤中的分布,既有水平延伸也有垂直渗透,因而形成了一张密集的网络,其不仅将土壤颗粒紧密地捆绑在一起,还极大地改善了土壤的物理结构和渗透性。这张由植物根系组成的大网穿梭在土壤层间,不但固结了土壤,还与土壤中的团聚体、水分、微生物和各种矿质营养元素形成了紧密的联系,增强了土壤抵御风化、侵蚀和重力作用的能力。此外,植物根系在与其他生物的互动中,既存在竞争关系,也存在协作关系。这种复杂的交互体系,对维持土壤生态系统的稳定和健康起着至关重要的作用。因此,植物根系不仅是植物自身的重要组成部分,更是整个土壤生态系统中不可忽视的关键要素。

2. 菌根

菌根是一种独特的生物现象,指的是特定的土壤真菌与高等植物根系之间形成共生体系。在这种共生体系中,被称为菌根真菌的土壤真菌侵入植物根系,与植物形成互惠共生关系。这些真菌从植物那里获得必要的碳水化合物和生长激素,而它们的根外菌丝则能够有效吸收并运输土壤中的矿质营养元素和水分,以支持植物的生长发育。

菌根按其结构特点可分为外生菌根、内生菌根和内外生菌根三种类型。其中,丛枝菌根作为内生菌根中最常见的一种,可提高植物的磷吸收效率。菌根不仅能显著扩大植物根的吸收范围,而且能在植物根部形成一种机械屏障,有效防御病原菌侵袭和根部疾病。更为重要的是,菌根还能增强植物对重金属和农药等有害物质的抗性,因此在污染土壤的生物修复过程中扮演着极其重要的角色。菌根的这些特性使其在现代农业和环境保护中具有极高的应用价值。

3. 根瘤

根瘤是植物根系与某些特殊微生物共生互利的结果,这种共生关系在自然界中扮演着至关重要的角色。根瘤的形成主要涉及根瘤菌和宿主植物。在这种共生体中,根瘤菌通过自身的生物学功能,将大气中分子态的氮气(N_2)固定成植物可吸收的铵态氮(NH_4^+),为植物提供必需的氮源,而植物则为这一固氮过程提供必要的养分和能量。

根瘤分为两大类:一类是豆科植物根瘤,由根瘤菌与豆科植物共生形成;另一类是非豆科植物根瘤,主要由弗兰克氏菌与非豆科植物共生形成,其中也包括少数根瘤菌与榆科植物的山黄麻属共生形成的情况。但需注意的是,豆科植物根瘤的形成会受到环境中化合态氮的影响,土壤中化合态氮的含量较高虽对豆科植物本身的生长无害,但可能抑制根瘤菌的感染和根瘤的发育,从而减弱根瘤的固氮能力。

因此,对于豆科植物而言,过量施用化合态氮肥不仅浪费资源,还可能加重土壤和水体的氮污染。在农业实践中,合理利用根瘤菌的固氮能力,既能减少化肥的使用,又能提高作物的氮肥利用效率,同时有助于保护和改善土壤和水体环境。

2.4.2　根际效应

根际是植物根系与土壤相互作用的特殊区域,包括根系表面及其周围几毫米范围的土壤。该区域是植物根系吸收养分的主要场所,同时也是根系分泌活动最为旺盛的部分,其整体构成了一个植物、土壤、微生物和环境交互的复杂生态系统。在根际中,由于根系分泌物提供了特定碳源和能量,该区域的微生物数量和生物活性较非根际土壤显著增强,这种现象被称为土壤微生物的根际效应。

根际微生物在数量、种类和活性上与非根际土壤微生物群落存在显著的差异性。例如,根际微生物的数量通常是非根际土壤微生物的 5~20 倍,甚至在某些情况下可以达到 100倍。此外,植物根的类型、生长阶段、根瘤的有无以及根毛的密度等因素,都会影响到根际微生物的种群结构特征以及群落的丰富度。植物根系的存在会显著影响根际微环境特征,如土壤 pH 值、氧化还原电位(E_h)以及土壤湿度、养分状态和酶活性等一系列土壤理化性质。由于植物根与土壤理化性质的互动,土壤结构和微生物环境也随之发生变化,以上变化对土壤生态系统的功能和稳定性产生了一定的影响。因此,根际区域是植物生长和土壤微生物活动研究的重要领域,也是环境土壤学的重要研究方向。

土壤微生物根际效应的研究在环境科学领域已成为一个重要的研究焦点。目前,针对该领域的大量卓越研究不仅丰富了对土壤生物化学循环和生态系统互作机制的理解,而且为实现土壤污染物的有效生物修复提供了新的方法和策略。

在根际效应的研究中,学者们发现,植物根系的生长和分泌物在根际土壤微环境中创造了特殊的条件,这些条件对特定功能性微生物的生长和活动至关重要。例如,植物根系分泌的有机酸、糖类和氨基酸等物质,能够吸引大量能够降解和转化土壤中的有机污染物的微生物。最新的研究还表明,根际微生物在降解特定类型的有机污染物[如五氯苯酚(PCP)、多环芳烃(PAHs)等]时,显示出较为突出的优势。通过宏基因组测序和代谢组学分析等高级微生物分析技术,研究人员能够更深入地了解根际微生物群落的组成、功能和与污染物相互作用的机制。在环境土壤学的实践应用中,根际效应的研究提供了新的策略来改善土壤污染物的生物修复。例如,通过选择特定的植物种类或通过基因工程来改造植物,优化根际微生物群落的结构,从而提高对特定污染物的降解效率。此外,通过增加根际微生物群落的多样性和功能性,可以提高土壤的自净能力和生态系统的稳定性。

　　总而言之,关于土壤微生物根际效应的研究不仅为理解和管理土壤生态系统提供了新的视角,还为土壤环境保护和被污染土壤的修复工作提供了新的工具和策略。随着环境科学的不断进步,该领域无疑将继续揭示更多关于土壤、植物和微生物之间相互作用的重要信息。

第3章　土壤养分的循环过程

　　土壤是在地球陆地表面由矿物质、有机质、空气、水和生物组成,经长期风化、物理化学过程以及生物活动共同作用形成,具有生产力的未固结层。本章主要探讨土壤中碳、氮、磷、硫等重要营养元素的循环流程,这需要从土壤的组成和定位入手。

　　在组成上,土壤是由气、液、固三相物质构成的非均质复合体系。固相物质占土壤总体积的50%,可分为矿物质(岩石风化产物)、有机质(来源于动植物残体分解)和土壤生物(细菌、真菌等)。固相物质之间分布着许多间隙,充满水和空气。土壤溶液包括无机离子和可溶有机物。空气包含O_2、N_2、CO_2、N_2O(一氧化二氮)等气体。各种元素在土壤复合体系这个"大舞台"上发生迁移转化,参与各种化学反应,在有机态和无机态及气、固、液三相态之间往复循环。

　　在定位上,瑞典科学家马特森于1938年指出,土壤圈是大气圈、水圈、生物圈和岩石圈长期共同作用的产物。土壤圈是联系各个圈层的纽带,亦是地球物质循环和能量传递最活跃的体系。土壤圈因其结构的复杂性、生物的多样性以及处在各个圈层的中心,成为碳、氮、磷、硫等元素循环的中转站。因此在研究元素循环时,关注的重点是土壤圈与大气圈、水圈和岩石圈深层之间的物质交换。

　　如今的许多环境问题可追溯到人类活动引起的土壤中元素循环的失调。温室效应可追溯到碳循环中的CO_2和CH_4(甲烷)排放;光化学烟雾源自NO_x(氮氧化物)排放;富营养化与过度施加氮、磷肥有关;酸雨与SO_2(二氧化硫)的排放相关;同时,土壤也面临酸化、盐渍化、重金属污染等问题。土壤是孕育生命的摇篮,应得到珍惜和保护。为了推进土壤修复,治理环境问题,可以从各种元素循环入手,在解析污染源头的基础上,制定合理的修复与改良方案。

3.1　土壤碳元素循环

3.1.1　土壤碳元素概述

1. 碳元素的形态

　　碳(carbon),非金属元素,元素符号为C,原子序数为6,相对原子质量为12.011,是生命的基本元素。有机物均以碳链为骨架,碳是包括糖类、蛋白质、核酸、叶绿素等在内的生物大分子的核心元素。尽管碳元素仅占地壳总质量的0.023%,土壤总质量的2%,但在细胞鲜重中碳元素的含量能达到18%。土壤作为地壳表面物质交换最频繁的一层,储存了碳酸盐矿物和种类丰富的有机质,同时土壤碳库也是陆地生态系统最大的碳库,在全球碳循环中发挥着重要作用。

　　土壤碳循环主要以无机碳和有机碳两种形态进行。无机碳包括单质碳和化合态碳:单质碳指石墨、金刚石、活性炭、木炭等;化合态碳指碳的氧化物 [CO(一氧化碳)、CO_2]、碳的硫属化合物(CS_2)、碳酸盐、碳酸氢盐、氰及一系列拟卤素及其拟卤化物,如氰 [$(CN)_2$]、氧氰 [$(OCN)_2$]、硫氰 [$(SCN)_2$]。其中,在碳循环中起主要作用的是 CO_2、碳酸盐及碳酸氢盐。

与无机碳相比,有机碳多达上千万种(可归因于繁多的同分异构现象)。土壤中的有机碳(或称有机物)通常水溶性较差,来源有土壤生物(微生物、动植物残体等)、人为输入的有机肥及污染物等,这些有机物进入土壤后,经过迁移流动、水解、光解及微生物降解等过程,被逐步分解为小分子物质,以及重新合成新物质(如腐殖质等)。土壤有机物中的代表物质有以下几种。

（1）碳水化合物

碳水化合物是土壤中重要的有机物,主要由碳、氢、氧元素组成,分为纤维素、果胶、甲壳质及其他糖类。纤维素是自然界中含量最多、分布最广的一种多糖,是植物细胞壁的主要成分;果胶是由半乳糖醛酸聚合而成的酸性多糖物质,多存在于植物细胞壁和细胞内部;甲壳质又名几丁质,是一种天然高分子多糖,化学式为($C_8H_{13}O_5N$)$_n$,大量存在于海洋节肢动物(如虾、蟹)的甲壳,藻类细胞膜,真菌、高等植物的细胞壁中;其他糖类包括糖原、淀粉、麦芽糖、乳糖、葡萄糖、果糖等,是动植物体内重要的供能物质。

（2）木质素

木质素是结构复杂的酚类聚合物,是由三种苯丙烷衍生物通过醚键和碳碳键连接形成的具有三维网状结构的生物高分子,广泛存在于植物的木质部中。木质素是自然界含量仅次于纤维素的有机物,通常与纤维素等物质相连,起抗压作用,形成木质素-碳水化合物复合体。

（3）蛋白质

蛋白质是由各种 α-氨基酸按一定顺序脱水缩合形成多肽链,再由多肽链通过范德瓦耳斯力、氢键、疏水力等作用折叠而成的高分子化合物。蛋白质中含有碳、氢、氧、氮四种元素(部分含磷、硫),其既是构成细胞的基本有机物,又是生命活动的承担者。

（4）脂溶性物质

脂溶性物质包括脂肪、磷脂、固醇、树脂、蜡质等。天然树脂是动植物分泌所得的无定形有机物质,如松香、琥珀、虫胶等。而在人类排放的塑料废物中,合成树脂占据主导。

（5）腐殖质

除上述非腐殖质之外,土壤中动植物残体等分解后形成的新的物质,统称腐殖质。腐殖质是土壤有机物的重要组分,是经微生物作用后,由酚和醌类物质聚合而成的具有芳香环结构、黄色至棕黑色的非晶体高分子有机物,根据分解难易程度依次分为富里酸、胡敏酸和胡敏素。腐殖质能疏松土壤结构,是形成团粒状结构的良好胶结剂,同时能经过矿化作用,为植物提供养分。同时,腐殖质对金属离子有表面吸附和离子交换作用。

2. 土壤有机碳的存在形态与活性

土壤有机碳对整个碳循环过程起重要作用,而有机碳的迁移转化与其形态和生物活性密切相关。土壤有机碳可根据形态分为以下几种。

①溶解性有机碳:土壤中溶解于水或其他溶液的有机碳。其水解产率较高,容易被生物利用,在土壤肥力和养分循环中起关键作用。

②颗粒有机碳:存在于土壤颗粒中的有机碳。其主要呈粉末状或球形,如植物残渣、微生物团聚体和胞内有机质,对土壤结构的稳定性和蓄水能力有重要影响。

③结合态有机碳：与土壤矿物颗粒结合的有机碳。其主要存在于土壤微团聚体中，并与矿物颗粒表面形成复合体，较为稳定，被生物利用的难度较高，能长期滞留于土壤中。

④微生物有机碳：土壤微生物所含的有机碳，包括微生物细胞内的有机碳及微生物分泌的各种有机碳。微生物作为生态系统的分解者，在土壤中参与有机物的分解，是碳循环不可缺少的一环。

土壤有机碳的活性是指有机物被微生物分解、矿化，进而被生物利用的难易程度。有机质氧化稳定系数 K_{OS} 通常用于描述有机碳活性。K_{OS} 是难氧化有机物与易氧化有机物的比值，其值越低表明易氧化有机物占比越高，能被转化成植物可利用形式的有机物越多，土壤的肥力越高。我国各种类型土壤的 K_{OS} 值在 0.5~1.2 的范围内。

土壤有机碳含量受气候、地形、土壤质地、植被覆盖率和耕作方式等因素影响。通常将有机碳含量在 20% 以上的土壤称为有机质土壤，20% 以下的称为矿质土壤。根据对我国土壤的调查结果，泥炭土、森林土壤、黑土等有机碳含量较高，通常为 5%~25%，土壤较为肥沃；黄壤、褐土、草甸土等有机碳含量居中，通常为 3%~10%；而红壤、砂土等较为贫瘠，有机碳含量大多在 2% 以下。而受制于农耕对土壤有机质的过度"开采"，我国耕地的有机碳含量通常在 5% 以下。就区域而言，东北地区耕地的有机碳含量最高，而长江流域、西北地区较低。据估计，大气层的碳总量约为 712×10^{12} kg，陆地生物的总碳储量约为 830×10^{12} kg，而全球土壤有机碳总量高达 $2\,500 \times 10^{12}$ kg，约为陆地生物总碳储量的 3 倍，大气层碳总量的 3.5 倍，可见土壤对地球碳收支平衡和循环过程起着重要作用。

3.1.2　土壤碳循环的流程与意义

1. 土壤碳循环的流程

土壤碳循环是指碳元素以各种形态在土壤中通过复杂途径进行转化和传递的生物地球化学过程。具体流程如图 3-1 所示。自 19 世纪中叶以来，每年从大气中经由光合作用输入土壤的碳约为 30×10^{12} kg，约占大气碳库的 4%，而每年从土壤中经由生物分解和其他氧化过程返回大气的碳量与此量大致相等。因此，土壤有机碳总量基本保持不变，处于稳定态。

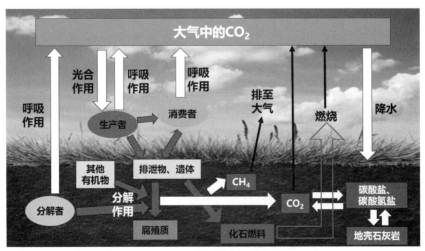

图 3-1　土壤碳循环的流程

整体上,土壤碳循环以各种生物为主要载体。大气中的 CO_2 进入土壤,首先通过植物的光合作用变为有机物,进而沿食物链(网)传递给动物;而大部分生物通过有氧呼吸又能产生 CO_2;动植物残体的有机物经微生物分解大部分转化为 CO_2,通过溶解渗透进入土壤,或从土壤逸出返回大气,构成循环。因此,土壤碳循环大致分为以下四步。

(1)大气 CO_2 的固定

大气中的 CO_2 是无机态,主要通过生产者的光合作用转化成植物体内的有机物。除此之外,也有少部分 CO_2 以碳酸形式溶解在雨水中,通过降雨返回地面,参与土壤中碳酸盐的形成。光合作用反应式见式(3-1)。

$$6CO_2+6H_2O \xrightarrow{h\nu,\text{叶绿素}} C_6H_{12}O_6+6O_2 \tag{3-1}$$

光合作用由两个步骤组成:(a)光反应,其发生在叶绿体的类囊体薄膜上,利用光能将水分解为 [H](还原氢)和 O_2,利用酶将腺苷二磷酸(ADP)合成腺苷三磷酸(ATP);(b)暗反应,其发生在叶绿体基质中,利用从外界吸收的 CO_2 和 1,5-二磷酸核酮糖(C_5,见图 3-2)合成 3-磷酸甘油酸(C_3,见图 3-3),C_3 再和光反应产生的 [H]、ATP 合成有机物[主要是葡萄糖($C_6H_{12}O_6$)和 C_5],C_5 循环利用。葡萄糖进一步通过脱水缩合、三羧酸(TCA)循环、磷酸戊糖途径等反应过程,合成淀粉、氨基酸、蛋白质、核苷酸、脂肪等生物体内的有机物。

图 3-2　1,5-二磷酸核酮糖(C_5)　　　　　　图 3-3　3-磷酸甘油酸(C_3)

(2)通过食物链(网)的传递

CO_2 通过光合作用进入生物圈后,生产者体内的部分有机碳通过捕食被同化为动物体内的有机碳,并沿着食物链(网)一直传递给最高级消费者。动植物体内的有机碳除用于构建自身的部分外,大部分参与呼吸作用为机体供能,并最终被氧化为 CO_2 返回大气圈。

有氧呼吸主要发生在线粒体中,底物主要是葡萄糖(可由其他物质转化而来)。1 分子葡萄糖与 6 分子 O_2 反应,经过三个阶段共产生 6 分子 CO_2 和 6 分子 H_2O,释放出的能量用于合成 ATP 或以热能形式散失,总反应式见式(3-2)。在缺氧条件下,生物会进行不彻底的氧化过程,产生乳酸或酒精,而这些有机物最终会被完全氧化为 CO_2。

$$C_6H_{12}O_6+6O_2 \xrightarrow{\text{酶}} 6CO_2+6H_2O \tag{3-2}$$

(3)土壤有机碳的矿化和腐殖化

动植物的排泄物、残落物,死亡后的遗体残骸,以及人类排放的农药、化肥等有机物,均是土壤有机碳的来源。这些有机碳被微生物逐步分解。这些有机质的一个去向是经过矿化作用被彻底分解,释放出 CO_2、H_2O 和能量,伴随产生少量甲烷等气体,而其中的氮、磷、硫等营养元素通过矿化作用转化为能被植物吸收利用的矿物盐;另一个去向是经过腐殖化作用转化为腐殖质。腐殖质以胡敏酸与富里酸为主,储存在土壤中,构成土壤肥力的一部分,它们还能通过矿化作用转化为无机离子被植物根系吸收利用。矿化和腐殖化是对立统一的两个过程,矿化是腐殖化的前提。

土壤孔隙中的部分 CO_2 溶于水形成碳酸,与 Ca^{2+}、Mg^{2+} 等反应,形成溶解度较低的碳酸钙、碳酸镁等,这些碳酸盐参与石灰岩、大理石的形成,通过地壳运动进入岩石圈深层。而部分含碳酸钙的岩石,在暴露于空气和水的条件下,能生成溶解度较高的碳酸氢钙,形成独特的石笋、石柱景象。

（4）化石燃料的利用

生物的遗体残骸被埋藏于地下深层后,有一部分经过长期的高温高压、地壳运动和地热作用,最终形成煤、石油、油页岩、天然气等化石燃料。这些燃料被开采之后,用于燃烧发热发电、提供动力,或作为化学原料合成其他物品。自工业革命以来,化石能源的燃烧利用产生了大量 CO_2,已影响到地球碳平衡,加剧了温室效应,并引发了一系列环境问题。

2. 土壤碳循环的意义

土壤碳循环在全球碳循环中占据重要地位,不仅为各种生物提供了生存所需的物质,也极大地影响了全球气候变化。一方面,碳循环会影响土壤的性质。土壤中的各种有机碳会影响黏土矿物组合、土粒聚集状态,以及离子迁移、持水量、盐基交换等性质。大量研究表明,土壤全氮、全磷、全钾、总孔隙度与有机碳含量显著正相关,pH 值、容重与有机碳含量负相关。另一方面,碳循环也是土壤氮、磷、硫等元素循环的驱动因子。氮、磷、硫等元素的有机态物质均包含碳元素,因而在有机碳迁移转化的同时,也在进行有机氮、磷、硫的迁移转化。所以碳循环是土壤其他养分元素循环的基础。土壤有机碳含量与有机氮、磷、硫的含量正相关,在适合有机碳积累的条件下,有机氮、磷、硫的含量会上升;而有机碳的矿化也将引发有机氮和与碳键合的硫的矿化,有机磷和硫酯不随有机碳的矿化而矿化,却同样受到影响。

土壤有机碳还会影响土壤中的其他成分,如影响重金属和农药的迁移转化。对于农药等有机污染物,有机碳表现出较强的亲和力;极性有机污染物可通过离子交换、氢键、范德瓦耳斯力、阳离子桥等不同机理与有机质结合;非极性污染物可通过分配机理与有机质结合;部分腐殖质还可作为还原剂,改变农药的结构,使农药的毒性减弱,进而减少对环境的破坏。对于重金属离子,腐殖质作为土壤胶体的主要成分,能通过复合体的形式固定和吸附一部分重金属离子;重金属离子的存在形态受腐殖质的配位作用和氧化还原反应的影响,其在土壤溶液中的浓度也会改变。因此,在腐殖质作用下,重金属离子的毒性和生物有效性将有所变化。

3.1.3　土壤碳循环与环境

1. 影响碳循环的环境因素

土壤碳循环包括光合作用、呼吸作用、矿化作用、腐殖化作用等过程,既受到多种生物酶的调控,也受气候条件、土壤水分、孔隙度、pH 值等环境因素的影响,而随着人类活动的加强,耕作方式、放牧方式以及工业生产、交通出行对碳循环的影响越来越强。

（1）温度

温度影响光合速率和呼吸速率,进而影响土壤碳循环过程。已有研究表明,气候变暖使陆地生态系统地上和地下植物碳储量分别增加了 6.8% 和 7.0%。短花针茅荒漠草原的增温控制实验表明,温度上升显著提高了土壤的 CO_2 排放通量。同时,温度也会影响土壤有机碳的分解。土壤微生物的最佳生长温度为 35 ℃,有机碳分解的温度敏感性 Q_{10}（温度每升高 10 ℃土壤有机碳分解速率提高的倍数）为 2~3。温度升高将提高土壤有机碳的分解速率,促进 CO_2 释放。

（2）土壤水分

降水增加可以改善土壤水分的供给条件,提高草地的光合速率。在呼伦贝尔草原的实验表明,土壤生物的总呼吸速率随降水量减少而明显下降。而土壤水分也会影响有机碳的分解,当土壤含水率在 5% 左右时,分解速率较低;随着含水率上升,有机碳被矿化生成 CO_2 的速率明显上升,当含水率升至微生物生存的最佳含水率 15% 时达到饱和;饱和点之后微生物的活动由于缺氧被抑制,有机碳分解速率下降。

（3）外源有机物结构

不同结构的土壤有机物,其分解速率亦有差异。分解最慢的组分包括胡敏酸、蜡和某些稳定的环状结构化合物等,其在土壤中的停留期为几年到几千年;分解较慢的组分包括木质素、树脂和某些芳香族化合物,停留期为几个月到几年;再次为纤维、脂肪等,停留期为几天到几个月;氨基酸、简单的糖类和低分子脂肪酸等物质的分解速率最大,停留期仅为几小时到几天。整个土壤有机质的平均停留时间为 25 年。

（4）土壤 pH 值

大多数细菌的最适酸碱度在中性附近（pH=6.5~8.5）,真菌偏酸性（pH=3~6）,因而当 pH 值过低或者过高时,微生物的活性都会受到抑制,分解土壤有机质的速率下降。

（5）土壤类型

有机质的分解速率除受上述条件影响之外,还受土壤质地等因素的影响。土壤有机质总量取决于其分解量和光合产物输入量的相对大小。泥炭土因处于渍水条件下,缺少氧气,年分解量远低于光合产物输入量,有机质含量可高达 90%,其厚度可超过 20 m;冷温带的黑土、暗棕壤等,由于气温较低,年分解量低于光合产物输入量,土层有机质含量可高达 10%;反之,一些热带地区的耕地土壤,尽管温度高、日照较多,光合产物输入量较多,但微生物活性同样较强,有机碳分解量较多,因而其有机质含量较低,可低于 1%。

2. 人类干预下的碳循环与温室效应

温室效应是大气层对大气下层和地表的保温作用。大气中的 CO_2、CH_4、O_3（臭氧）、N_2O、氯氟烃以及水汽等温室气体既能吸收来自太空的长波辐射,又能拦截地表向外放出的长波辐射,从而使大气下层和地表温度升高。工业革命以来,大气 CO_2 含量上升了 47%。如果不对温室效应增强的趋势加以控制,将带来严重的后果。2006 年公布的气候变化经济学报告显示,如果人类继续保持原有生活方式,到 2100 年全球气温将有很大概率上升 4 ℃以上。英国《卫报》表示,全球气候变暖将打乱数百万人的生活,威胁全球生态平衡,最终导致全球发生大规模的迁移和冲突。全球气候变暖引发海平面上升,将威胁到沿海地区民众的生活乃至生存;同时会使封存在南北极冰盖中的原始病毒释放;还会改变全球的雨量分布与各大洲表面土壤的含水量,加剧土地荒漠化,导致粮食减产。温室效应及其引发的一系列环境问题,成为人类需要共同面对的挑战。

CO_2 在常温下是一种无色无味的气体,约占空气总体积的 0.03%,能吸收太阳辐射中的红外线。而 CH_4 的温室效应能力是 CO_2 的 25 倍左右,这是由于大气中原有的 CO_2 已经将许多波段的太阳辐射吸收完毕,部分新增的 CO_2 只能在原有吸收波段的边缘发挥其吸收效应;而以 CH_4 为代表的气体,能吸收尚未被有效拦截的波段,表现出更强的温室效应能力。

人类的活动,尤其是工业革命以来大规模的开发和城市化建设,对地球碳循环平衡造成了不可逆转的影响。煤、石油、天然气等化石能源被大量开采利用,这些化石能源燃烧向大气中排放的 CO_2 量在逐年上升。而森林作为地球上重要的碳汇资源,却遭到人类的乱砍滥伐。人类无节制、无计划地砍伐森林,用于盲目扩大耕地和建设用地,对森林造成了不可逆的毁灭,降低了生物多样性,同时农田生态系统等人工系统对 CO_2 的固定能力远低于天然的森林草原系统,造成光合作用吸收的 CO_2 量下降。这样一增一减,全球碳收支平衡的天平逐步倾斜。过去长期以来地球的 CO_2 含量保持稳定,而自18世纪40年代以来,人类仅用不到300年的时间就使得大气中 CO_2 的浓度从 280×10^{-6} 上升到 355×10^{-6}。除此之外,泥炭土、沼泽土和水稻土中逸出的 CH_4 是大气中 CH_4 的主要来源之一,水稻土面积的扩大增加了大气中 CH_4 的浓度,进一步强化了温室效应。

人类的两大农业活动(耕作和放牧)也在逐渐打破土壤有机碳的收支平衡。在未受人类干预时,自然系统的碳循环遵循如图3-1所示的规律,土壤有机碳含量在光合作用和分解作用的共同调节下基本维持稳定。而人类将耕作得到的作物、畜牧得到的畜产品移出系统,且耕作和放牧强度通常远高于自然系统的植物生长和动物分布,土壤有机碳平衡被破坏。内蒙古温带草原的放牧试验结果显示,过度放牧导致地下生物量减少 30%~50%,造成土壤有机碳的损失,进而引发草场退化和土地荒漠化。因此,人类需要采取科学合理的耕作和放牧措施,在不破坏土壤生产力的前提下争取实现可持续发展。

3. 与碳循环相关的环境治理建议

综上,人类活动对土壤碳循环的干预引发了温室效应、土壤有机质损失等环境问题。结合土壤碳循环的过程,提出以下环境治理建议。

①加大对风能、光能、潮汐能、氢能、生物质能等清洁能源的开发力度,在提高安全性、降低使用成本的前提下使其更多地用清洁能源替代传统化石能源,减少 CO_2 的排放与对环境的污染。同时提倡低碳生活方式,以步行、单车、公共交通等出行方式代替私家车出行,节约能源。

②通过营造防护林、退耕还林还草、退牧还草、封山育林等方式恢复森林植被,起到防风固沙、净化空气、涵养水源的作用,同时更多地吸收大气中过剩的 CO_2,实现社会经济效益与生态效益的双赢。我国从20世纪开始推进的"三北"(西北、华北和东北)防护林工程取得了明显成就,1970—2000年的大规模造林运动使森林生态系统的碳储量增长了 40%。

③对耕地推行免耕、少耕、轮作、秸秆还田等措施,以降低土壤有机碳的侵蚀,提高土壤有机碳含量,提升耕地的碳汇能力。同时对泥炭土等及时松土,减少甲烷的产生。对牧场采取休牧、轮牧等措施,充分利用草原土壤生产力。

④在退化较为严重的土壤中,适度添加生物炭、固碳功能菌群等改良剂,改善土壤微生物的活动;并开发配套的施肥技术,选育并栽培抗土壤贫瘠的植物,通过增加固碳作用提升土壤肥力;还可以适度施加粪肥、腐殖质等。

3.2　土壤氮元素循环

3.2.1　土壤氮元素概述

氮(nitrogen),非金属元素,元素符号为 N,原子序数为 7,相对原子质量为 14.007,是生物体的重要组成元素,也是土壤重要的营养元素。尽管氮在地壳中仅占 0.01%,在土壤中仅占 0.1%,但氮占细胞鲜重的 3%,是生物体内蛋白质、核酸、磷脂等生命活动基本物质的组成元素。

土壤氮循环主要依靠无机氮和有机氮两种形态进行,分述如下。

1. 土壤无机氮

无机氮占总氮含量的 2%~8%,包括铵态氮(NH_4^+)、硝态氮(NO_3^-)、氮气(N_2)、氧化亚氮(N_2O)和一氧化氮(NO)等。其中,对土壤肥力起关键作用的是铵态氮和硝态氮,它们也是能被植物吸收利用的无机氮,主要来源有大气放电、微生物的固氮作用、土壤有机质矿化作用、外界肥料输入等。同时,铵态氮和硝态氮也是测定土壤无机氮含量和评价水体富营养化程度的重要指标。气态无机氮 N_2、N_2O、NO 可通过反硝化作用生成,除 N_2 之外含量较低。

①铵态氮:以铵根(NH_4^+)形态存在于土壤、植物中的无机氮。土壤中的铵态氮可被土壤胶体吸附,形成可交换态氮肥,也可溶解在土壤溶液中被植物吸收利用。土壤中铵态氮的含量为 10~15 mg/kg,主要以硫酸铵、氯化铵、碳酸氢铵和氨水等形式存在。

②硝态氮:以硝酸根(NO_3^-)形态存在于土壤、植物根系中的无机氮。土壤中硝态氮的含量为 5~20 mg/kg,包括硝酸钙、硝酸铵、硝酸钾等。作为常用的氮肥,硝态氮能促进作物生长和果实发育。硝酸盐易溶于水,为速效氮肥,不易被土壤胶体吸附。

③ N_2:常温常压下是一种无色无味的气体,是空气中占比最多的气体(约占 78%)。一个氮气分子由两个氮原子通过共价三键($N \equiv N$)连接而成,键能高,不容易断裂,因此一般情况下 N_2 的化学性质非常稳定。

④ N_2O:无色有甜味气体,是一种氧化剂;在室温下稳定,有轻微麻醉作用;同时是一种强大的温室气体,其温室效应强度是 CO_2 的 296 倍。

⑤ NO:无色无味、难溶于水的有毒气体,化学性质非常活泼。NO 与 O_2 反应可形成具有腐蚀性的气体 NO_2 (二氧化氮),NO_2 可与水反应生成硝酸。

2. 土壤有机氮

土壤有机氮占土壤总氮的大部分,来源于动植物残体、微生物、输入的有机肥等。有机氮包括游离氨基酸、蛋白质、氨基糖、生物碱和磷脂中的氮,腐殖质中的氮,以及其他复合体(如胺和木质素反应产物等)中的氮。

①氨基糖:即氨基葡萄糖,由葡萄糖的一个羟基被氨基取代形成,易溶于水,分子式为 $C_6H_{13}NO_5$。通常以 N-乙酰基衍生物等形式存在于微生物、动物来源的多糖和结合多糖中。

②生物碱:存在于自然界中的一类含氮的碱性有机物。大多数有复杂的环状结构,氮素多包含在环内,有显著的生物活性。具体可分为有机胺类(如麻黄碱,见图 3-4)、异喹啉类、吡咯类、吲哚类、嘌呤类(如咖啡因,见图 3-5)、咪唑类、二萜类等。

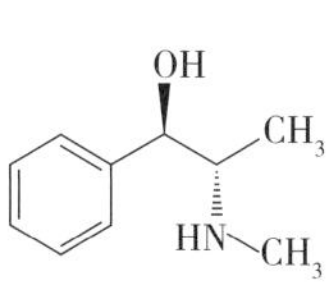

图 3-4　麻黄碱(属有机胺类 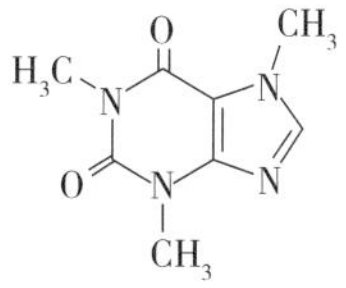)　　　　　　　图 3-5　咖啡因(属嘌呤类)

③磷脂:含有磷酸的脂类。甘油磷脂由极性基团、磷酸、甘油和脂肪酸组成;鞘磷脂则是将甘油换成鞘氨醇,属于复合脂类。磷脂为两性分子,一端为亲水的含氮或含磷的官能团,另一端为疏水的长烃基链。磷脂常与蛋白质、糖脂、胆固醇等其他分子共同构成磷脂双分子层,即细胞膜的结构。甘油磷脂分子结构如图 3-6 所示。

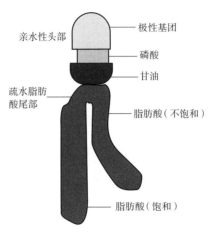

亲水性头部 —— 极性基团
磷酸
甘油
疏水脂肪 脂肪酸(不饱和)
酸尾部
脂肪酸(饱和)

图 3-6　甘油磷脂分子结构

氮是农业生产中最重要的营养限制因子。土壤的全氮含量是评价土壤肥力的重要指标,受土壤类型、土壤质地、耕作方式、耕种阶段、水热条件等影响,通常与腐殖质含量正相关。根据《2016 年全国耕地质量监测报告》,我国土壤全氮的平均含量为 1.45 g/kg,其中水田为 1.79 g/kg,旱地为 1.23 g/kg。而不同地区的土壤氮含量亦有所不同,东北黑土、草甸土和沼泽等地土壤氮含量较高(大于 1.5 g/kg),黄土高原等地土壤氮含量较低(小于 1.0 g/kg)。

3.2.2　土壤氮循环的主要途径

氮循环是氮元素在自然界的循环过程。植物生长所需的氮的主要来源是大气中的氮气,但植物不能直接利用单质氮,需要通过一定途径将其转化为可利用形态。土壤中的氮素几乎都来自大气圈,因此本节主要讨论土壤圈和大气圈之间的氮交换。

氮气经固氮作用进入土壤,被植物吸收利用,通过食物链(网)被动物同化。动植物的排泄物、遗体、残落物中的有机氮被微生物分解,一部分通过矿化作用生成铵盐和硝酸盐,被植物重新吸收,另一部分生成 N_2、N_2O 等气体返回大气。在不断循环的过程中,氮元素通过各种反应在单质态和化合物态、有机态和无机态、低价态和高价态之间反复转化。由于微生物的活动,土壤已成为氮循环最活跃的区域。土壤氮循环的流程如图 3-7 所示。

土壤氮循环的重要反应如下。

1. 固氮作用

固氮(nitrogen fixation)是指将空气中的单质氮转化为化合态氮的过程,根据不同途径分为生物固氮、人工固氮和自然固氮(闪电固氮)。

(1)生物固氮

生物固氮是指固氮微生物将大气中的 N_2 还原成氨的过程。豆科植物的根瘤菌、一些禾科作物根部的固氮细菌、固氮蓝藻体内都含有固氮酶,这种酶有固氮作用。生物固氮量远高于人工固氮,是自然界固氮的主要形式,对作物生长起关键作用。生物固氮的反应式为

$$N_2 + e^- + H^+ + ATP \xrightarrow{\text{固氮酶}} NH_3 + ADP + Pi \tag{3-3}$$

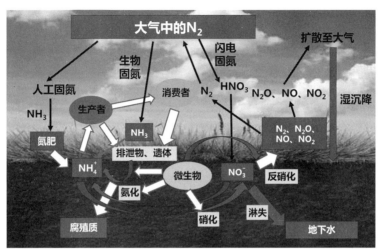

图 3-7　土壤氮循环的流程

（2）人工固氮

人工固氮包括氨和硝酸的合成。目前工业上运用较多的是哈伯合成氨法,即利用 N_2 和 H_2 在催化剂、高温高压条件下合成 NH_3。合成的氨可用于制备硝酸铵、碳酸氢铵、尿素等肥料。另外,氨氧化法是工业上制取硝酸的主要途径,此法将氨和空气的混合气通入灼热的铂铑合金网,在合金网的催化下,氨被氧化成 NO,NO 继续与 O_2 反应。

①合成氨:反应式为

$$N_2 + 3H_2 \xrightarrow{\text{高温高压、催化剂}} 2NH_3 \tag{3-4}$$

②合成尿素:反应式为

$$CO_2 + 2NH_3 \xrightarrow{\text{一定条件}} CO(NH_2)_2 + H_2O \tag{3-5}$$

③合成硝酸:反应式为

$$4NH_3 + 5O_2 \xrightarrow{\text{高温、催化剂}} 4NO + 6H_2O \tag{3-6}$$

$$2NO + O_2 \longrightarrow 2NO_2 \tag{3-7}$$

$$3NO_2 + H_2O \longrightarrow 2HNO_3 + NO \tag{3-8}$$

（3）自然固氮（闪电固氮）

闪电能使空气中的 N_2 与 O_2 反应生成 NO,进而生成 NO_2、HNO_3。闪电一次能生成 80~1 500 kg NO。闪电固氮的量很少,远不能满足农业生产需求。其反应式为

$$N_2 + O_2 \xrightarrow{\text{放电}} 2NO \tag{3-9}$$

$$2NO + O_2 \longrightarrow 2NO_2 \tag{3-10}$$

$$3NO_2 + H_2O \longrightarrow 2HNO_3 + NO \tag{3-11}$$

2. 生物体有机氮的合成

植物吸收土壤中的 NH_4^+ 和 NO_3^-,进而将无机氮同化成能被植物细胞利用的有机氮。NH_4^+ 被吸收进入植物体内后,与谷氨酸反应合成谷氨酰胺,与天冬氨酸反应合成天冬酰胺,

谷氨酰胺和天冬酰胺都是合成蛋白质、核酸及其他有机物的重要原料。植物吸收的 NO_3^- 需先经硝酸还原酶和亚硝酸还原酶催化还原成 NH_4^+ 之后,才能被植物细胞利用。土壤中的微生物也能将外界的铵态氮或硝态氮同化为自身体内的有机氮,这一过程称为土壤无机氮的微生物固持。动物直接或间接以植物为食物,将植物体内的有机氮同化成自身体内的有机氮。

3. 氨化作用

动植物的遗体、排泄物和残落物中的有机氮被微生物分解后,一部分转变为稳定的腐殖质中的氮素,另一部分转变为氨。转变为氨的过程是氨化作用,将有机氮转化为无机氮,也称作矿化作用。

氨化作用分为两个阶段。第一阶段,将复杂的含氮有机物(蛋白质、核酸)等经多种酶逐级分解为简单的氨基化合物,称为氨基化阶段,反应式如下:

$$含氮有机化合物 \xrightarrow{生物酶} R—NH_2 + CO_2 + 其他产物 \tag{3-12}$$

第二阶段,氨基化合物在微生物作用下分解成氨和其他物质,反应式如下:

$$R—NH_2 + H_2O \xrightarrow{生物酶} NH_3 + R—OH \tag{3-13}$$

NH_3 溶于水生成 NH_4^+,补充了土壤的铵态氮。

4. 硝化作用

在有氧的条件下,土壤中的氨或铵盐在硝化细菌的作用下被氧化成硝酸盐或亚硝酸盐,这一过程称为硝化作用。硝化细菌属于化能自养型微生物,以 CO_2、碳酸盐等作为碳源,将氧化 NH_4^+ 释放的能量作为能源,分为亚硝化菌群和硝化菌群,在中性或弱碱性条件下活性更强。

硝化反应同样分为两步。第一步为氨氧化作用,也称亚硝化作用,亚硝化菌将氨氧化为 NO_2^-;第二步是亚硝化菌将 NO_2^- 氧化为 NO_3^-。反应式如下:

$$2NH_3 + 3O_2 \longrightarrow 2NO_2^- + 2H_2O \tag{3-14}$$

$$2NO_2^- + O_2 \longrightarrow 2NO_3^- \tag{3-15}$$

硝化作用产生的 NO_3^- 补充了土壤固氮输入的硝态氮。NH_4^+ 和 NO_3^- 均能被植物吸收,旱地中硝态氮浓度更高,水田中铵态氮浓度更高。但 NO_3^- 被用于合成蛋白质之前需要先还原,消耗能量和还原型辅酶 I(NADH),且 NO_3^- 容易淋失污染地下水。此外,硝化作用过程中也会产生少量温室气体 N_2O。

5. 反硝化作用

土壤中的反硝化作用分为生物反硝化和化学反硝化。

(1)生物反硝化

生物反硝化是指在缺氧条件下,土壤中的 NO_3^- 被反硝化细菌等多种微生物还原成 NO_2^-,并且逐步还原成 N_2 的过程。因此,硝化作用与反硝化作用不完全相反。生物反硝化的全过程如下:

$$NO_3^- \to NO_2^- \to NO \to N_2O \to N_2 \tag{3-16}$$

反硝化细菌包括反硝化杆菌、斯氏杆菌、荧光极毛杆菌等80多个属的细菌及部分真菌和放线菌,多为厌氧或兼性厌氧的异养型微生物,以有机物作为碳源和能量来源。反硝化作用会使土壤中的氮素以 N_2 形式流失,降低土壤肥力,因此农业生产中要经常松土,以削弱反硝化作用。

（2）化学反硝化

化学反硝化是 NO_3^- 或 NO_2^- 被还原成 N_2 或 NO_x 的过程。当施加大量铵态氮肥(如硝酸铵、尿素)时,土壤局部 pH 值升高, NO_2^- 大量积累,就容易发生化学反硝化。常见的化学反硝化有以下三种。

① NO_2^- 与 NH_3 反应:

$$NH_3 + HNO_2 \longrightarrow NH_4NO_2 \longrightarrow N_2 + 2H_2O \tag{3-17}$$

② NO_2^- 与氨基酸反应:

$$R-NH_2 + HNO_2 \longrightarrow R-OH + H_2O + N_2 \tag{3-18}$$

③ NO_2^- 先歧化为 NO_3^- 和 NO,NO 再与 O_2 反应:

$$3HNO_2 \longrightarrow HNO_3 + H_2O + 2NO \tag{3-19}$$

$$2NO + O_2 \longrightarrow 2NO_2 \tag{3-20}$$

6. 淋失

淋失是指土壤中的营养元素随下渗雨水和灌溉水流失的过程。淋失使得矿物盐流入地下水,造成土壤肥力下降,同时会污染水体并促成富营养化。氮的淋失以 NO_3^- 的淋失为主,通常土壤越潮湿越容易发生淋失,砂土比壤土和黏土更容易发生淋失,淋失常见于速效肥。除了 NO_3^- 的淋失,反硝化过程产生 N_2、N_2O、NO_x 等均属于土壤氮损失。NO 和 NO_2 排入大气,反应生成硝酸,还可通过降水形式重新回到土壤中。

3.2.3　土壤氮循环与环境

1. 影响氮循环的环境因素

土壤氮循环由固氮、有机氮合成、氨化、硝化、反硝化等多个过程组成,影响因素包括温度、土壤含水率、黏粒矿物类型、pH 值、有机物碳氮比和酶活性等。在全球气候变暖的背景下,土壤氮循环的强度也在发生改变。近年来对 N_2O 这一温室气体的排放影响机制的研究也在深入。

①有机物碳氮比对氨化作用的影响:土壤中的无机氮一部分被植物根系吸收,还有一部分被微生物利用合成自身体内的有机氮(称为微生物固持)。只有氨化作用大于微生物固持时,才有多余的无机氮供给植物生长。氨化速率取决于有机物中的碳氮比:碳氮比越小,氨化越快;碳氮比越大,氨化越慢,此时可引入适量无机氮加速氨化作用。

②影响硝化作用的因素:硝化作用受土壤 pH 值、通气性、温度和湿度等多重因素影响。在排水良好的弱酸性土壤中, NO_2^- 氧化成 NO_3^- 的速率大于氨氧化速率,此时土壤中容易积累硝酸盐,而 NO_3^- 容易随水流失,造成地下水污染和土壤氮素流失。温度会影响微生物活动和酶活性,硝化作用速率最大时对应的温度为 30~35 ℃。

③土壤含水率的影响:含水率的变化会影响硝化、反硝化作用的多种气体形成。随着土壤含水率上升,对应的微生物活性迅速增强,有机氮的氨化速率和硝化速率提升,硝化作用产生的 N_2O 量增加;同时,含水率升高代表土壤空气减少,氧气不足促进反硝化作用的发

生,会产生 NO 和 N_2O。而当土壤含水率提高到一定值时,氧气不足限制了硝化速率的提高,此时以反硝化作用为主,而且反硝化的程度比较彻底,主要生成 N_2, N_2O 在土壤中的扩散受到阻碍,排放量下降。

④全球变暖的影响:一项基于全球 Meta 分析的研究表明,全球变暖将改变土壤氮循环。大气层 CO_2 浓度升高引发农田土壤中氮循环和碳循环的协同促进,使全球农田的氮利用效率提高 19%,生物固氮效率提高 55%,同时会减少氮损失,增加氮收获量,能带来更多经济效益。

⑤人类活动对 N_2O 排放的影响:新西兰北岛的草原放牧实验证明,在全球变暖、大气层 CO_2 浓度升高的前提下,土壤 N_2O 的潜在总排放量提高了 49%,且该增长主要由反硝化作用的真菌活动贡献。而内蒙古草原的实验表明,传统放牧模式下,随着放牧强度提高,氨氧化酶和硝酸还原酶活性降低,土壤无机氮总量、硝化和反硝化产生的 N_2O 量均减少,土壤氮循环的多个环节受到抑制;而在混合放牧-修剪模式下,因放牧而受到抑制的氮循环强度得到恢复,但会产生更多温室气体 N_2O。

2. 人类干预下的氮循环与环境问题

随着人类对自然开发的强度提升,一些人为活动造成氮循环的部分失衡,引发一系列环境问题。

①当施加氮肥量过多时,未被植物吸收的多余无机氮会通过农田排水和地表径流进入附近水体。当封闭性湖泊或池塘的含氮量超过 0.2 mg/L 时就可能引起水体富营养化。氮盐过多引发藻类大量增殖,降低水体透明度和含氧量,进而导致大批水生生物死亡。若硝酸盐类肥料施加过多,还容易发生淋失,污染地下水。

②车辆尾气和工业生产排放氮氧化物。N_2 和 O_2 在机动车内燃机高温高压条件下生成 NO,进而生成 NO_2 等。NO_x、碳氢化合物等一次大气污染物,在阳光照射下发生光化学反应,进而生成 O_3、醛类等二次污染物,各种污染物混合形成光化学烟雾,严重危害人体健康。NO_2 和水蒸气反应还会生成硝酸型酸雨,将腐蚀植物叶片,危及人类健康,引发土壤酸化和作物减产。

③过度放牧会产生大量 N_2O,加剧温室效应;放养牲畜过多,会使得土壤板结,无法截流地表径流,不能为植物生长提供充足的水分,不适合种子萌发;牲畜啃食使得土壤裸露,更容易被风沙侵蚀,会加剧草场退化和荒漠化;当土壤水分减少时,原本溶解在土壤溶液中的无机盐离子会迁移至地表,引发土地盐渍化。此外,过度放牧还会使群落类型变得单一,生态系统稳定性变差。

3. 与氮循环相关的环境治理建议

针对以上氮循环存在的环境问题,同时考虑到土壤氮素的损失,提出以下环境治理建议。

①为减少 NO_x 的排放,可发展清洁能源,推广电车的使用,减少化石能源的使用,同时加大对工业排放的监管力度,从根源上减少排放。

②采取科学、合理的放牧措施,如轮牧、休牧等,避免"竭泽而渔"的现象,同时可以引进畜牧业发达的国家的管理措施和畜牧体系。

③控制氮肥施加量,尽可能避免过量施加氮肥引发水体富营养化,以及淋失作用对地下水造成污染。同时对耕地及时松土,尽可能避免因反硝化作用生成 N_2 而损失土壤氮素。

④针对不同原因引发的土壤氮损失,有针对性地改进:为降低氨挥发引发的氮损失,可在肥

料中添加含钙、镁、钾的氯化物,以及硝酸盐、脲酶和藻类抑制剂,同时深施氮肥;为减少反硝化引发的氮损失,可使用反硝化抑制剂、缓释肥、含高多酚高蛋白的植物残体;为减少淋洗和渗漏引发的氮损失,可使用缓释肥和硝化抑制剂,在种植地表覆盖作物以利用作物原地截留。

⑤应用微生物:在作物根系使用促进植物生长的微生物,以提高植物对氮的吸收率,从而降低施肥成本,减少肥料对环境的污染。

3.3　土壤磷元素循环

3.3.1　土壤磷元素概述

1. 磷元素的分布与功能

磷(phosphorus),非金属元素,元素符号为 P,原子序数为 15,相对原子质量为 30.974,是组成生物体的主要元素之一。土壤中的磷含量与成土母质、风化程度和施肥量相关,我国土壤磷含量大致为 0.2~1.1 g/kg。磷约占细胞鲜重的 1.4%,广泛存在于动植物组织中。生物体的遗传物质核酸、多种酶、细胞的"能量通货"ATP,均含有磷。

磷是植物生长的重要营养元素,能够促进根系和幼芽的发育,提高果实品质。在磷的影响下,细胞结构的水化度及其保持胶体束缚态水的能力有所提高,进而能提高作物的抗寒性和抗旱性。磷通常以 HPO_4^{2-}(二价磷酸根)或 $H_2PO_4^-$(一价磷酸根)的形式被植物吸收,进入植物体后大部分转化为有机物,少部分仍然以游离磷酸根的形式存在于核苷酸、辅酶、磷脂、植酸等物质中,在 ATP 的合成分解、蛋白质代谢、糖类代谢等反应中起关键作用。

2. 有机磷和无机磷

土壤中的磷可分为有机态磷(简称有机磷)和无机态磷(简称无机磷)。有机磷的相对含量变化幅度很大,森林或草原土壤中有机磷占比更大。有机磷主要来自动植物遗体、微生物细胞和代谢产物,分为以下几种。

①磷脂类:包括磷酸甘油酯、卵磷脂和脑磷脂,普遍存在于生物体组织中。

②核酸类:由动植物死后的遗体降解产生,核酸的基本单位为核苷酸,由含氮碱基、五碳糖和磷酸组成。

③植酸类:又称肌醇六磷酸、环己六醇六磷酸,在多种植物组织中作为磷的主要储存形式,对绝大多数金属离子有极强的络合能力,通常以钙、镁、钾盐的形式存在。植酸结构式如图 3-8 所示。

图 3-8　植酸结构式

土壤中无机磷占据主导地位,其以正磷酸盐或聚磷酸盐形式存在。除少量水溶态,大部分以吸附态或矿物结合态存在于土壤中。土壤无机磷可进一步划分为以下几种。

①可交换态磷:为弱吸附态磷,是各形态磷中最不稳定、最容易释放的形态。

②铝结合态磷(Al-P):与铝的氧化物或氢氧化物等结合的磷,如磷铝石,溶于NH_4F溶液。

③铁结合态磷(Fe-P):吸附于水合氧化铁等富铁矿物表面的磷,如磷酸铁,溶于氢氧化钠提取液。

④钙(镁)结合态磷[Ca(Mg)-P]:各种钙(镁)磷酸盐,如磷灰石、磷酸氢钙,可溶于酸。

⑤闭蓄态磷(O-P):被水合氧化铁胶膜所包蔽的各种形态的磷酸盐,只有在强酸或强还原性条件下才能溶解。

3.3.2　土壤磷循环的主要途径

大气中磷的含量很少,因而地球上的磷循环主要发生在岩石圈和水圈。土壤中的磷主要源自磷酸盐类岩石和含磷沉积物,由于风化、侵蚀和淋洗作用,无机态的磷从中释放出来,被植物吸收利用,进入食物链传递给动物。动植物死亡后,其遗体残骸经微生物作用,其中的有机磷被矿化为溶解态无机磷(微生物代谢也能产生一些无机磷),其中一部分重新被植物吸收利用,另一部分通过沉淀或吸附作用固定在土壤的矿物中,构成循环。土壤磷循环的流程如图3-9所示。

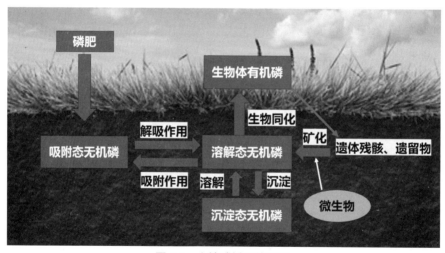

图3-9　土壤磷循环的流程

对岩石圈和水圈的磷循环过程进行综合分析可得,这是一个不完全循环。土壤和水体中的磷可通过地表径流和雨水渗流相互交换。在水生生态系统中,动植物遗体中的磷一部分沉积于浅层水底,被微生物分解为无机磷,重新进入循环;另一部分沉积于深层水底,以无机盐的形式在深海中长期沉积,暂时退出磷循环。

土壤磷循环的重要反应如下。

(1)有机磷的矿化

有机磷的矿化是指土壤中的有机磷在磷酸酯酶的作用下逐步降解,释放出无机磷的过程。有机磷大部分需要经矿化作用转化为无机磷,才能被作物吸收。

（2）生物固定

土壤中溶解态的无机磷,需要在特定酶的催化下转化成生物体内的有机磷。如氧化磷酸化,物质氧化释放能量通过呼吸链供给 ADP 与磷酸合成 ATP：

$$ADP + Pi + 能量 \xrightarrow{\quad ATP合成酶 \quad} ATP \tag{3-21}$$

（3）土壤中磷的固定与释放

土壤中磷的固定与释放用以描述磷在土壤液相和固相之间的迁移。固定作用是溶解态无机磷由液相迁入固相,包括沉淀和吸附,形成沉积物或吸附于岩石;释放作用是固相中的磷进入水相,包括沉淀溶解和解吸。沉淀-溶解平衡、吸附-解吸平衡的移动方向取决于土壤溶液中磷浓度的变化、其他阴离子浓度的变化以及 pH 值。

为了促进农业生产,通常会投入一些磷肥。常见的磷肥根据来源分为天然磷肥(鸟粪、鱼骨粉等)和化学磷肥(过磷酸钙、磷矿粉等),根据溶解性分为水溶性速效磷肥和难溶性磷肥。但化肥要适量添加,过多的农田氮磷肥流入水体会引发水体富营养化。

3.3.3　土壤磷循环与环境

1. 影响磷循环的环境因素

①土壤理化性质：影响土壤磷的形态、有效性。土壤中 Al-P、Fe-P、O-P 的含量与有机质含量呈显著相关性。有机质竞争矿物上的吸附位点,能减少磷的吸附,增加溶解性磷的比例,进一步提高磷的有效性。

②土壤 pH 值：影响土壤中无机磷的存在形态、迁移转化及其生物有效性。若 pH 值过低,磷酸盐易与土壤中的铁、铝、锰形成沉淀,有效性降低。若 pH 值较高,磷酸根离子易与钙离子形成磷酸钙沉淀,有效性降低。因此,pH 值需保持在合理范围内,尽可能使无机磷以溶解态存在以提高磷的有效性。

③土壤中的酶和微生物：有机磷在磷酸酯酶的作用下转化为无机磷后,才能被植物根系吸收。磷酸酯酶在 pH=4~9 时活性较高。同时,土壤中存在解磷微生物,能够将含磷化合物中的磷释放出来。这种微生物分泌的有机酸既能降低 pH 值,也能和铁、铝、钙离子等结合,从而使难溶解磷酸盐溶解。

2. 人类干预下的磷循环与水体富营养化

农业生产中过度施加磷肥也会导致水体富营养化。水体中的磷分为天然来源和人为来源。天然来源包括降水、地表土壤的侵蚀和淋溶作用,人为来源包括城市排放的含磷生活污水、农业污水中的磷肥和牲畜粪便中的有机磷。

按照污染物进入水体的方式,污染可分为点源污染(通过管网集中排放)和面源污染。在我国很多地区,以农田排磷为主的面源污染是水体中磷的最主要来源。长期过量施加磷肥会导致土壤无机磷甚至全磷含量上升,土壤盈余磷的含量不断攀升,增加了磷随农村地表径流和向下淋洗的流失,为地表水环境安全带来隐患。磷是大多数淡水藻类生长的限制营养元素,通常水中磷的浓度超过 0.02 mg/L 就可能发生富营养化。

3. 与磷循环相关的环境治理方法

经济合作与发展组织(OECD)的研究结果表明,80% 的湖泊富营养化源自磷元素过量,

10% 的湖泊富营养化与氮元素过量有关。可见,水体富营养化绝大部分与磷的超标有关系,因而除磷控磷是解决水体富营养化较直接而有效的手段。目前常用的除磷方法可分为生物法、物理法和化学法。

（1）生物法

①生长吸附型除磷:主要用于污水处理,利用聚磷菌在厌氧状态下释放磷,在好氧状态下从外部摄取磷,并将其以聚合形态储藏在体内,形成高磷污泥,排出系统,达到从废水中除磷的效果。

②絮凝沉淀型除磷:主要用于地表水处理,在水体磷循环中,微生物使水中的溶解态磷被悬浮颗粒吸附形成颗粒态磷,经絮凝作用转为沉淀,从而有效降低水体中的总磷含量。

（2）物理法

物理法主要是以物料转移即打捞淤泥的形式,消除水体底部的沉积磷。

（3）化学法

①临时性除磷:一般使用化学絮凝剂,如聚合氯化铝（PAC）、聚合硫酸铁（SPFS）、石灰等。此法快速高效,但会二次释放出游离态的磷。因为施加过量金属离子,会在河床上形成泥水隔离层,影响底栖动物的活性,甚至改变水体底层生态。

②永固性除磷:采取螯合反应方式使磷酸根与络合体形成稳定的结构,一般情况下不会二次释放出活性磷,使用的药剂通常称为锁磷剂。

3.4 土壤其他元素的循环

3.4.1 土壤硫元素循环

1. 土壤硫元素概述

硫（sulfur）,非金属元素,元素符号为 S,原子序数 16,相对原子质量为 32.065（6）,是植物生长所需的重要营养元素。作物缺硫时蛋白质含量降低,叶片的叶绿素减少,植株生长受到影响。硫在地壳中的含量为 0.09%,世界土壤硫含量平均值为 700 mg/kg。

硫在自然界中以单质和化合态存在。单质硫为黄色晶体,主要分布在火山周围,广泛应用于火药、润滑剂等的合成。化合态硫以矿物形式存在,硫化物矿有黄铁矿（FeS_2）、黄铜矿（$CuFeS_2$）、方铅矿（PbS）等,硫酸盐矿有石膏（$CaSO_4 \cdot 2H_2O$）、芒硝（$Na_2SO_4 \cdot 10H_2O$）、重晶石（$BaSO_4$）、明矾石 [$K_2SO_4 \cdot Al_2(SO_4)_3 \cdot 24H_2O$] 等。

硫占细胞鲜重的 0.3%,在细胞中存在于半胱氨酸、蛋氨酸等氨基酸中。除此之外,二硫键—S—S 以共价交叉方式连接两个多肽链或一个多肽链的两端,使多肽结构保持稳定,有助于酶蛋白构象的形成。硫还是谷胱甘肽（与酶活化有关,见图 3-10）、辅酶 A（参与三羧酸循环和脂肪代谢）、铁硫蛋白（参与亚硝酸盐、硫酸盐还原,起电子传递作用,见图 3-11）的组成元素,参与生物体内的多种代谢反应。

土壤硫循环依靠有机态和无机态两种形态进行。有机硫占总硫的比例因土壤类型和有机质含量而异,通常能占到 90% 以上。有机硫主要来自动植物的遗体残骸、微生物细胞及代谢物、腐殖质。而无机硫分为单质硫、硫化氢（H_2S）、溶解态硫酸盐、吸附态硫酸盐、硫酸盐沉淀等,植物吸收利用较多的是溶解态硫酸盐。H_2S 是无色易燃的酸性剧毒气体,有臭鸡蛋气味。

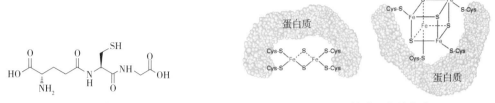

图 3-10　谷胱甘肽　　　　　　　　　　图 3-11　铁硫蛋白结构式

2. 土壤硫循环的主要途径

土壤硫循环的流程如图 3-12 所示。与先前讨论的土壤碳、氮循环类似,大气中的 SO_2 构成硫元素库,与土壤之间不断进行着硫交换。土壤中的硫主要以有机硫和溶解态硫酸盐两种形式参与循环:植物能吸收利用 SO_4^{2-},合成体内的有机硫,进而传递给动物;动植物遗体中的有机硫被微生物分解,逐步转化为 SO_4^{2-}。

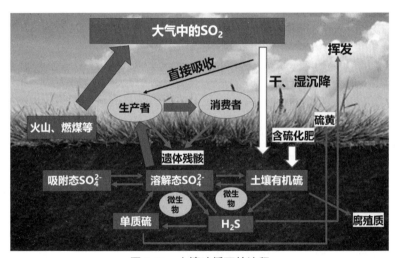

图 3-12　土壤硫循环的流程

（1）无机硫的生物固定

土壤中的溶解态硫酸盐被植物根部吸收,通过生物固定作用转化为植物可利用的有机硫,再通过食物链被动物同化。

（2）有机硫的矿化

动植物死亡后的遗体残骸,进入土壤后被微生物分解,一部分有机硫进入腐殖质,另一部分有机硫转化为无机硫重新被植物吸收,这个过程就是矿化作用。有机硫在氧气充足的条件下生成硫酸盐,在缺氧条件下生成 H_2S。

（3）硫酸盐的吸附与解吸

土壤中的活性氧化物能吸附溶液中的 SO_4^{2-}。吸附的载体有铁、铝氧化物胶体,硅酸盐矿物,腐殖质,等等。被吸附的 SO_4^{2-} 亦可通过解吸进入水溶液,如此循环往复。

（4）SO_4^{2-} 和 H_2S 的相互转化

SO_4^{2-} 和 H_2S 作为土壤无机硫的两大形态,也代表了 S 的最高和最低价态。SO_4^{2-} 被还原为 H_2S,H_2S 被氧化为 SO_4^{2-} 的两组反应不断进行,构成了土壤硫循环的重要环节。氧化还原反应发生的同时伴随着微生物活动和物质迁移。

1）SO_4^{2-} 的还原

$$SO_4^{2-} + 10H^+ + 8e^- \xrightleftharpoons{微生物} H_2S + 4H_2O \tag{3-22}$$

2）H_2S 的氧化

H_2S 的氧化分为化学氧化和生物氧化。

①化学氧化。

H_2S 可与土壤中的氧化铁反应生成单质 S 和 FeS,S 和 FeS 反应生成 FeS_2,FeS_2 可被 O_2 氧化,最终生成 SO_4^{2-}。

$$3H_2S + Fe_2O_3 \longrightarrow 2FeS + S + 3H_2O \tag{3-23}$$

$$S + FeS \longrightarrow FeS_2 \tag{3-24}$$

$$2FeS_2 + 7O_2 + 2H_2O \longrightarrow 2Fe^{2+} + 4SO_4^{2-} + 4H^+ \tag{3-25}$$

反应中生成的单质 S 可通过微生物作用被氧化为 SO_4^{2-}。

②生物氧化。

在化能自养细菌（如硫杆菌等）、光合细菌（如绿硫菌和红硫菌）、异养细菌等微生物的作用下,H_2S 最终被氧化为 H_2SO_4。

硫杆菌作用的反应式如下：

$$2H_2S + O_2 \xrightarrow{硫杆菌} 2H_2O + 2S \tag{3-26}$$

$$2S + 3O_2 + 2H_2O \xrightarrow{硫杆菌} 2H_2SO_4 \tag{3-27}$$

（5）SO_2 的产生与沉降

通过火山喷发、煤和石油燃烧,储存在陆地和海洋中的硫元素以 SO_2 的形式排入大气。SO_2 通过干沉降（颗粒物）或湿沉降（降水）的方式返回地面,重新进入土壤,有一部分 SO_2 直接被植物叶片吸收利用。SO_2 溶于雨水生成 H_2SO_3,H_2SO_3 可进一步被氧化为 H_2SO_4。

3. 土壤硫循环与环境

（1）影响硫循环的环境因素

1）土壤温度和湿度

有机硫的最适矿化温度在 30 ℃左右,过高或过低都会降低胞内、胞外酶的活性。而土壤湿度影响硫酸酯酶的活性、硫矿化速率和土壤中硫酸盐的移动,当土壤湿度过低时,微生物活动将难以为继,有机硫矿化、H_2S 的生物氧化等多种反应都难以进行。

2）pH 值

当 pH<7.5 时,有机硫的矿化速率与 pH 值成正比,接近中性的 pH 值会刺激微生物活动,促进有机硫矿化的过程。当施加碳酸钙时,有机硫矿化生成的 SO_4^{2-} 量将进一步增加。

3）种植和施肥的影响

种植作物可以加速土壤中硫的矿化,同时也会影响硫元素各种组分的比例。施加无机硫肥将抑制有机硫的矿化,而施加氮肥能促进有机硫的矿化。

（2）人类干预下的硫循环与环境问题

在整个土壤硫循环中,人类活动的干预体现为开采和利用化石能源,向大气排放 SO_2,由此引发大气酸沉降、酸雨加剧、土壤酸化等问题。

1）过度排放 SO_2 对大气层的影响

土壤中的 H_2S、二硫化碳（CS_2）、二甲基硫 [$(CH_3)_2S$] 等气态硫化物排入大气,会在平流层与 O_3 和水蒸气反应,最终被氧化为 SO_2,使臭氧层被破坏。SO_2 的还原性很强,易被氧化生成硫酸或硫酸盐,溶解在雨水中使其 pH 值下降到 5.6 以下（即形成酸雨）。酸雨会腐蚀大理石建筑物、金属建筑材料和管道,危害人体健康。

植物叶片能吸收一定量的 SO_2、H_2S、CS_2 等气态硫化物,在一定程度上缓解酸沉降和酸雨。而随着工业化和城市化进程的推进,煤和石油大量燃烧,人类活动向大气排放大量 SO_2 及其他含硫气体,地球的硫元素收支平衡被打破,大气酸沉降量明显上升。

2）酸雨对土壤环境的影响

随着 SO_2 和 NO_x 的排放量不断上升,酸雨问题愈发严重。酸雨会使土壤酸化加重,造成农作物减产歉收,制约我国农牧林业和社会经济的可持续发展。土壤酸化对植物生长的影响体现在以下方面。

①土壤 pH 值下降,被矿物结合的铝、锰及其他重金属会释放出来,进入土壤溶液,对植物根系的毒害作用加强。

②土壤 pH 值下降,结合态的钾、钙、镁等营养元素会被释放出来,进入土壤溶液,被雨水或下渗水冲走,导致土壤肥力下降。

③土壤 pH 值下降,各种根系微生物的活动受抑制,酶活性下降,不利于生物固氮、磷的矿化等反应的进行,植物吸收的营养元素减少,不利于植物生长和营养积累。

（3）与硫循环相关的治理建议

①为从根源上减少 SO_2 的排放,可用清洁能源代替化石能源,用电炉取暖等方式代替传统的煤炉取暖等。

②对化石能源进行改进,包括使用脱硫煤、在煤炭中加入石灰石、改进煤炭质量等。

③为改良受酸雨影响的酸化土壤,可采取以下措施:向土壤中加入草木灰、石灰等碱性改良剂;将地块中的杂草、秸秆烧制成火炭;覆盖地膜或稻草,减少水的冲刷,从而减缓土壤中碱性盐基的流失。

3.4.2　土壤钾元素循环

钾（potassium）,金属元素,元素符号为 K,原子序数为 19,相对原子质量为 39.098,也是植物生长所必需的营养元素。钾能促进光合作用,提高叶绿素含量,也是一些酶的激活剂。钾在土壤中的形态分布与磷相似,分为矿物结合钾和土壤溶液钾。无机钾可被植物根部吸收,通过食物链传递给动物。动植物遗体中的钾,通过微生物分解重新进入土壤溶液,构成循环。周期表中与钾位置相近的钙、镁,在土壤中的循环流程与钾相似。

3.5　本章小结

　　本章讨论的碳、氮、磷、硫、钾,都是植物生长需求量较大且可通过施加肥料补足的营养元素。除此之外,植物生长还需要钙、镁、铜、铁、锰、锌、钼、硼、氯等中微量元素,虽然需求量相对较小,但任何一种上述元素的缺乏都会影响植物的正常生长。例如,缺锌会引发玉米"白毛病",缺锰会降低水稻的抗病虫能力,缺镁会直接抑制叶绿素的合成,缺硼会使植株叶片卷曲。

　　通过微观尺度实验,深入研究各种营养元素的作用机理,从而对症下药,合理施加所需的营养元素;或通过实验探究不同元素、不同形态肥料的联合作用效果,开发新型施肥方案与技术,都是未来值得尝试的研究方向。

第4章 土壤退化与污染及其危害

土地作为十分重要的自然资源,是人类社会物质生产活动中不可或缺的生产资料。全球约95%的食物直接或间接产于土壤。土壤储存了1.5万亿t有机碳并调节着温室气体排放,对减缓全球变暖起着重要作用。可见,土壤与人类生活休戚相关。然而,由于人类活动、气候变化等原因,土壤退化已经成为一个严峻的问题。土壤退化包括土壤贫瘠、酸化、盐渍化等多种形式,导致土壤失去肥力和水分保持能力,严重威胁植物生长和生态系统的稳定。土壤退化不仅影响农业产出,而且对水资源和生物多样性产生负面影响,进而威胁人类的健康和社会经济的可持续发展。因此,保护和恢复土壤的健康状态对维护整个地球生态系统的平衡至关重要。

土壤退化不仅给农业生产带来负面影响,还对生态系统和人类社会产生严重威胁。生态系统受损导致生物多样性丧失,影响生态平衡和生态服务功能。农业受到限制,粮食产量下降,食品安全问题凸显。水资源和气候也受到影响,降雨模式变化,洪涝和干旱频繁发生。这些问题不仅威胁着地球生态系统的稳定,而且影响人类社会的可持续发展。因此,土壤退化是人类可持续发展面临的重要挑战之一。全球33%的土地因侵蚀、盐渍化、酸化和化学污染而出现中度到高度退化。我国十分重视土壤污染治理和修复工作。2016年,国务院印发《土壤污染防治行动计划》,拉开了土壤污染治理飞跃式发展的帷幕。2019年,《中华人民共和国土壤污染防治法》正式实施,标志着土壤治理与修复进入有法可依的阶段。截至2020年末,全国各省、自治区、直辖市已公布建设用地土壤污染风险管控和修复名录,其中涉及需修复的地块500余块。我国土壤污染得到初步遏制,生态修复取得显著成绩。

虽然土壤治理与修复从理论到技术再到实践,都得到了快速发展,但是土壤退化带来的问题仍然不可忽视,熟知土壤退化、土壤污染及其特征有利于从源头控制污染,改善土壤的生态环境。

4.1 土壤退化概述

4.1.1 土壤退化的定义及特征

土壤由于受到自然因素或人为因素的影响而不断变化,退化也是一种土壤变化。一些自然因素的剧变,比如全球变暖、极端气候等,都会影响土壤的变化;人为的过度干扰或对土地的不合理利用会加速土壤退化,对土壤质量和其发挥的功能产生影响。

土壤退化是指在各种因素(特别是人为因素)的影响下所发生的导致土壤的农业生产能力或土地利用和环境调控潜力(即土壤质量及其可持续性)下降(包括暂时性的和永久性的),甚至土壤完全丧失其物理、化学和生物学特征的过程。

土壤退化的特征包括土壤结构的破坏、土壤酸化和碱化、土壤中的养分失衡、土地荒漠化,它们从多个方面反映土壤系统的紊乱和破坏。

（1）土壤结构的破坏

长期的耕作、不合理的土地利用和农药化肥的过度使用会导致土壤颗粒结构的疏松破碎，从而影响土壤的通透性和保水性。土壤结构被破坏不仅降低了土壤的肥力，还加速了水分流失，使土壤更容易被风蚀和水蚀。

（2）土壤酸化和碱化

酸雨和过量的化肥会导致土壤 pH 值的异常变化，使土壤的酸性或碱性过强，从而影响植物的生长。酸性土壤中，铝、锰等重金属的溶解度增加，会对植物造成毒害；碱性土壤中，一些元素（如铁、锌、磷等）则不容易被植物吸收，会影响植物正常发育。

（3）土壤中的养分失衡

由于长期的单一作物种植、不合理的施肥措施，土壤中的养分失衡，某些元素过量或缺乏都会对植物生长产生负面影响。这会直接影响农业产出，同时也会影响生态系统的平衡，可能导致一系列生态问题，如水体污染、生物多样性丧失等。

（4）土地荒漠化

过度放牧、不合理的水资源开发和过度土地利用会导致土地逐渐荒漠化，土壤表面逐渐被风蚀和水蚀，最终成为贫瘠的荒漠，无法维持正常的植被和生态系统。

总而言之，土壤退化是一个多方面、多层次的复杂问题，其特征体现了土壤系统长期受到各种压力和干扰的综合影响。为了有效防治和治理土壤退化，需要综合考虑土壤结构、酸碱性、养分平衡等多个方面的问题，制定合理的土地管理和保护策略，以恢复土壤的健康状态。

4.1.2 自然因素导致的土壤退化

导致土壤退化的自然因素包括气候变化、风蚀、水蚀和地质作用等，这些因素直接影响土壤的形成和演化过程。

在不同的气候和地质条件下，土壤退化表现出多样性。侵蚀是一种普遍的土壤退化类型。侵蚀是土壤及其母质在水力、风力、冻融和重力等外力作用下被破坏、剥蚀、搬运和沉积的过程。简单地说，侵蚀是土壤物质从一个地方移动至另外一个地方的过程。水力或风力所造成的土壤侵蚀简称水蚀或风蚀。水蚀主要发生在降雨较为集中的地区，风蚀则主要发生在干旱和半干旱地区。土壤侵蚀导致土层变薄、土壤退化和土地破碎，破坏生态平衡，并引起泥沙沉积、淹没农田和淤塞河湖水库，对农牧业生产、水利、电力和航运事业产生危害。侵蚀也会影响全球碳的生物地球化学循环，从而对全球生态系统产生影响。土壤水蚀还会输出大量养分元素，污染下游水体。

盐渍化是另一种常见的土壤退化类型。在高温和低降水量的条件下，土壤中的盐分容易积累，导致土壤盐渍化，影响植物生长。

导致土壤酸化的自然因素包括酸性降水（如酸雨）、有机物分解释放的酸性物质（如腐殖酸）以及风化作用中释放的酸性矿物质。长期的自然过程和气候条件可能导致这些酸性物质积累，从而使土壤条件逐渐酸化。

不同类型的土壤退化与所在地域的气候条件息息相关。不同气候条件下的土壤退化类型如表 4-1 所示。

表 4-1　不同气候条件下的土壤退化类型

气候条件	土壤退化类型	原因
干旱气候	风蚀	干旱地区的植被覆盖率通常较低,土壤容易受到风蚀的影响
	盐渍化	高温和低降水量导致水分蒸发加剧,可能使土壤中的盐分浓度增加,引发土壤盐渍化
湿润气候	水淹/水流侵蚀	高降水量可能导致水淹,破坏土壤结构,降低通气性。同时,强烈的降雨可能引发水流侵蚀,导致土壤流失
	酸雨	在湿润气候下,酸雨可加速土壤中矿物质的溶解,破坏土壤结构和生态系统平衡
寒冷气候	冻融	寒冷气候下的冻融作用可能导致土壤颗粒破碎,破坏土壤结构,影响植物根系的稳定性
热带气候	土壤硬化	在热带气候下,长时间的高温和强烈的日照可能导致土壤表面脱水,形成坚硬的表土,增加水分渗透的难度
	土壤贫瘠	尽管热带气候下降雨量充沛,但土壤质地通常较为贫瘠,因为快速的有机物分解使养分很快被植物吸收
温带气候	土壤侵蚀	在温带气候下,大规模的农业活动(尤其是过度耕种和不合理的农业管理)可能导致土壤侵蚀、养分流失和土壤结构破坏

4.1.3　人为因素导致的土壤退化

近年来,人为因素对土壤的影响日益显著。过度的农业活动、不合理的土地利用、过度的水资源开发和过度的城市化等,都对土壤质量产生了负面影响。《2021 中国生态环境状况公报》显示,全国水土流失面积为 269.27 万 km^2。其中,水力侵蚀面积为 112.00 万 km^2,风力侵蚀面积为 157.27 万 km^2。按侵蚀强度分,轻度、中度、强烈、极强烈和剧烈侵蚀面积分别占全国水土流失总面积的 63.3%、17.2%、7.6%、5.7% 和 6.2%。

由于人工开采、对土地的过度利用等不合理的人为活动,土壤退化表现为水土流失、养分流失以及土壤结构破坏等。对导致土壤退化的人为活动进行分析对减轻对土壤的破坏具有深刻的意义。

1. 土壤退化现象与人为因素之间的对应关系

不同的土壤退化现象是由不同的人为因素导致的。

(1)水土流失

耕地侵蚀:农业活动中的耕地活动,特别是不当的耕地管理,可能导致土壤的风蚀和水蚀。这会削减表层土壤,降低土壤的肥力和水分保持能力。

植被破坏:为增加农业用地破坏植被,造成了植被覆盖率的降低,这使土壤表面更容易受到水蚀的影响。

(2)养分流失

使用化肥和农药:过度使用化肥和农药可能导致土壤中的养分失衡,从而影响植物生长;同时,过量的化肥和农药可能渗入地下水,引起水体污染。

有机质减少:连续种植同一种作物,不进行合理的轮作或休耕,会导致土壤有机质逐渐减少,影响土壤的结构和养分含量。

(3)土壤结构破坏

过度耕作:连续的耕作活动可能导致土壤结构被破坏,使土壤变得坚硬,降低通气性和水分渗透性。

机械压实：农业机械的使用可能导致土壤的机械压实，特别是在湿润条件下。这会影响根系的生长和水分渗透。

（4）土壤盐渍化

过度灌溉：过度灌溉可能导致土壤中盐分的累积，尤其是在干旱地区。这可能引发土壤盐渍化，对植物生长不利。

（5）生物多样性丧失

单一作物种植：大规模的单一作物种植可能导致土壤中特定类型植物病虫害的大规模爆发，从而影响土壤的生态平衡。

使用除草剂：过度使用除草剂可能破坏土壤中微生物的生态系统，对土壤生态环境产生负面影响。

2. 土壤退化与土地利用类型之间的关系

土地利用对土壤退化有着显著而复杂的影响，这种影响受到多种因素的综合作用，包括土地利用方式、管理实践、气候条件等。土壤退化与不同土地利用类型之间的关系如下。

（1）耕地

侵蚀和养分流失：不合理的耕地管理，例如不合理的耕作方法和缺乏植被覆盖，可能导致水土流失，使土壤养分逐渐流失。

土壤有机质减少：过度耕作和过量使用化肥可能导致土壤有机质减少，进而影响土壤结构和保水能力。

（2）林地

树木根系的影响：树木的根系有助于土壤的稳定和结构形成，但在某些情况下，树木的根系也可能导致土壤侵蚀。

林下植被的影响：林下植被的种类和密度对土壤保持和养分循环有影响。

（3）草地

过度放牧：过度放牧可能导致植被覆盖率降低，增加水土流失的风险，降低土壤的抗侵蚀能力。

根系的影响：草本植物的根系有助于土壤的结构稳定，可减少侵蚀的风险。

（4）城市用地

土地封闭和建设活动：城市化过程中，土地被封闭和覆盖，导致原有植被被移除，土壤水分和养分循环遭到破坏。

污染：城市地区常常伴随着各种形式的土地污染，例如化工厂排放的污染物、交通尾气等，会对土壤质量产生不利影响。

（5）湿地

排水和填海：对湿地进行排水以及填海会导致土壤盐分浓度升高，对土壤质量造成负面影响。

湿地植被的消失：湿地植被对土壤的保持和水质净化有着重要作用，植被的减少可能导致土壤退化。

在所有这些情况下，科学合理的土地管理和可持续的土地利用规划是减缓土壤退化的关键。这可能涉及采用合适的耕作方式，采取合理的植被保护、水土保持措施，进行合理的灌溉管理,等等。同时,定期的土壤监测和评估对及早发现潜在问题并采取合适的对策至关重要。

4.1.4 土壤退化的类型

土壤退化这一现象在全球范围内广泛存在,对农业生产、生态系统和人类社会产生了深远的影响。土壤是地球生态系统的重要组成部分,对植物生长、水循环和气候调节具有至关重要的作用。因此,防止土壤退化对维持生态平衡和可持续发展至关重要。土壤退化与人类健康密切相关。土壤是支撑植物生长并提供养分的基础,而人类的健康直接依赖于从土壤中获取的食物。因此,土壤质量的下降和土壤退化对人类健康构成了直接威胁。

土壤退化作为当今世界面临的严重环境问题之一,带来了多个方面的负面影响,对生态系统、农业生产和社会可持续发展造成严重威胁。土壤退化的根本原因是人类活动对土壤造成的不可逆转的损害,包括但不限于过度耕作、过度使用化肥和农药、乱伐滥砍、迅速推进城市化进程等因素。这些因素导致了土壤结构破坏、养分失衡、有机质流失以及土壤酸化和盐渍化等多种类型的土壤问题。

本节将深入探讨土壤退化的各种类型(包括土壤荒漠化、土壤盐渍化、土壤贫瘠化、土壤酸化等)及其机制和影响,以期为可持续土地管理和保护提供科学的指导方针和实践方案。通过全面认知土壤退化的复杂性,更好地保护土地资源,维护生态平衡,并确保可持续发展的实现。

土壤侵蚀类型的划分以外力性质为依据,通常分为水力侵蚀、重力侵蚀、冻融侵蚀和风力侵蚀等。其中水力侵蚀是最主要的一种形式,习惯上称为水土流失。水力侵蚀分为面蚀和沟蚀。重力侵蚀表现为滑坡、崩塌和山剥皮。风力侵蚀分为悬移风蚀和推移风蚀。土壤侵蚀会造成土壤肥力的下降和生态环境的恶化。黄河流域、南方红色土壤丘陵地区和东北地区是我国土壤侵蚀最严重的地区。

土壤荒漠化泛指良好的土壤或可利用的土地变成含沙很多的土壤或土地甚至变成沙漠的过程。造成土壤荒漠化的原因是多方面的,主要包括不当的土地利用方式(如森林破坏、无远见地垦殖、过度放牧等)和移动沙丘占据农用地或牧场使之丧失生产功能这两大方面。我国土壤荒漠化严重的地区基本上分布在北部和西北部,特别是农牧交错地带。这些地区多存在过度开垦、过度放牧、过度砍伐等现象,导致了生态平衡被破坏。据统计,整个荒漠地区面积的 65.4% 是由土壤荒漠化造成的。

土壤盐渍化是指土壤含盐量太高(超过 0.3%)导致农作物低产或不能生长的现象,通常指由人为灌溉造成的土壤次生盐渍化。盐碱土的可溶性盐主要包括钠、钾、钙、镁等的硫酸盐、氯化物、碳酸盐和碳酸氢盐。我国受盐渍化影响的耕地主要分布在华北平原、东北平原西部、黄河河套地区、西北内陆地区,东部沿海地区也有小面积耕地受盐渍化影响。

土壤贫瘠化是指由于过度垦殖、土壤强化利用及有机肥施用量不足,土壤有机质匮乏而导致养分失衡、肥力下降的现象。土壤养分长期低投入、高支出造成土壤肥力的下降。土壤肥力的下降导致农业生产后劲不足,农作物产量降低。第二次全国土壤普查结果表明,全国耕地土壤的有机质平均质量分数低于 1.5%,甚至有占全国总耕地面积 11% 的土壤的有机质质量分数低于 0.7%。从普查结果可以看出,我国土地肥力状况局部提高,但是整体下降,土地贫瘠化几乎发生在全国各地。全国缺磷土壤的面积由 1953 年的 2.7×10^7 hm² 增加到 1995 年的 6.7×10^7 hm²。在微量元素方面,我国南方和西南地区占土壤总面积 90% 的土壤缺硼和钼;华北平原和黄土高原占土壤总面积 80% 的土壤缺锌和钼;西北干旱地区超过土壤总面积 80% 的土壤缺锌和锰。

土壤酸化是一种严重影响土壤质量和生态系统的环境问题,其根本原因是土壤中的酸性物质增加,导致土壤 pH 值降低。土壤酸化对植物生长、土壤养分循环和水质保护等产生了重要影响。土壤酸化的主要原因是人类活动引起酸性物质的释放。工业排放、交通尾气、化肥施用以及某些农业实践都会释放氮氧化物和硫氧化物等酸性物质,这些物质在大气中形成酸雨,最终沉积到土壤中。这些酸性物质的累积导致土壤中氢离子浓度增加,降低了土壤 pH 值,从而引发土壤酸化。土壤酸化的过程涉及多种复杂的生物化学反应。酸性物质与土壤中的碱性物质反应,释放出氢离子,这些氢离子与土壤颗粒表面的铝、锰等元素结合形成毒性离子,对植物根系造成损害。此外,酸性环境还会导致土壤中一些养分的溶解度增加,同时降低其他养分的有效性,影响植物对养分的吸收和利用效率。

对生态系统而言,土壤酸化可能引发一系列连锁反应。例如,土壤中的微生物的活动会受到土壤酸化的影响,使微生物的生态功能减弱,从而降低土壤的有机质分解和养分循环效率。这会对整个生态系统的稳定性和生物多样性产生负面影响。

为了有效应对土壤酸化,需要综合考虑多个方面的因素。除了减少酸性物质的排放外,采取合理的土壤管理措施也至关重要。相关措施包括选择适应性更好的植物品种,合理施用土壤改良剂以提高土壤的缓冲能力,加强水土保持工作以减少土壤侵蚀,等等。此外,监测土壤 pH 值和养分状况,及时采取调整措施,也是维护土壤健康的必要手段。

总体而言,对待不同的土壤退化类型,需要深刻理解其发生的原因和影响,以制定科学有效的防治策略。只有采取综合而系统的管理措施,才能保护土壤的生态功能,维护生态系统的平衡,为可持续发展提供有力支持。

4.2 土壤退化的危害

健康的土壤能够涵养水源、净化水质,具有重要的生态服务功能。土壤中的生物多样性占地球生物多样性总量的 25% 以上,它是未来生物技术发展的重要基因库。

土壤是地球生态系统的基础,其健康状况直接关系到植被生长、生态平衡和人类的可持续发展情况。然而,土壤退化作为一个严重的环境问题,对土地资源和生态环境造成了深远而宏观的影响,引起了人们的广泛关注。

首先,土壤退化威胁着宝贵的土地资源。土地是人类生存和发展的基础,但土壤退化导致土地质量下降,土地功能受损,其中包括土壤肥力减弱、水分保持能力下降、土层结构破碎等问题。这些问题影响农业的可持续性,降低了农田的产量和质量,同时也限制了土地在城市化和工业化过程中的合理利用。因此,土壤退化对土地资源的长期可维持性构成了直接威胁。

其次,土壤退化对生态环境产生了严重的负面效应。土壤是生态系统的重要组成部分,直接参与养分循环、水分调节、生物多样性维持等生态功能。然而,土壤退化破坏了这些生态功能,导致水土流失、生态系统脆弱性增加、生物栖息地丧失等问题。这些问题加速了土地生态系统的衰退,也对整个地球生态平衡产生了深刻的影响。

在生态系统中,土壤是碳的重要储存库,通过有机质的积累和稳定,起到调节大气中二氧化碳浓度的重要作用。然而,土壤退化导致有机质分解加剧,释放大量含碳气体(主要包括 CO、CO_2 等),加速了全球气候变化的过程。这对气候系统构成威胁,也影响了全球生态系统的稳定性。

最后,土壤退化对水资源的管理和质量产生了重要的影响。由于土壤退化,水分渗透能力下降,导致地下水的过度抽取和水资源的浪费。同时,退化的土壤更容易发生表面径流,带走土壤中的养分和农药,对水体造成污染。这给农业灌溉和城市用水带来了问题,也威胁了水生生态系统的健康。

综上所述,土壤退化对土地资源和生态环境的危害是多方面而深远的。因此,采取有效的土地保护和治理措施,推动可持续的土地利用和管理,对于维护地球生态平衡、保障人类可持续发展具有极其重要的意义。

4.2.1 土壤退化对生态系统的影响

在植被结构和物种多样性方面,土壤退化对生态系统产生深刻影响。首先,土壤退化导致植被覆盖率降低。土壤退化使植被的根系失去对土壤的稳定作用,容易发生水土流失,直接减少了植被在土地上的覆盖量。其次,土壤退化改变了植物群落的组成。由于养分丧失和土壤结构的改变,某些植物可能在新的环境条件下获得更有利或不利的生长条件,从而改变了整个植物群落的组成。

水资源和水循环也受到了土壤退化的直接冲击。一方面,土壤退化导致土壤结构松散,水分渗透性降低,极易发生水土流失,严重影响了地表水和地下水的质量。另一方面,退化的土壤难以有效储存水分,造成水源涵养能力降低,增加了干旱和洪涝等极端气象事件发生的风险。这一系列问题不仅对水资源的管理产生负面影响,还威胁着生态系统的健康和人类社会的可持续发展。

因此,土壤退化对生态系统的影响是综合性的,需要采取综合性的土地管理和保护措施来减小这种不利影响,如可持续的土地利用规划、水土保持措施、植被恢复、有机农业等手段。

4.2.2 土壤退化对农业和食品安全的影响

土壤退化主要表现为土壤肥力丧失、土壤结构破坏和水分保持能力降低。土壤退化对农业和食品安全具有显著影响,具体表现如下。

1. 导致农业生产力下降

土壤退化直接导致土壤肥力下降。土壤肥力是指土壤提供植物生长所需养分的能力。土壤退化常常伴随着有机质减少、养分流失和土壤结构恶化,这些因素降低了土壤对植物的养分供应能力。结果是作物生长受限,产量减少,农民面临更高的生产成本和更低的经济回报。

2. 破坏土壤结构

土壤退化破坏了土壤的物理结构,导致土壤硬化和板结。土壤硬化使得土壤变得密实,根系难以穿透,影响植物的根系生长和养分吸收。土壤板结降低了土壤的透气性和排水性,导致根部缺氧和积水,进一步抑制植物生长。

3. 降低水分保持能力

土壤退化降低了土壤的水分保持能力,增加了干旱和水土流失的风险。土壤有机质的减少使得土壤的持水能力降低。在干旱条件下,植物的水分供应不足,导致作物生长不良和减产。在降雨时,土壤的保水能力差导致大量的地表径流和土壤侵蚀,进一步加剧土壤退化。

4. 影响食品安全

土壤退化可能导致作物营养价值下降。土壤肥力降低,影响作物对矿质营养元素的吸收,导致作物的营养成分不足。这不仅影响作物的产量,还影响食品的营养质量,进而影响公众健康。缺乏必要的微量元素和矿质营养成分,可能导致营养不良和相关健康问题。

5. 威胁农业可持续性

长期的土壤退化挑战农业的可持续发展。为了应对退化,农民可能采用更多的化肥和农药,这样做尽管短期内能提高农业生产能力,但从长期来看会加剧土壤退化,并对环境造成其他负面影响。因此,土壤退化不仅影响当前的农业生产和食品安全,还威胁到未来农业的可持续性。

总之,土壤退化对农业生产和食品安全构成了多方面的威胁,需要采取综合措施来恢复和维持土壤健康,以确保农业的可持续发展和食品安全。

4.2.3　土壤退化对水资源和气候的影响

土壤退化对水资源的影响涵盖多个方面。首先,土壤退化导致水土流失的增加,因为土壤结构的破坏使土壤更容易受到风雨侵蚀,进而引发水土流失。这不仅使土壤质量下降,还增加了水体中的泥沙含量,对水资源的质量产生负面影响。其次,土壤退化可能减少地下水的补给,由于水分渗透性的降低,雨水渗入地下水层的速度减缓,降低了土壤的地下水补给能力。最后,土壤退化影响土壤的水分保持能力,使土地更容易受到干旱和洪涝的影响,为水资源管理带来更大的挑战。

土壤退化与气候变化之间存在密切的相互作用,土壤退化对气候产生了多方面的影响。首先,由于土壤退化导致的有机质减少,碳循环受到影响,释放更多的碳气体,加剧了温室气体的排放。其次,土壤退化可能促使微生物活动增加,引发更多有机物分解,进而产生更多温室气体,如二氧化碳和甲烷,从而加速气候变化过程。最后,土壤退化通过影响地表热量和水分分布而改变降水模式,对气候产生一定程度的反馈作用。

综上所述,土壤退化与水资源和气候变化之间存在复杂的相互作用。采取可持续的土地管理和保护措施,可以减小土壤退化对水资源和气候的不利影响,同时有助于提高生态系统的抗干旱和抗气候变化的能力。具体包括采取水土保持措施、恢复植被、发展有机农业以及采用可持续的土地利用规划。

4.3 土壤污染概述

4.3.1 土壤污染的定义及特征

人为活动产生的污染物通过大气沉降、降水、农药施用等多种途径进入土壤并积累到一定程度,其数量超过土壤容纳和自净能力,致使土壤组成、结构和功能发生改变,破坏了土壤自然生态平衡,使土壤质量下降,生产力降低,这种现象称为土壤污染。土壤污染具有隐蔽性、长期性、滞后性和不可逆性。当土壤中的有害物质过多,超过土壤的自净能力时,就会使土壤的组成、结构和功能发生变化,微生物活动受到抑制,有害物质或其分解产物在土壤中逐渐积累,并且通过"土壤→植物→人体"或"土壤→水→人体"的途径间接被人体吸收。除此之外,土壤污染一旦发生,仅靠切断污染源的方法很难恢复,受污染土壤处理成本高、周期长、难度大。土壤污染会导致农作物减产和农产品品质降低、农作物的某些指标超过国家标准、地下水和地表水污染、大气环境质量降低,并最终危害人体健康。

土壤污染与土壤退化密切相关,但二者在概念上有所不同。土壤污染指的是土壤中存在有害化学物质,其浓度超出了自然环境中或人类活动所引起的正常水平,对土壤质量和生态系统造成了不利影响。而土壤退化是指土壤在物理、化学和生物学方面的性质持续恶化,包括土壤肥力下降、养分流失和生物多样性减少等。土壤污染是土壤退化的一个可能因素,但并不是土壤退化的全部原因。

土壤污染可以导致土壤退化的多种形式如下。

①化学物质对土壤的直接损害:比如重金属、有机污染物等抑制或破坏土壤生物活性,从而影响土壤肥力和微生物活性。这会减少土壤中有机质的含量,降低土壤肥力,进而导致土壤退化。

②影响生物多样性:污染物质会影响土壤中微生物、动物和植物的多样性。某些化学物质可能对土壤微生物群落产生毒性,破坏土壤中的微生物平衡,影响生态系统的稳定性。

③土壤水分和养分流失:土壤污染可能导致土壤结构破坏,降低土壤的水分和养分保持能力,增加水土流失和侵蚀的风险。这进一步降低了土壤肥力和生产力,导致土壤退化。

④长期累积效应:长期的污染可能会在土壤中积累,对土壤质量产生持续的、难以逆转的影响,导致土壤的退化程度更为严重。

因此,土壤污染与土壤退化之间存在着相互作用和影响。土壤污染是土壤退化的一个重要驱动因素,但也可能是土壤退化的一个结果。有效的土壤污染治理和预防措施是减缓土壤退化进程、维持土壤生态系统平衡和保护土壤健康的关键。

4.3.2 主要污染源

土壤污染是一个复杂而严重的环境问题,涉及多种污染源,不仅直接关系到土地的健康与生产力,更对生态系统和人类社会产生深刻的影响。土壤污染源主要包括工业排放,农业活动中农药、化肥的不合理使用,化学废弃物无组织排放。

工业排放是引起土壤污染的主要源头之一。工业生产过程中释放的重金属、化学物质和有机污染物,随着大气降水或废水排放进入土壤,对土地造成直接损害。特别是重金属(如铅、汞、镉等),它们在土壤中蓄积并在生物中富集,对植物生长和人类健康构成潜在威胁。

农业活动也是土壤污染的重要来源。过量施用化肥、农药,农业废弃物处理不当,会导致土壤养分失衡、农药残留和有机物积累,不仅会降低土壤肥力,还会对土壤微生物、植物和水体造成污染。

化学废弃物无组织排放是另一个引起土壤污染的重要环节。处理不当的固体废弃物和废水中的有毒物质,通过渗透和流动进入土壤,引发土壤环境的污染。尤其是垃圾填埋场的渗滤液,含有各种有害物质,可能渗透到地下水层,对水资源造成二次污染。

综上所述,土壤污染源的多样性和相互作用使得有效治理变得更加复杂。为了保护土壤环境,必须采取综合的、可持续的管理措施,包括减少工业排放、优化农业生产方式、加强城市环境管理、改进废弃物处理手段以及实施水土保持措施等。只有通过协同努力,才能确保土壤的健康与可持续性,维护生态系统的平衡,以应对日益严峻的土壤污染挑战。

1. 工业"三废"

工业"三废"是指工业生产中排放的废水、废气和固体废物,这是导致土壤污染的重要源头之一。这三种废物中包含各种有害物质,它们通过多种途径进入土壤,对土壤环境和生态系统产生潜在的危害。工业生产中产生的氮氧化物、含硫化合物等随雨水降落地表易引起土壤酸化;工业废水未经处理直接倾倒排放会使土壤受到重金属、无机物和病原体的污染,造成土壤肥力下降,粮食减产。

(1)废水

在生产过程中,工业企业通常需要大量的水用于冷却、清洗和生产,然后排出废水。这些废水中含有各种化学物质,如重金属、有机溶剂、酸碱盐等,废水通过排放口排入水体,或者通过渗透和渗漏的方式进入土壤。废水中的有害物质一旦进入土壤,可能对土壤结构、植物生长和地下水质量造成负面影响。

(2)废气

工业生产中产生的废气含有大量的颗粒物、重金属、挥发性有机物等,这些物质可以通过大气沉降的方式降落到土壤表面。尤其是重金属,如铅、汞、镉等,会对土壤中微生物和植物的生长产生毒害作用,同时也可能通过植物的吸收进入食物链,对人体健康构成潜在威胁。

(3)固体废物

工业生产中产生的固体废弃物包括废渣、废渣灰、废塑料等,其中可能含有有毒有害物质。如果这些固体废物没有得到妥善处理(如填埋、堆放等),就可能导致其中的有害物质渗透到土壤中。有害物质渗透不仅会对土地质量造成直接损害,还可能引发地下水污染,使水资源变得不可用。

为有效防控工业"三废"对土壤的污染,需要采取一系列综合的管理和治理措施。首先,工业企业应该加强生产过程中的环境保护措施,减少废水、废气和固体废物的产生。其次,要建立严格的废物处理和排放标准,推动企业进行清洁生产,减少有害物质的排放。再次,要加强对废水、废气和固体废物的监测和治理,确保废物经过合理处理后再排放或处置。最后,要加强法规和政策的制定与执行,强化工业企业的环境责任意识,形成全社会共同参与土壤保护的合力。

综上所述,工业"三废"对土壤污染具有显著的影响,但通过全面的管理和治理手段,可以有效减轻其对土地环境的不良影响,保护土壤的生态功能。

2. 农药、化肥的不合理使用

农药和化肥在现代农业中发挥着重要作用,但不合理的使用却可能带来严重后果。农药是一把双刃剑,在防治病虫害的同时,其大量残留在土壤中,无法有效分解,造成土壤板结,利用率降低。农药和化肥会对土壤微生物群落产生负面影响。此外,土壤中残留的农药和化肥通过农作物进入食物链,严重影响人体健康和生态安全。

农药广泛用于防治病虫害,其不当施用往往导致其在土壤中大量残留。这些残留物质可能无法被迅速有效地降解和清除,它们积聚在土壤中,会对土壤的性质产生不良影响。土壤板结是其中一个常见问题,它是指土壤中因为残留物质过量聚集而形成的结块和致密化现象。这种板结影响了土壤的通气性和水分渗透性,降低了土壤的肥力和生态功能。

农药和化肥残留对土壤中微生物的生存和活性也造成负面影响。土壤微生物是土壤生态系统中至关重要的组成部分,它们参与养分的循环、有机物质的分解以及土壤健康的维持。然而,残留的农药和化肥可能对这些微生物产生毒性影响,导致微生物群落结构和功能的失衡,进而影响土壤的生态平衡和生物多样性。

值得关注的是,土壤中残留的农药和化肥很容易通过农作物的吸收转移到食物链中。这可能会导致食物中存在农药残留物质,长期摄入这些食物会对人体健康造成潜在威胁。一些农药被证实具有慢性毒性,可能与癌症、免疫系统疾病以及神经系统疾病等健康问题相关。

因此,合理使用农药和化肥,遵循科学的施用原则和技术是至关重要的。这包括精确计量、定时定量施用、选择合适的农药种类,以及结合生物、物理等非化学手段进行病虫害防治。农业生产中的绿色、有机种植方法也是减少化肥和农药使用的有效途径,这有助于降低土壤污染风险,保护生态环境和人类健康。加强对农业从业者的培训和意识教育,推广环保的农业生产理念,是减少农药和化肥不合理使用的重要举措。

3. 化学废弃物无组织排放

硝酸盐、硫酸盐、多环芳烃、多氯联苯以及重金属等污染物长期存于土壤中且难于降解,通过土壤表层渗透到地下水层污染水体,已造成巨大经济损失。化学废弃物污染土壤的途径如下。

污水灌溉:污水和废水携带大量污染物进入土壤。固体废物的利用:固体废物中的污染物直接进入土壤或其渗出液进入土壤。农药和化肥的施用:农药、化肥的不合理、超量使用,造成土壤质量下降等。大气沉降:废气中含有的污染物质,特别是颗粒物,在重力作用下沉降到地面进入土壤。矿冶活动:矿山开采与矿产冶炼几乎没有例外地给周围环境和土壤带来不同程度的影响。

土壤污染物质大致可分为无机污染物和有机污染物两大类,具体如表 4-2 所示。

表 4-2 土壤污染物质

污染物类型	无机污染物	有机污染物
具体物质	①重金属； ②酸、碱、盐、硒、氟、氰化物等； ③化学肥料、污泥、矿渣、粉煤灰等； ④工业"三废"，包括废水、废气和固体废物； ⑤放射性污染物	①有机农药，如杀虫剂、杀菌剂、除草剂等； ②有机废弃物，如矿物油类、表面活性剂、废塑料制品、酚、三氯乙酸(许多化工产品的原料)、有机垃圾等； ③有害微生物，如寄生虫、病原菌、病毒等

4.3.3　土壤污染物的类型

1. 有机污染物

有机污染物是土壤污染物中的一类重要成分,其污染机制、特征和治理手段是环境科学领域的核心议题。这类污染物主要包括石油烃类、农药、工业化合物等,其进入土壤的主要途径包括工业排放、农药使用、废弃物填埋等。有机污染物的污染机制涉及其在土壤中的迁移、转化和积累过程。

首先,有机污染物的污染机制涉及渗透、吸附和生物降解等过程。这些物质可通过液体渗透或固体运输进入土壤,其中一部分会与土壤颗粒表面发生吸附作用,附着在颗粒表面或土壤孔隙中。然而,有机污染物的生物降解速度通常较慢,导致其在土壤中长时间残留、积累并可能通过渗透进入地下水体系。

其次,有机污染物的污染特征在于其具有持久性、生物富集性和毒性。这些物质往往难以自然降解,长期存在于土壤中,造成土壤质量下降。此外,某些有机污染物具有生物富集性,即在生物体内富集和逐级转移,可能对生态系统产生长期危害。它们的毒性也是一个关键特征,能对土壤生物多样性和生态平衡造成负面影响。

针对有机污染物的治理手段涉及多种技术和方法。其中包括物理方法(如土壤挖掘和填埋)、化学方法(如化学氧化和吸附剂处理)以及生物方法(如生物降解和植物修复等)。物理方法通过土壤的物理处理来降低有机污染物的浓度,或将受污染的土壤进行移除和处理。化学方法通过化学氧化或吸附剂处理来分解或吸附有机污染物,降低其在土壤中的含量。生物方法通过微生物或植物的活动来降解有机污染物,例如植物吸收、生物堆肥和生物降解。

在治理过程中,需根据有机污染物的种类、浓度和土壤类型选择合适的治理策略,常常需要综合运用多种技术手段,以达到有效治理和修复受污染土壤的目的。同时,监测和评估治理效果也是必要的,可确保治理措施的有效性和可持续性,促进土壤生态系统的恢复。

2. 无机污染物

无机污染物是土壤污染物中的另一类重要成分,主要包括重金属、氮、磷等元素。这些物质的进入主要通过工业废水、化肥农药使用、矿产开采等途径。无机污染物的主要污染机制是通过渗透和径流进入土壤,然后在土壤中发生吸附、解吸、迁移和转化等复杂过程。重金属通常以离子形式存在,容易在土壤胶体表面发生吸附,形成氢氧化物或硫化物,导致其在土壤中的迁移性和生物有效性增加。氮和磷则主要以溶解态和固相态的形式存在,容易被植物吸收,引起土壤养分紊乱。

无机污染物的污染特征主要表现为其在土壤中的积累和生物富集。重金属因其相对稳定的性质,容易在土壤中长时间蓄积,并通过食物链逐级富集至生物体内,给生态系统带来潜在风险。氮和磷的过量输入则可能引起土壤养分失衡,导致水体富营养化,引起藻类暴发和水体富营养化等问题,危害水生生态系统。

针对无机污染物,治理手段涵盖了物理、化学和生物等多个层面。对于重金属,土壤修复技术包括土壤改良、植物修复和生物浸提等,通过改变土壤 pH 值、添加吸附剂、利用植物的生物富集能力等手段,降低其在土壤中的生物有效性。化学方法(如螯合剂和还原剂的应用)也可降低重金属的迁移性。对氮和磷的治理则涉及精准施肥、植被覆盖、湿地修复等策略,以减缓其输入和迁移。

进入土壤的重金属污染物(如汞、铬、铜、锌、铅、镍等)以可溶性与不可溶性颗粒存在。农田土壤重金属污染对食品安全和人体健康构成巨大的威胁。重金属主要通过食物经口摄入土壤、吸入土壤颗粒、皮肤接触和食物链摄取等途径进入人体,其中经口摄入重金属污染土壤和农产品是主要的途径。

重金属是一类密度较大的金属元素,包括铅、镉、汞、铬等。它们在土壤中的污染机制主要涉及自然和人为两个方面。自然方面,重金属可以通过岩石风化、土壤颗粒迁移和植物吸收等自然过程进入土壤。而人为活动,如矿产开采、工业废弃物排放、农药使用等,是主要的重金属输入途径。重金属进入土壤后,与土壤胶体发生吸附作用,其中一部分形成难溶的沉淀物,而另一部分以可交换态存在,容易被植物吸收。这导致土壤中重金属的富集,产生污染。

重金属的主要污染特征包括在土壤中长期积累、生物富集和生态风险。首先,重金属在土壤中难以降解,因此会长期存在,对土壤质量和生态系统产生持续影响。其次,植物对重金属具有较强的吸收能力,从而导致重金属在食物链中的逐级富集,对人体健康产生潜在威胁。最后,重金属的迁移性较高,可能通过地下水进入水体,污染水环境。

治理重金属污染包括物理修复方法、化学修复方法以及生物修复方法。物理修复方法包括土壤固化、盖土覆盖等,通过改善土壤结构和减缓重金属的迁移,达到控制污染的目的。化学修复方法主要包括螯合剂和还原剂的运用,以降低重金属的生物有效性。生物修复方法利用植物的生物累积能力,通过植物吸收和富集重金属,实现土壤净化。此外,科技创新也在推动重金属治理不断发展,例如利用纳米材料和生物技术来提高治理效率。

在治理过程中,应充分考虑土壤的类型、污染物种类和浓度,制定合理的治理方案。同时,监测和评估治理效果至关重要,以确保治理措施的实际效果和可持续性。此外,公众参与和科技创新也是推动无机污染物治理的重要因素,促使社会各界共同努力维护土壤生态系统的健康。

4.4　土壤污染的危害

随着化学农业(使用化肥、农药、杀虫剂等)、乡镇企业的发展和城市化进程的推进,土壤中的有毒物质积累并超标,对土壤性状、环境和人类健康产生严重的影响。社会经济的快速发展给环境带来了巨大的压力,越是经济发达的地区,土壤受污染的程度越高。

随着现代工业化和城市化的不断发展,环境中的有毒有害物质日趋增多,环境污染日益严重。从外界环境进入土壤中的各种污染物质的含量超过土壤本身的净化能力,使土壤微生物和植物生长受到危害,称为土壤遭受污染。土壤是人类和动植物赖以生存的基本资源,污染物质通过"土壤—植物—动物—人类"的途径,使动植物和人类遭受危害。

土壤污染使我国受到很大的影响。我国人口基数大,以农业为主,农业是我国国民经济的基础。土壤污染加剧,不仅导致经济在一定程度上受到影响,而且会威胁人类的身体健康。因为这些污染物会通过食物链进入人体,并不断积累。

重金属等无机污染物以及有机污染物在土壤中不断积累,这些积累的污染物通过物理上的重力作用、扩散作用进行渗透,使地下水和地表水受到一定程度的污染。

无论是农作物的污染、水体的污染还是大气的污染,最终都会危害到人类的健康。

4.4.1　土壤污染带来的健康风险

残留农药对人体健康产生深远的影响。农药在土壤中受到物理、化学和微生物的作用,分为易分解类(如有机磷制剂)和难分解类(如有机氮、有机汞制剂等)。特别是难分解的农药容易在植物中残留,进而进入人体。摄入含有残留农药的食品后,这些有毒物质在人体内难以分解,长期积累可导致内脏机能受损,引起慢性中毒,对身体健康造成不可逆的损害。值得关注的是,杀虫剂可能引发癌变、畸变和突变等严重问题。

重金属在土壤中的含量与植物对其吸收的有效性密切相关。土壤中有机质和黏土矿物的含量越高,盐基代换量越大,土壤的 pH 值越高,重金属在土壤中的活动性就越弱,对植物的有效性也就越低。在被污染的土壤中,重金属被农作物吸收,进而通过食物链传递到人体。历史上的"镉米"事件便是一个典型案例,农民长期使用含镉废水灌溉农田,导致土壤和稻米中的镉含量增加,人体摄入后导致全身性神经痛、关节痛、骨折等健康问题。

放射性物质进入土壤后会在其中积累,构成潜在的威胁。核裂变产生的重要的长半衰期放射性元素包括锶和铯。放射性锶主要被空气中的雨水带入土壤,其含量通常与当地的降雨量成正比。相比之下,土壤对铯的吸附更为牢固。一些植物能够积累铯,从而使高浓度的放射性铯通过食物链进入人体。这些放射性物质主要通过食物链和呼吸道进入人体,对人体健康产生潜在的危害。因此,对土壤中的放射性物质进行监测和管理对确保人体免受潜在的放射性威胁至关重要。

4.4.2　土壤污染对生态系统和生物多样性的危害

土壤污染对生态系统和生物多样性的危害主要体现在生态链条的中断、物种消失以及生物多样性的减少等方面。首先,土壤污染可能破坏生态系统中的生态链条,对土壤微生物、植物和动物产生毒性,导致某些物种减少或消失,从而破坏生态系统的平衡。其次,土壤污染对土壤中的植物和微生物产生毒性,可能导致物种的消失,对整个生态系统构成威胁,因为各个物种在生态系统中扮演着特定的角色,对于维持生态平衡和生态功能至关重要。最后,土壤污染降低了土壤的生物多样性,可能导致某些物种过度繁殖,而其他物种受到抑制,最终导致生物多样性的减少。

　　针对土壤污染带来的生态系统破坏,可以采取保护和修复生态系统的方法。在土壤保护方面,采用合理的农业实践,减少化肥和农药的使用,有助于防止土壤污染。同时,保持植被覆盖可以减缓水流速度,降低土壤侵蚀和污染的风险。在土壤修复方面,可采用生物修复技术,利用植物和微生物吸附、分解和转化污染物质,促进土壤的自然修复过程。同时,调控土壤通风条件和水分含量,改善土壤环境,有助于缩短污染物在土壤中的滞留时间,促进有害物质的分解和迁移。此外,可持续的土地管理措施包括轮作和休耕等农业实践,有助于保持土壤的健康,并减小对土壤的负面影响。有机农业不使用化学农药和合成肥料,有助于减轻土壤污染的压力。

　　在监测和法规方面,建立定期的土壤监测体系能够及时发现土壤污染问题,从而及时采取相应的措施进行治理;制定和执行严格的土壤环保法规,对土壤污染行为进行惩罚和监管,促使企业和农户采取环保措施。此外,通过公众教育提高公众对土壤保护的认识,倡导可持续的土地使用方式,加强对农民和企业的环境教育,可以有效推动土壤保护和可持续土地利用的实践。

　　通过综合采取上述措施,可以有效减小土壤污染对生态系统和生物多样性的影响,并促进土地的可持续利用。

4.4.3　土壤污染对经济的影响

　　土壤污染对经济的影响具体表现为对农业、工业和社会公共服务方面经济的影响。

　　第一,在农业领域,土壤污染对农产品的产量和质量产生了直接影响。土壤污染导致作物吸收有害物质,进而减少产量并影响食品品质。农民必须投入更多资源,例如增加化肥使用或进行土壤修复,以减小这种影响,由此增加了生产成本。

　　第二,在工业方面,生产活动所产生的废弃物和化学物质也会导致土壤污染。这可能会引发生产中断和增加环境治理成本。此外,工业企业可能承担法律责任和罚款,需要支付资金进行土壤修复,由此增加了经济负担。

　　第三,在社会公共服务方面,土壤污染可能损害基础设施,例如道路和桥梁,增加了维护和修复的成本。此外,污染可能引起健康问题,这进一步增加了社会服务支出,如医疗费用和公共卫生服务。

　　考虑到可持续发展和经济管理的重要性,有几个关键领域需要优先考虑。首先是资源保护和再利用,这包括采用可持续的农业和工业实践以及促进循环经济。其次是加强环境管理和监控,包括建立健全法规体系和有效的监测体系。再次,投资绿色技术和创新也至关重要,包括支持绿色技术并促进环保解决方案的研发和应用。最后,社会责任和教育是必不可少的,需要企业承担社会责任并提高公众对土壤保护的意识。此外,国际合作也是关键,包括信息共享、技术转让以及加强全球环境治理,以应对跨境土壤污染问题。

　　总而言之,可持续发展和有效的经济管理是应对土壤污染经济影响的关键。通过采取综合性的政策和措施,可以实现经济的可持续发展,同时保护土壤和生态环境。

　　土壤退化使土地质量下降,生产力衰退,甚至使其失去使用价值。要防治土壤退化,必须合理开发和利用土地,并对已退化的土壤进行综合治理。为了应对土壤退化,采取一系列科学合理的土地管理和保护措施至关重要。推动可持续的农业实践,采用科学的水资源管理方法,推动土地复绿和植被恢复,都是减缓土壤退化的有效途径。此外,制定和实施相关政策,增强社会的环境意识和可持续发展理念,也是解决土壤退化问题的重要手段。

第5章　土壤修复和改良

5.1　我国土壤污染调查及风险评估

通过土壤污染调查可以掌握土壤、农作物所含污染物的种类、含量及其空间分布，可以考察污染物对人体、其他生物、水体或（和）空气的危害，为加强环境管理、制定防治措施提供科学依据。2005年4月至2013年12月，我国开展了首次全国土壤污染状况调查。实际调查面积约6.3亿hm²。此次调查结果显示全国土壤环境状况总体不容乐观，部分地区土壤污染较重，耕地土壤环境质量堪忧，工矿业废弃地土壤环境问题突出。工矿业、农业等人为活动以及土壤环境背景值高是造成土壤污染或某些污染物超标的主要原因。

据2014年4月17日我国环境保护部和国土资源部联合发布的《全国土壤污染状况调查公报》报道，在实际调查的约6.3亿hm²陆地国土中，我国土壤污染物总的点超标率为16.1%，其中轻微、轻度、中度和重度污染点位所占比例分别为11.2%、2.3%、1.5%和1.1%。污染类型以无机型为主，有机型次之。无机污染物超标点位数占全部超标点位数的82.8%，超标物质主要是各类重金属离子，其中镉（Cd）、汞（Hg）、砷（As）、铜（Cu）、铅（Pb）、铬（Cr）、锌（Zn）、镍（Ni）八种无机污染物的点位超标率分别为7.0%、1.6%、2.7%、2.1%、1.5%、1.1%、0.9%、4.8%。重金属污染物在土壤中移动性差，滞留时间长，不能被微生物降解，使土壤环境质量严重恶化，并可经水、植物等介质进入人体，严重影响人类健康。有机污染物以各类农药为主，如六六六、滴滴涕、多环芳烃，这三类有机污染物的点位超标率分别为0.5%、1.9%、1.4%。

典型的污染地块分为以下几类。（a）重污染企业用地。超标点位占36.3%，主要涉及黑色金属、有色金属、皮革制品、造纸、石油煤炭、化工医药、化纤橡塑、矿物制品、金属制品、电力等行业。（b）工业废弃地。超标点位占34.9%，主要污染物为锌、汞、铅、铬、砷和多环芳烃，主要涉及化工业、矿业、冶金业等行业。（c）工业园区。超标点位占29.4%。其中，金属冶炼类工业园区及其周边土壤主要污染物为镉、铅、铜、砷和锌，化工类工业园区及其周边土壤的主要污染物为多环芳烃。（d）固体废物集中处理处置场地。超标点位占21.3%，以无机污染为主，垃圾焚烧和填埋场有机污染严重。（e）采油区。超标点位占23.6%，主要污染物为石油烃和多环芳烃。（f）采矿区。超标点位占33.4%，主要污染物为镉、铅、砷和多环芳烃。有色金属矿区周边土壤镉、砷、铅等污染较为严重。（g）污水灌溉区。超标点位占26.4%，主要污染物为镉、砷和多环芳烃。（h）干线公路两侧。超标点位占20.3%，主要污染物为铅、锌、砷和多环芳烃，一般集中在公路两侧150 m范围内。

我国农田重金属污染主要有以下特点。（a）从农田重金属污染程度看，我国耕地重金属污染以轻度污染为主。从土壤污染普查结果看，虽然耕地土壤污染总的点位超标率达到19.4%，但超标点位土壤以轻微和轻度污染为主，占总超标点位数的85.1%，中度和重度污染土壤点位超标率仅分别为9.2%和5.7%。（b）从污染的重金属元素看，五种健康风险元素 Cd、As、Hg、Pb 和 Cr 的超标率分别为 7.0%、2.7%、1.6%、1.5% 和 1.1%，三种生态风险元素 Ni、Cu 和 Zn 的超标率分别为 4.8%、2.1% 和 0.9%。鉴于农田土壤中重金属污染主要通过食物链对人体健康造成风险，因此农田土壤污染的主要风险元素为上述五种健康风险元素，尤其以 Cd 为主。(c)从农田土壤污染分布的总体特征看，南方土壤污染重于北方，东部重于西部。长江三角洲、珠江三角洲、东北老工业基地等部分区域土壤污染问题较为突出，而这些区域正是我国主要的粮食产区；中、重度污染主要分布在长江三角洲、珠江三角洲、东北老工业基地等部分区域；Cd、Hg、As、Pb 四种重金属含量分布呈现出从西北到东南、从东北到西南方向逐渐升高的趋势。(d)从污染发展趋势看，随着我国工业技术不断进步和城市化不断发展，农田土壤污染呈现由工业源逐渐向农业源(包括污灌、畜禽粪便、有机肥、复合肥、农药、磷肥等)、城郊向农村、地表向地下、上游向下游、水土向食物链转移的发展趋势。

5.2　土壤退化的防治

从自然科学角度来看，作为自然环境的基本组成要素，土壤具有强大的自净能力和生态服务功能；作为人类社会发展的基本自然资源，土壤具有一定的肥力和生产能力，属于可以再生的自然资源。但从土壤的时空分布特征和社会经济发展时间尺度来看，土壤是短期内难以再生的自然资源，区域土壤肥力、生产能力、自净能力与生态服务功能均是有限的，因此采取有效的措施防治土壤退化仍然是当今国际社会面临的重要任务。

1. 土壤水蚀防治

尽管人类活动导致(加速)了土壤水蚀的发生与发展，但人们也在探索通过正确的方法来抑制土壤水蚀，即开展水土保持工作。所谓水土保持是指人类使用一定的技术方法体系，通过改变局部环境条件来减缓或者控制水土流失的总过程。例如，人们通过改变局部地形以降低坡度，通过植树种草来增加地表植被覆盖度，通过修筑工程来调节水沙运移等。一般将水土保持措施分为生物措施、耕作措施和工程措施三大类。

(1)生物措施

生物措施是指在水土流失区域植树造林种草，提高地表植被覆盖率，保护地表土壤免遭雨滴直接打击，拦蓄径流，涵养水源，调节河川、湖泊和水库的水文状况，防止土壤水蚀，改良土壤和改善生态环境。生物措施是人类较早使用的水土保持措施，早在公元前 11—前 7 世纪中国古代劳动人民就已经开始采用封山育林的方法恢复山区植被；《论衡》一书明确指出"地性生草，山性生木"，总结了合理利用土地的经验；南宋魏岘提出的"森林抑流固沙"理论，明确了森林在防治水土流失方面的重要作用。林草具有减少径流泥沙的作用，主要通过林冠截流、林下草灌和枯枝落叶层的拦蓄以及植物根系对土壤的固结作用保持水土，涵养水源，改善土壤肥力。

(2)耕作措施

耕作措施是以保水保土保肥为主要目的，以提高农业生产力为宗旨，以犁、锄、耙等为耕(整)地农具所采取的措施。据史书记载，早在 4 000 年前的后稷时代，中国古代劳动人民就发明了圳田法；圳田法后来发展为高低畦种植法，称为畎亩法。它是以"湿者欲燥，燥者欲湿"为原则,将土地做成高低相间的垄和沟,使得地势高燥之田和地势低湿之地皆能种植旱生作物的一种耕作方法。

在黄土高原地区已经使用数百年的掏钵法、坑田法、穴种法、窝种法等耕作方法均是控制区域土壤侵蚀的重要方法。现在保持水土的耕作措施主要有以下六种。

①等高耕作:沿等高线垂直于坡面走向进行横向耕作,这样在犁沟平行于等高线方向形成许多蓄水沟,能有效拦蓄地表径流,促进水分入渗,减少水土流失,利于作物生长发育,从而达到保土增产之目的。

②等高沟垄耕作:在等高耕作的基础上,沿坡面等高线开犁,形成沟和垄,在沟内或垄上种植作物。因沟垄耕作改变了坡地微地形,将地面耕成有沟有垄的形式,使地面受雨面积增大,减少了单位面积上的受雨量。一条垄等于一个小土坝,因而能有效地减少径流量和冲刷量,增加土壤含水率,减少土壤养分流失。

③垄作区田:在坡耕地上犁出水平沟垄,作物种在垄的半坡上,在沟中每隔一定距离做一土挡,以蓄水保肥并防止横向径流的发生,区田拦截降雨,垄上种植作物。

④套犁沟播(套二犁):沿等高线自坡耕地的上方开始,逐步向下,每耕一犁后,再在原犁沟内再套耕一犁,以加深犁沟,加大其拦蓄径流量。

⑤等高带状间轮作:沿着等高线将坡地划分成若干条带,在各条带上交互和轮换种植密生作物(或牧草)与农作物,是一种坡地保持水土的种植方法。

⑥水平沟耕作:适用于 15°~25° 的陡坡耕地,沟口宽 0.6~1.0 m,沟底宽 0.3~0.5 m,沟深 0.4~0.6 m,沟半挖半填,内侧挖出的生土用在外侧做埂,树苗栽在沟底外侧。水平沟一般用于治理荒坡的造林整地,可拦蓄一定的径流泥沙。水平沟耕作是 20 世纪 70 年代末旱地农业技术的重要成果之一,也是目前黄土高原坡耕地上应用较为广泛的水土保持耕作措施。

（3）工程措施

工程措施是指通过改变小地形(如坡地改梯田等平整土地的措施),拦蓄地表径流,增加土壤降雨渗入量,改善农业生产条件,充分利用光、温、水土资源,建立良性生态环境,减少或防止土壤水蚀的工程体系。中国历代劳动人民在水土保持实践中创造了许多行之有效的水土保持工程措施。早在西汉时期就已经出现了梯田的雏形,黄河中游山区农民在 18 世纪就开始打坝淤地,引洪漫地在中国也有悠久的历史。欧洲文艺复兴之后,围绕山地荒废与山洪及泥石流灾害问题,在阿尔卑斯山区开展了荒溪治理工作,奥地利的荒溪治理工作、日本的防沙工程均相当于中国的水土保持工程。水土保持工程措施可分为山坡防护工程、山沟治理工程、山洪排导工程、小型蓄水用水工程等。其中,山沟治理工程、山洪排导工程、小型蓄水用水工程属于防止水土流失的水利工程;山坡防护工程则属于防治土壤水蚀的工程。水土保持的主要工程措施如下。

1）构筑水平梯田工程

这是中国古代有代表性的水土保持方法,相传距今 3 000 年前长江流域就有种植水稻的梯田。将坡地修筑成水平梯田是控制区域水土流失和发展农业生产的重要措施。该方法已广泛传播到世界各地,如北非、法国、中美洲及亚洲的日本、印度、韩国及东南亚等。"梯田"一词最早见于南宋范成大的《骖鸾录》:"缘山腹乔松之磴甚危;岭阪上皆禾田,层层而上至顶,名梯田。"梯田田面呈水平,各块梯田将坡面分割成整齐的台阶,适宜种植多种粮食作物和经济作物等。将坡地修筑成水平梯田一是能够有效地拦蓄降水,减缓坡面径流及其侵蚀过程;二是能够通过增加土层厚度、改善墒情促进农作物或草木生长,从而增加地表植被覆盖度,减轻降水对土壤的直接打击;三是能够改善农业生产条件,促进农业增产增收。

修筑水平梯田应该因地制宜,科学设计、布局和实施。在坡度大于 25° 的陡坡地应优先实施退耕还林,选择地表土质好、土层厚、有排灌水系统、区位条件优越、坡度小于 25° 的缓坡地修筑梯田。根据当地气候特点、地貌特征、土壤组成与性状、土壤水力学性质等综合确定梯田的田面宽度、梯田高度、埂梯高度、施工用材(如土、碎石埂、混凝土等)。梯田田埂应沿等高线布置。在中国北方半干旱、半湿润区,修筑梯田应该充分考虑收集地表水,增加降水的入渗率以满足农作物生长发育对水分的需求;在南方及东南沿海低山丘陵区,修筑梯田应该充分考虑强降雨特别是台风天气的影响,必须修筑配套的排水工程设施,防止梯田因遭受暴雨冲击而发生泥石流或滑坡灾害。

2)修筑隔坡梯田

隔坡梯田是指缓坡地上水平梯田与自然缓坡面相间分布的俯视梯田,即在一个坡面上将 1/3~1/2 面积修成水平梯田,相间地留出 1/2~2/3 的原自然坡面,坡面产生的径流汇集拦蓄于下方的水平田面之中。修建隔坡梯田较水平梯田省工 50%~75%,特别适合土地多、劳动力少、坡面土壤层较薄、水资源紧缺的地区作为水平梯田的一种过渡形式,用于控制水土流失和发展农业生产。在中国北方许多地区的实践过程中,隔坡梯田已经取得了良好的生态环境效益和经济效益。

3)修筑坡式梯田

坡式梯田是指沿着坡向每隔一定间距沿等高线修筑地埂而成的梯田,通过逐年翻耕、降水径流冲淤并加高地埂,逐渐减缓田面坡度,最后形成水平梯田。它采用筑地埂、截短坡长的方式,通过逐年加高地埂,坡耕地在多次农事活动中定向深翻,同时土壤在重力作用下下移以及经坡面径流的冲刷,逐渐形成水平梯田,也称大梯田或长梯田。修建坡式梯田较水平梯田省工 85% 以上,特别适合土地多、劳动力少、坡面土壤层薄、水资源紧缺的地区作为水平梯田的一种过渡形式,用于控制水土流失和发展农业生产。在中国北方许多地区的实践过程中,坡式梯田已经取得了良好的生态环境效益和经济效益。

另外,还有反坡梯田和半圆形鱼鳞坑等工程措施。前者适用于 15°~25° 的陡坡,阶面宽 1.0~1.5 m,具有 3°~5° 的反坡,要求暴雨时各水平台阶间斜坡径流在阶面上能全部或大部容纳入渗,树苗栽种在距阶边 0.3~0.5 m 处,适宜种植旱作物和果树。后者长径为0.8~1.5 m,短径为 0.5~0.8 m,坑深 0.3~0.5 m,沿等高线布设,上下两行坑口呈“品”字形错开排列。坑两端挖宽、深各 0.2~0.3 m 的“V”字形截水沟,形状多为曲线形。

防治土壤水蚀,采取任何单一的防治措施都难以获得理想的效果,必须根据土壤水蚀的基本规律及其发生条件,遵循如下主要原则:采取必要的综合措施实施统筹治理;以管护土壤为核心,将治山与治水相结合,治沟与治坡相结合,工程措施与生物措施相结合,田间工程与蓄水保土耕作措施相结合,有效治理水土流失和持续利用当地水土资源;实行以小流域为基本治理单元,坡沟兼治、治坡为主,工程措施、生物措施、农业措施相结合的集中治理方针,才可获得持久稳定的效果。

2. 土壤风蚀沙化防治

以干旱、半干旱和半湿润区土壤风蚀沙化为特征的土地荒漠化是当今国际社会面临的四大生态环境问题(人类污染、全球变暖、能源紧缺、土地荒漠化)之一。据估计,目前全世界有 100 多个国家、约 1/3 以上的陆地、1/5 以上的人口已经受到了土壤风蚀沙化的危害,每年由土壤风蚀沙化造成的直接经济损超过 400 亿美元。因此,有效防治土壤风蚀沙化,遏制土地荒漠化的蔓延是当今国际社会面临的重要课题。2010 年 8 月,联合国在巴西正式启动"沙漠及荒漠化防治 10 年计划(2010—2020 年)",旨在唤起人们对造成荒漠化的原因及其解决方式的认识,进而促进全球范围内防治荒漠化措施的实施,并提高合理利用和保护干旱区土壤资源的能力。

近百年来国际学术界对土壤风蚀沙化发生机理、主要影响因素和时空分布规律进行了研究,并提出了土壤风蚀沙化防治的理念及其相关工程措施。20 世纪 40 年代,美国科学家 Chepil 等通过田间试验和室内便携式风洞试验,对农田风蚀和沙尘扬起机理及土壤风蚀防治进行了系统研究,并提出了作物残茬覆盖、增加地表粗糙度、改变土壤特性等有效的防治土壤风蚀沙化的工程措施。俄罗斯科学家在综合调查研究的基础上,提出了减轻土壤风蚀、提高作物产量的马尔采夫耕作法,包括留高茬、无壁犁深松、茬地播种机播种、保持水分等。以色列学者以提高农田水资源利用效率为核心,发展了高科技、高效益的技术密集型现代化高效农业,提出了防治土壤风蚀沙化的工程技术措施。澳大利亚学者采取了作物留茬、建立自然植被保留地、改善农业耕作制度及灌溉设施、实行轮牧和控制草场载畜量等一整套保护性工程措施。中国学者提出了修建各类沙障、植树造林、退耕还林等工程措施,在防治土壤风蚀沙化研究方面取得了卓越的成绩。目前国际上防治土壤风蚀沙化的主要工程措施有机械与生物工程防沙技术、防风林或护田林带工程措施、化学保湿黏合固沙技术、藻类固沙技术等。

(1)机械与生物工程防沙技术

机械与生物工程防沙技术是指利用预备件、黏土、砾石、秸秆、树枝、木板条、风障物等材料实施地表固沙、阻沙、输沙、导沙等的工程技术。该工程技术具有低耗高效、持久耐用等优点,是当今国际上防治土壤风蚀沙化、保障工程设施的重要方法。中国专家在 20 世纪中期采用植物固沙与人工阻沙相结合的方法,营造了宁夏迎水桥西至甘塘、长 55 km 的包兰铁路两侧的防沙治沙工程,成功地解决了包兰铁路两侧流动沙丘的固定问题,保障了包兰铁路沙漠段数十年的安全畅通。该治沙成果受到全世界治沙界的广泛关注,1994 年沙坡头被联合国环境规划署授予"全球环保 500 佳单位"荣誉称号。

沙坡头地处温带干旱的大陆性气候区,其年均气温为 8.5 ℃,多年平均降水量为 188 mm,多年平均蒸发量为 1 975 mm,平均风速为 2.9 m/s,年均起沙风时数为 900 h;沙坡头位于腾格里沙漠东南缘,流沙移动活跃且沙丘可高达百米。为了保障包兰铁路的运行安全,自 1958 年开始在铁路两侧修建固沙防护带,即从铁路向两侧分别为宽 30~50 m 的石防火带、宽 4 060 m 的灌造林绿化带、宽 500~600 m 的麦草方格沙障-抗旱沙生植物带、前缘阻沙带、封沙育草带组成的"五带一体"的治沙防护体系;同时因地制宜建起了 4 级扬水站,将流经沙坡头的黄河水引到沙丘上,不仅保证了防护带内各种植物的成活率,还促进了沙坡头防沙治沙生物种类的多样化,更保障了包兰铁路的安全运行和畅通无阻。

(2)防风林或护田林带工程措施

防风林(windbreak)或护田林带(shelterbelt)通常是人工种植多排树木或灌丛,以降低风速并保护土壤免遭风力侵蚀的生物工程措施。防风林主要通过增加地表摩擦力消耗气流动能并降低风速使地表土壤免遭强风侵蚀。美国农业部自然资源保护中心(Natural

Resources Conservation Service，NRCS）、内布拉斯加大学等机构通过实验模拟研究了防风林的功能、构建与管理，以及可持续农业系统中防风林、农村居民点防风林的规划与设计。防风林带的宽度应根据风力强弱、植物种类、原有植被覆盖度和土地利用状况综合考虑，一般防风林带的宽度应为 10~15 m；防风林带应垂直于主风向；不同防风林带的间距应为 150~200 m。

"三北"地区分布着中国的八大沙漠、四大沙地和广袤的戈壁，总面积达 158 万 km²，约占全国风沙化土地面积的 90%，形成了东起黑龙江西部、西至新疆的万里风沙线。20 世纪中后期中国决定在西北、华北、东北风沙危害、水土流失严重的地区，建设大型防护林工程，即带、片、网相结合的"绿色万里长城"。规划范围包括新疆、青海、宁夏、内蒙古、甘肃中北部、陕西、晋北坝上地区和东北三省的西部共 324 个县（旗），"三北"防护林带东西长 4 480 km，南北宽 560~1 460 km，总土地面积达 406.9 万 km²。"三北"防护林工程累计完成造林保存面积 2 446 万 hm²，森林覆盖率由 1977 年的 5.05% 提高到 10.51%；治理沙化土地 30 万 km²，保护和恢复沙化、盐渍化严重的草场达 1 000 万 hm²。应该指出，在草原地带的某些地区，盲目地栽植杨树防护林，防护效果不佳。究其原因，杨树大量吸取土壤中有效的水分，使地表草本植物难以生存，造成表土裸露，夏季防护林带成为羊群的聚集地，造成土壤被践踏而松散，最终导致防护林带土壤遭受风蚀并导致林木凋落死亡。

选择并栽植适宜树种是建设防风林或护田林的关键所在，不同的自然环境条件下对应不同种类的适宜植物，国内外防沙治沙专家一般根据区域自然环境条件、土地利用方式和社会经济状况，选择一些适合当地栽培的优良固沙植物建立苗木基地，以便于建设防护林带。美国西部防沙治沙主要选择的草本植物有美洲海滨草、欧洲海滨草、沙野麦、紫羊茅、海滨山黧豆、羽扁豆等，木本植物有海岸松、赤松、北美短叶松等。西亚的伊朗主要选择木本植物，如梭梭、柽柳、阿拉伯金合欢、牧豆树、穗花牧豆木、沙拐枣等。中亚及中国西部地区主要选择的草本植物有西伯利亚冰草、三芒草、巨野麦，木本植物有沙拐枣、梭梭、柽柳、刺槐等。中东的以色列、埃及、伊拉克等多选用豆科的藤叶相思树、柽柳和刺枣等。

（3）化学保湿黏合固沙技术

向土壤表面喷撒一薄层由化学保水剂与麦秸-干草屑-轧棉废渣黏合物构成的透水覆盖层，可以有效防治土壤风蚀沙化，这种技术称为化学保湿黏合固沙技术。这也是当今土壤风蚀防治和固沙技术发展的新方向。例如，瑞士研制了一种颗粒状有机化合物吸水保水剂，将其适量地喷撒至土壤表面或沙漠表面，这些颗粒状有机物可以快速吸水保水膨胀，并黏结土壤颗粒物或沙粒形成一个通透的固结层，能够有效地防止土壤被风力侵蚀。以色列研制了一种塑料薄膜固沙法，即将塑料薄膜覆盖在沙漠上并用砂砾压固，可以有效地防止土壤水分散失并起到防沙固沙的作用；与此同时科研人员利用简单工艺将废塑料或地膜碎屑与高分子吸水剂制成固沙胶结材料，并在植物周围的土壤（沙粒）表面喷撒一薄层固沙胶结材料，然后这些固沙胶结材料便快速吸收水分并与土壤颗粒物或沙粒发生胶结，形成一个通透性强且具有柔性和黏性的固沙层。高吸水树脂是一类含有亲水基团和交联结构的大分子，最早由 Fanta 等采用淀粉接枝聚丙烯腈再经皂化制得。按原料划分为淀粉系、纤维素系、合成聚合物系（聚丙烯酸系、聚乙烯醇系、聚氧乙烯系等）几大类。其中聚丙烯酸系高吸水树脂与淀粉系及纤维素系相比，具有生产成本低、工艺简单、生产效率高、吸水能力强、产品保质期长等优点，已成为当前该领域的研究热点，目前世界高吸水树脂生产中，聚丙烯酸系占80%。近些年来中国科技工作者运用聚丙烯酸、螯合稀土、植物生根剂、微量营养元素，研制了具有抗旱保苗、改良土壤、防风固沙、水土保持、增产增收作用的高分子吸水保水剂,在农业、林业、治沙等行业已经发挥了重要的作用。

高分子吸水保水剂具有无毒无害、可反复吸水和释水、凝胶强度高、耐盐性好(土壤中有 Na^+、K^+、Ca^{2+}、Mg^{2+} 等盐离子)、通透性强和稳定性强等优点,是当今世界继化肥、农药、地膜之后第四种重要的农业化学产品。Chepil 和 Woodruff 提出了选择防风固沙化学物质的基本标准:在土壤中遇水不扩散,具有持久性和通透性;形成的结皮层薄且具有柔性,便于植物幼苗破土生长;单独施用能长期黏附在土壤表层持久不变;具有可操作性、实用性和经济性。

（4）藻类固沙技术

藻类是单细胞生物或缺乏维管组织的多细胞低等生物,虽然藻类主要为水生生物,但它们无处不在,从温带的森林到极地的苔原都有分布。特别是蓝藻门(Cyanophyta),广布在淡水和海水中、潮湿和干旱的土壤之上,在岩石、树干、树叶以及温泉、冰雪、盐卤池、岩石缝等处都可生存,具有极强的适应性,在热带、亚热带的中性或微碱性环境中生长得特别旺盛。研究发现,只要有少量雨滴或雾气带来潮湿,蓝藻就能够在这些地方的地面上落户并成为生命体的先锋,随着蓝藻的生长发育,地表便形成了一种由菌类、地衣和苔藓组成的"生物土壤硬表皮",它不仅能够保护其下面松软的土壤,还为干旱地区灌木和仙人掌等显花植物的生长创造了前提条件。

作为由单个细胞连接成的线状生命体,蓝藻能够附着在沙漠土壤的表面。在光照强烈的地区,它们躲藏在表土层沙粒的下面,并借助光合作用积累营养。德国维尔茨堡大学奥托·朗格教授的研究亦表明,在炎热或寒冷的干旱和半干旱地区,蓝藻在生态系统中都扮演着重要角色。美国北卡罗来纳州杜克大学的威廉·施莱辛格发现,蓝藻不仅能在地表进行光合作用,而且能在地表下面进行光合作用。在美国西南部的莫哈韦沙漠,施莱辛格几乎在每一块石英砾石下面都能找到一层活着的蓝藻,这表明从砂砾空隙向下折射的微弱光线已足够维持蓝藻进行光合作用及生理代谢。在这种线状蓝藻的生理代谢过程中,它们可分泌黏液并与土壤表面的沙粒黏合在一起;随着营养物质的积累,其他菌类、地衣便开始着生,它们的根状固定器官进一步黏合土壤表面的沙粒,并形成了牢固的微型土壤硬表皮。风洞测量实验表明,这种土壤硬表皮抵抗风蚀的能力比裸露的沙漠土壤强 10 倍;遭遇阵性降雨时,这种土壤硬表皮也具有很强的抵抗水蚀的能力。地球上有 5%~15% 的陆地表面被这种微型土壤硬表皮所覆盖,它们在全球 CO_2 和氮素的生物循环中起着重要作用。

另外,在广泛的土壤风蚀沙化防治实践过程中,人们还总结出了防治土壤风蚀沙化的免耕播种-化学除草法、无壁犁耕法(马尔采夫耕作法)、免耕法等保护性耕作技术。

5.3 污染土壤修复技术概述

随着人类对化学品的依赖程度越来越高,环境污染状况也日趋严重。联合国环境规划署(UNEP)1990 年指出,每年有 3 亿~4 亿 t 有机物进入环境,其中大部分进入土壤环境,土壤生态系统成了有机污染物的最大受体。土壤有机污染物不仅对作物产量和品质具有不良效应,并且通过食物链对人类健康构成重大威胁,还能通过迁移、转化对大气、水等其他环境产生不利影响。尤其是从 20 世纪后期开始一直持续至今,在国内外均时有发生的与土壤污染相关的公共事件,如美国 20 世纪 70 年代爆发的拉夫(Love)运河事件等事件,更是将土壤污染及其修复推入公众的视野。鉴于土壤污染的严重危害及土地资源的日益紧张,世界上许多国家特别是发达国家纷纷制订了土壤整治与修复计划。20 世纪 80 年代初,常规的挖掘和填埋处置方法以费用低、见效快的优势得到广泛应用。然而,随着可用填埋场的面积迅速减小,无有效的空间新建填埋场等难以克服的现实问题的出现,此处置方法丧失了对企业、公众、管理者的吸引力。因此,20 世纪末,许多国家开始研究具有长期效果的污染土壤处置技术和措施,利用经济、有效的控制技术处理土壤中的复杂污染物,降低其对人类健康和环境的危害。为此,荷兰在 20 世纪 80 年代花费约 15 亿美元进行土壤的修复研究,德国在 1995 年投资约 60 亿美元净化土壤,美国在 20 世纪 90 年代用于土壤修复方面的投资达数百亿美元。进入 21 世纪后,土壤污染防治成为土壤和环境科学领域中的一个重要方向。随着点源污染逐渐得到控制,污染土壤的修复已经提到日程上来。我国污染土壤修复自 2008 年正式开端,发展至今已经形成了以风险防控为目标的污染土壤修复和风险管控系列技术,建成了效率高、适用性强、以修复后土壤安全再利用为导向的技术与环境管理体系。

　　目前污染土壤修复技术有几十种之多,常用的有十几种,主要分为:原位稳定化技术,包括原位化学钝化、微生物吸附及植物固定等;工程修复技术,包括植物修复、客土、深翻稀释及土壤淋洗修复等;农艺调控措施,包括水肥管理、调节土壤 pH/E_h、采取间套作等;植物阻控技术,包括叶面生理阻控、低吸收作物品种应用、基因工程、种植结构调整等。污染土壤修复技术大致划分为三类。(a)采用物理、化学或生物的方法将污染物从污染土壤中直接去除。该方法可直接降低土壤中重金属的总量,无疑是最理想的,但其成本较高。(b)利用各种防渗材料将污染土壤与未污染土壤或水体分开,以减少或阻止污染物扩散造成二次污染,这种方法称为隔离法。该方法对防渗材料要求较为严格,工程技术要求也较高。(c)针对重金属污染土壤采用原位固定化修复法,即向被污染土壤中施用各类固定化试剂,通过对重金属的吸附、沉淀(共沉淀)及络合等作用将重金属固定在土壤中,降低其在环境中的迁移性和生物有效性,从而降低重金属污染的环境风险。

　　就污染土壤修复技术而言,最近 10 多年来,我国学者针对农田土壤污染修复开展了大量研究,摸索出了一些科学、可行的技术模式和修复措施,取得了一些成效。但由于农产品产区分布广,土壤性质差异巨大,影响因子复杂,加之我国农田污染修复需符合边生产、边修复的国情与农情,因此不同修复技术在大面积推广应用上仍然有不同局限性。

5.3.1　污染土壤修复的概念

　　污染土壤修复是一个范围很广的概念,从土壤污染的绝对定义、相对定义和综合性定义等不同定义方式出发,污染土壤修复亦有不同的内涵。总体上,一般可将通过各种技术手段促使受污染的土壤恢复其基本功能和重建生产力的过程理解为污染土壤修复。《建设用地土壤修复技术导则》规定,土壤修复(soil remediation)是采用物理、化学或生物的方法固定、转移、吸收、降解或转化地块土壤中的污染物,使其含量降低到可接受水平,或将有毒有害的污染物转化为无害物质的过程。随着污染土壤风险评价与控制的广泛应用,所有降低土壤环境风险、减轻土壤环境中污染物危害的相关技术、措施等均可归入污染土壤修复的技术体系。另外,鉴于土壤环境具有一定的自净作用,在自然循环的情况下可在一定程度上保持土壤缓冲体系的清洁,而各种人工的污染土壤修复技术也是在土壤自净机理的基础上,模拟土壤环境的自净作用和过程,从而对其进行强化处理。

土壤生态系统是一个高效"过滤器",其净化功能包括:(a)自然条件下绿色植物根系的吸收、转化、降解和生物合成作用;(b)土壤中的细菌、真菌和放线菌等微生物和动物的降解、转化和固定作用;(c)土壤有机、无机胶体及其复合体的吸附、配位和沉淀作用;(d)土壤的离子交换作用;(e)土壤和植物的机械阻留作用;(f)土壤的气体扩散和挥发作用。

然而,土壤自身的净化能力和速率通常满足不了治理环境污染的需求,人们开始重视土壤污染治理和修复技术的研究。在土壤自净作用的基础上,针对受污染土壤的污染特性、土地功能的特点等,采取各种物理、化学、生物及其复合作用方式与技术对污染土壤进行修复与净化。目前广泛应用的污染土壤修复技术体系,按照修复技术开展的原理主要包括物理修复技术、化学修复技术和生物修复技术等,同时还包括修复技术的集成或联用。

(1)物理修复技术

物理修复技术是指以物理手段为主体的移除、覆盖、稀释、热挥发等污染治理技术,主要包括稀释和覆土技术、土壤气相抽提技术、玻璃化技术、电动修复技术及热处理技术等。

(2)化学修复技术

化学修复技术是指利用外来的,或土壤自身物质之间的,或环境条件变化引起的化学反应来进行污染治理的技术,主要包括土壤淋洗技术、化学氧化技术、化学脱卤技术、溶剂提取技术、固化/稳定化技术等。

(3)生物修复技术

广义的生物修复技术是指一切以生物为主体的环境污染治理技术,包括利用植物、动物和微生物吸收、降解、转化土壤中的污染物,使污染物的浓度降低到可接受的水平;或将有毒、有害污染物转化为低毒、无害的物质。广义的生物修复技术包括微生物修复技术、植物修复技术和以土壤动物为功能主体的修复技术。而狭义的生物修复技术则特指通过微生物的作用吸收、利用或消除土壤中的污染物,或使污染物无害化的技术。

物理和化学修复技术由于成本较高,易造成二次污染,治理不彻底等,通常作为事故应急处理技术。对于污染程度深、范围广的污染土壤,物理和化学修复技术具有难以克服的缺点。相比之下,生物修复技术因费用低、不易造成二次污染、对土壤结构破坏度小等优点受到普遍的关注和重视。

另外,按照污染土壤修复实施的场址,可将污染土壤修复分为原位修复(in-situ remediation)和异位修复(ex-situ remediation):原位修复指的是在污染场地原址开展的修复;异位修复是指将污染土壤移出,在其他地方开展的修复。在污染土壤修复的实践中,原位修复和异位修复均具有广泛的应用,国内外成功开展的污染土壤修复案例包含上述两种形式的修复工程。实际应用中,原位修复因无须开挖,对土层不产生扰动和破坏,同时可节约大量的土方量,具有成本低、不影响土壤功能等优点,是现场工程可优先考虑的修复方式。异位修复由于污染物去除彻底、便于进行污染物去除过程和机制研究等优点,也得到了广泛的研究和应用,尤其对于污染程度深、危害大和特殊的污染物,异位修复具有不可比拟的优势。

5.3.2 污染土壤修复技术分类

1. 物理修复技术

（1）土壤气相抽提技术

土壤气相抽提（soil vapor extraction，SVE）技术是一种通过布置在不饱和土壤层中的提取井，利用真空向土壤导入空气，空气流经土壤时，挥发性和半挥发性有机物随空气进入真空井而排出土壤，土壤中的污染物浓度因而降低的技术。土壤气相抽提技术有时也被称为真空提取（vacuum extraction）技术或气提技术，属于原位修复技术，但在必要时，也可以用于异位修复。该技术适合挥发性有机物和一些半挥发性有机物污染土壤的修复，也可以用于促进原位生物修复过程。

在基本的土壤气相抽提系统设计中，要在污染土壤中设置竖直井或水平井 [通常采用聚氯乙烯（PVC）管]。水平井适合污染深度较浅（小于 3 m）的土壤或地下水位较高的地方。气提装置用于从污染土壤中缓慢地抽取空气，安置在地面上，与一个气水分离器和废物处理系统（off-gas treatment system）连接在一起。从土壤孔隙中抽取的空气携带有挥发性污染物的蒸气。由于土壤孔隙中的挥发性污染物分压不断降低，原来溶解于土壤溶液中或被土壤颗粒吸附的污染物持续挥发出来以维持孔隙中污染物的平衡。

土壤气相抽提技术的特点是：可操作性强，设备简单，操作容易；对处理场地和土壤的破坏很小；处理时间较短；可以与其他技术结合使用；可以处理固定建筑物下的污染土壤。该技术的缺点是：很难达到 90% 以上的去除率，对低渗透性土壤和有层理的土壤的处理效果不确定；只能处理不饱和带的土壤。

土壤气相抽提技术能否用于具体污染点的修复及其修复效果如何取决于两方面的因素：土壤的渗透性和有机污染物的挥发性。

土壤的渗透性与土壤质地、裂隙、层理、地下水位和含水量有关。细质地土壤（黏质土）的渗透性较低，而粗质地土壤的渗透性较高。土壤气相抽提技术用于砾质土和砂质土的效果较好，用于黏质土和壤质黏土的效果不好，用于粉砂土和壤土的效果中等。裂隙多的土壤的渗透性较高。有水平层理的土壤会使蒸气侧向流动，从而降低气相抽提效率。土壤气相抽提技术一般不适用于地下水位较高的土壤，因为较高的地下水位可能导致部分污染土壤和提取井被淹没，降低提取效率。在提取过程中，地下水位有可能局部上升，因此地下水位最好在地表 3 m 以下。当地下水位在地表以下 1~3 m 时，需要采取空间控制措施。高的土壤含水量会降低土壤的渗透性，从而影响气相抽提的效果。有机质含量高的土壤对挥发性有机物的吸附性很强，不适合应用土壤气相抽提技术。有机化合物的挥发性可以用蒸气压、沸点和亨利常数来衡量。土壤气相抽提技术适用于蒸气压高于 66.661 Pa（0.5 mmHg）或沸点低于 250 ℃或亨利常数大于 10.132 5 MPa（100 atm）的有机化合物。

土壤气相抽提技术可以与其他技术联合使用，去除效果更好。空气注入（air sparging）技术是一种原位修复技术，包含将空气注入亚表层饱和带土壤、气流向不饱和带流动时移走亚表层污染物的过程。在空气注入过程中，气泡穿过饱和带和不饱和带，相当于一个可以去除污染物的剥离器。当空气注入技术与气相抽提技术一起使用时，气泡将蒸气态的污染物带进气相抽提系统而被去除，提高了污染物去除效率。生物通气（bioventing）技术提高了土著细菌的活性,促进了有机物的原位生物降解,气相抽提技术可以使降解产物加速离开土壤,从而有利于生物降解过程的进行。气动压裂(pneumatic fracturing)技术是一种在不利的土壤条件下增强原位修复效果的技术。气动压裂技术向表层以下注入压缩空气,使渗透性低的土层出现裂缝,促进空气的流动,从而提高气相抽提的效果。

在美国的密歇根州,有人曾采用气相抽提技术处理一块面积为 47 hm² 、被一些挥发性有机物污染的土壤。这些挥发性有机物包括二氯甲烷、氯仿、1, 2- 二氯乙烷和 1, 1, 1- 三氯乙烷。土壤质地从细砂土到粗砂土,水力传导度为 $7 \times 10^{-5} \sim 4 \times 10^{-4}$ m/s。修复过程从 1988 年 3 月开始到 1999 年 9 月结束,大约 18 000 kg 的挥发性有机物被提取出来,处理费用约为 30 英镑 /m²。

（2）玻璃化技术

玻璃化(vitrification)技术指使用高温熔融污染土壤使其形成玻璃体或固结成团的技术。从广义上说,玻璃化技术属于固化技术范畴。玻璃化技术既适用于污染土壤的原位修复,也适用于污染土壤的异位修复。土壤熔融后,污染物被固结于稳定的玻璃体中,不再对环境产生污染,但土壤也完全丧失生产力。玻璃化技术对砷、铅、硒和氯化物的固定效率比其他无机污染物低。玻璃化技术处理费用较高。玻璃化处理将使土壤彻底丧失生产力,一般用于处理污染特别严重的土壤。

1）原位玻璃化技术

原位玻璃化(in-situ vitrification, ISV)技术指将电流经电极直接通入污染土壤,使土壤产生 1 600~2 000 ℃的高温而熔融的技术。现场电极大多为正方形排列,间距约为 0.5 m,插入土壤的深度为 0.3~1.5 m,玻璃化深度约为 6 m。经过原位玻璃化处理后,无机金属被结合在玻璃体中,有机污染物可以通过挥发而被去除。处理过程产生的水蒸气、挥发性有机物和挥发性金属,必须设置排气管道加以收集并做进一步处理。美国的巴特尔太平洋西北实验室(Battelle Pacific Northwest Laboratories)最先使用这种方法处理被放射性核素污染的土壤。原位玻璃化技术修复污染土壤需要 6~24 个月。影响原位玻璃化技术修复效果及修复过程的因素有导体的埋设方式、砾石含量、可燃有机质的含量、地下水位和含水量等。

2）异位玻璃化技术

异位玻璃化(ex-situ vitrification)技术指将土壤挖出,采用传统的玻璃制造技术热解和氧化或融化土壤以形成不能被淋溶的熔融态物质的技术。加热温度大多为 1 600~2 000 ℃。有机污染物在加热过程中被热解或蒸发,有害无机离子被固定。熔化的污染土壤冷却后形成惰性的坚硬的玻璃体。除传统的玻璃化技术外,还可以使用高温液体墙反应器(high-temperature fluid-wall reactor)、等离子弧玻璃化(plasma-arc vitrification)技术和气旋炉(cyclone furnace)等使污染土壤玻璃化。

（3）热处理技术

热处理(thermal treatment)技术是利用高温所产生的一些物理或化学作用,例如挥发、燃烧、热解,将土壤中的有毒物质去除或破坏的技术。热处理技术最常用于处理有机物污染的土壤,也适用于部分重金属污染的土壤。挥发性金属(例如汞),尽管不能被破坏,但能通过热处理技术去除。最早的热处理技术是一种异位处理技术,但原位热处理技术也在发展之中。其他修复技术(例如玻璃化技术)也包含了热处理技术。

热处理技术通常被描述成单阶段或双阶段的破坏过程。然而,二者之间的确切区别是难以分辨的。例如焚烧通常被描述为单阶段过程,高温使土壤中的有机污染物燃烧。然而,这样的系统经常包括一个次生燃烧室以处理废气中的挥发性污染物。在双阶段系统(例如热解吸)中,土壤中的有机污染物在低温(约 600 ℃)时就挥发,而后在第二燃烧室中燃烧。一些挥发性的无机污染物(特别是汞)可以通过热解吸技术去除。焚烧指产生炉渣或炉灰等残余物的过程。热解吸产生的残余物依然是土状的。热处理技术对大多数无机污染物是不适用的。热处理技术使用的热源有多种:加热的空气、明火、可以直接或间接与土壤接触的热传导液体。在美国,处理有机污染物的热处理系统非常普遍,有些是固定的,有些是可移动的。荷兰也建立了热处理中心。在英国,热处理工厂被用于处理石油烃污染的土壤。美国对移动式热处理工厂的地点有一些要求:要有 1~2 hm² 的土地安置处理厂和相关设备以及其他支持设施(例如分析实验室),以及存放待处理的土壤和处理残余物,交通方便,保证水电和必要的燃油供应。热处理技术的主要缺点是黏粒含量高的土壤处理困难、处理含水量高的土壤耗电多。

1)热解吸技术

热解吸包括两个过程:污染物通过挥发作用从土壤转移到蒸气中;以浓缩污染物或高温破坏污染物的方式处理第一阶段产生的废气中的污染物。使土壤污染物转移到蒸气相所需的温度取决于土壤类型和污染物存在的物理状态,通常为 150~540 ℃。

典型的热解吸技术包括预处理、解吸、固相后处理(solid post-treatment)和气体后处理(gas post-treatment)等过程。预处理过程包括过筛、脱水、中性化、混合等步骤。中性化的目的在于降低待处理土壤的酸性,减少酸性废气的产生。热解吸技术适合处理在常温下不易挥发而在较高温度下可挥发的污染物,以有机污染物为主。热解吸技术不适用于泥炭土。热解吸技术难以处理紧密团聚的土块,因为土块中心的温度总低于表面的温度。待处理土壤中存在挥发性金属时会给废气污染控制带来困难。有机质含量高的土壤处理起来也比较困难,因为反应器中污染物的浓度必须低于爆炸极限。高 pH 值的土壤会腐蚀处理系统的内部。

1992—1993 年,热解吸技术曾被用于处理美国密歇根州一块被氯代脂肪族化合物、多环芳烃和重金属污染的土地。处理时先将污染土壤挖掘出来,过筛,脱水。土壤在热反应器中在 245~260 ℃ 的温度下处理 90 min,处理后的土壤堆置于堆放场,排出的废气先通过纤维筛过滤,然后通过冷凝器以除去水蒸气和有机污染物。

2)焚烧

在高温(800~2 500 ℃)条件下,通过热氧化作用破坏污染物的异位热处理技术称为焚烧(incineration)。典型的焚烧系统包括预处理室、一个单阶段或二阶段的燃烧室、固体和气体的后处理系统。可以处理土壤的焚烧器有直接点火和间接点火的科林(Kelin)燃烧器、流化床式燃烧器和远红外燃烧器。其中 Kelin 燃烧器是最常见的。焚烧的效率取决于燃烧室的三个主要因素:温度、废物在燃烧室中的滞留时间和废物的紊流混合程度。大多数有机污染物的热破坏温度为 1 100~1 200 ℃。固体废物的滞留时间为 30~90 min,液体废物的滞留时间为 0.2~2.0 s。紊流混合十分重要,因为它使废物、燃料和燃气充分混合。焚烧后的土壤要按照废物处置要求进行处置。

焚烧技术适用的污染物包括挥发和半挥发有机污染物、卤化或非卤化有机污染物、多环芳烃、多氯联苯、二噁英、呋喃、农药、氰化物、炸药、石棉、腐蚀性物质等,该技术不适用于处理非金属无机污染物和重金属污染物。

（4）电动修复技术

向土壤施加直流电场，在电解、电迁移、扩散、电渗透、电泳等的共同作用下，使土壤溶液中的离子向电极附近富集从而被去除的技术，称为电动修复技术。

电迁移是指离子和离子型络合物在外加直流电场的作用下向相反电极的移动。电迁移的效率主要受孔隙水的电传导性和在土壤中传导途径的长度制约，对土壤液体通透性的依赖性较小。由于电迁移的效率不取决于孔隙大小，因此其既适用于粗质地土壤，也适用于细质地土壤。当湿润的土壤中含有高度溶解的离子化无机组分时，会发生电迁移现象。电动修复技术是去除土壤中这些离子化污染物的有效办法，该技术对渗透性很低的土壤也具有修复作用。

当施加一个直流电场于充满液体的多孔介质时，液体就产生相对于静止的带电固体表面的移动，即电渗透。当表面带负电荷时（大多数土壤都带负电荷），液体移向阴极。这个过程在饱和的、细质地的土壤中进行得很好，溶解的中性分子很容易随电渗透而移动，因此可以利用电渗透作用去除土壤中的非离子化污染物。往阳极注入清洁液体或清洁水，可以提高污染物的去除效率。影响土壤中污染物电迁移的因素是土壤水中的离子和带电颗粒的移动性和水化作用、离子浓度、介电常数（取决于孔隙中有机和无机颗粒的数量）和温度。

电动修复技术的主要优点是：

①适用于任何地点，因为土壤处理仅发生在两个电极之间；

②可以在不挖掘的条件下处理土壤；

③最适用于黏质土，因为黏质土表面带有负电荷，水力传导度低；

④对饱和及不饱和的土壤都有效；

⑤可以处理有机和无机污染物；

⑥可以从非均质的介质中去除污染物；

⑦费用效益之比较高。

但电动修复技术也有一些缺点：

①污染物的溶解度高度依赖于土壤 pH 值；

②要添加增强溶液；

③当使用高电压时，由于温度升高，处理的效率降低；

④当土壤含碳酸盐、岩石、石砾时，去除效率会显著降低。

（5）稀释和覆土技术

将污染物含量低的清洁土壤与污染土壤混合以降低污染土壤污染物的含量，这种做法称为稀释（dilution）。稀释可以降低土壤污染物浓度，因而可能减少作物对土壤污染物的吸收，减小土壤污染物通过农作物进入食物链的风险。在田间，可以通过将深层土壤犁翻上来与表层土壤混合，也可以通过客入清洁土壤而实现稀释。

覆土（covering with clean soil）也是客土的一种方式，即在污染土壤上覆盖一层清洁土壤，以避免污染土层中的污染物进入食物链。清洁土层的厚度要足够，以免植物根系延伸到污染土层，否则有可能因为促进植物生长、增强植物根系的吸收能力反而增加植物对土壤污染物的吸收。另一种与覆土相似的改良方法是换土，即去除污染表土，换上清洁土壤。

稀释和覆土措施的优点是技术简单，操作容易；其缺点是不能去除土壤污染物，没有彻底排除土壤污染物的潜在危害。它们只能抑制土壤污染物对食物链的影响,并不能减少土壤污染物对地下水等其他环境的危害。这些措施的费用取决于当地的交通状况、清洁土壤的来源、劳动力成本等。

2. 化学修复技术

（1）土壤淋洗技术

土壤淋洗（soil flushing/washing）技术是指在淋洗剂（水或酸或碱、整合剂、还原剂、络合剂以及表面活化剂）溶液的作用下,将土壤污染物从土壤颗粒中去除的一种土壤修复技术。土壤淋洗技术已经成为一种应用广泛、修复效率较高、适用于被重金属和有机污染物污染的土壤的修复技术。土壤淋洗技术包括原位淋洗技术和异位淋洗技术两种。

1）原位淋洗技术

原位淋洗（in-situ soil flushing）技术是指在田间直接将淋洗剂加入污染土壤,经过必要的混合,使土壤污染物溶解进入淋洗溶液,而后使淋洗溶液往下渗透或水平排出,最后收集含有污染物的淋洗溶液并进行再处理的技术。原位淋洗技术是为数不多的可以从土壤中去除重金属的技术之一。影响原位淋洗技术有效性的重要因素是土壤的性质,其中最重要的是土壤质地和阳离子交换量（CEC）。原位淋洗技术适合粗质地、渗透性较高的土壤。一般来说,原位淋洗技术最适合砂粒和砾石占 50% 以上、阳离子交换量低于 10 cmol/kg 的土壤。应用于这些土壤,容易达到预期目标,淋洗速度快,成本低。质地黏重、阳离子交换量高的土壤对多数污染物的吸持较强烈,淋洗技术的处理效果较差,难以达到预期目标,且成本高。原位淋洗技术既适用于无机污染物,也适用于有机污染物。但迄今为止采用原位淋洗技术处理重金属污染土壤的例子较少,大多数应用于有机物污染的土壤。

淋洗剂对促进污染物从土壤解吸并溶入溶液是不可缺少的。淋洗剂应该是高效的、廉价的、二次污染风险小的。常用的淋洗剂有水和化学溶液。单独用水可以去除某些水溶性高的污染物,例如有机污染物和六价铬。化学溶液的作用机制包括调节土壤 pH 值、络合重金属污染物、从土壤吸附表面置换有毒离子以及改变土壤和污染物的表面性质从而促进溶解等方面。溶液通常包括稀的酸、碱、螯合剂、还原剂、络合剂以及表面活化剂溶液等。酸和络合剂溶液有利于土壤重金属的溶解,因而对重金属污染土壤的淋洗效果较好。碱性溶液应用较少,其对石油污染土壤的处理效果可能较好。表面活性剂可以改进憎水有机化合物的亲水性,提高其水溶性和生物可利用性。表面活性剂适用于石油烃和卤代芳香烃类物质污染的土壤。常用的表面活性剂有阳离子型表面活性剂、阴离子型表面活性剂、非离子型表面活性剂、生物表面活性剂等。

采用原位淋洗技术时应考虑土壤污染物可能产生的环境负效应并加以控制。由于可能造成地下水的二次污染,因此最好在水文学上土壤与地下水相对隔离的地区进行。原位淋洗技术的操作系统主要由三个部分组成:淋洗剂加入设备、下层淋出液收集系统和淋出液处理系统。土壤淋洗剂的加入方式包括漫灌,喷洒,沟、渠、井浸渗等。淋出液收集和处理系统一般包括屏障、收集沟和恢复井。必须对含有污染物的淋出污水进行必要的处置。为了使处理过的土壤返回原地,要对处理过的土壤做进一步处理。例如对于用酸性溶液处理过的土壤,要添加碱性溶液以中和土壤中多余的酸。原位淋洗技术的缺点是在去除土壤污染物的同时,也去除了部分土壤养分,还可能破坏土壤的结构,影响土壤微生物的活性,从而影响土壤整体的质量。如果操作不当,还可能对地下水造成二次污染。

2）异位淋洗技术

异位淋洗技术,即土壤清洗(soil washing)技术,是指将污染土壤挖出来,用水或化学溶液进行清洗,使污染物从土壤中分离出来的一种化学处理技术。土壤性质严重影响该技术的应用。本技术适用于质地较轻的土壤,处理黏重的土壤比较困难。一般认为,本技术不适合黏粒含量在 30%~50% 的土壤。有机质含量高的土壤处理起来也很困难,因为很难将污染物分离出来。异位淋洗技术适用于各种污染物,例如重金属、放射性核素、有机污染物等。憎水的有机污染物难以溶解到清洗水相中。清洗液可以是水,也可以是各种化学溶液(例如酸或碱溶液、络合剂溶液、表面活性剂溶液等)。酸溶液通过降低土壤 pH 值而促进重金属的溶解。络合剂溶液通过形成稳定的金属络合物而促进重金属的溶解。碱性溶液和表面活性剂溶液可以去除土壤中的有机污染物(例如石油烃化合物)。

异位淋洗技术大都起源于矿物加工工业。在矿物加工工业中,人们可以从低品位的杂矿中分离出有价值的矿石。最新的加工方法可以从含量低于 0.5% 的原材料中提取金属。典型的异位淋洗过程的步骤为:(a)用水将土壤分散并制成浆状;(b)用高压水龙头冲洗土壤;(c)用过筛或沉降的方法将不同粒径的颗粒分离;(d)利用密度、表面化学、磁敏感性等方面的差异进一步将污染物浓缩在更小的体积内;(e)利用过滤或絮凝的方法使土壤颗粒脱水。在实践中,人们将污染土壤挖掘出来,在土壤处理厂中进行清洗。土壤处理厂有两类:移动式土壤处理厂和固定式土壤处理厂。

移动式土壤处理厂的优点是设备小,可以随地移动,但由于移动性大,较难控制处理过程产生的二次污染(例如对地下水的渗透污染和对大气的污染)。处理的第一个步骤是过筛,分离出不必处理的粗组分。然后,将土壤送往混合桶,将淋洗水或其他清洗剂添加到桶中,二者发生化学反应。必要时可以提高温度以促进有机污染物的氧化分解。化学反应结束后,开始淋洗土壤。在干燥筛的帮助下将水和土壤分离。如果清洗后的土壤符合有关标准,就可以被回填到地里。淋洗污水含有污染物和细土壤颗粒。淋洗污水进入沉积桶(池)后,若有必要,还可以加入酵母和柠檬酸,对污染物进行氧化还原或水解降解。与此同时,非降解物质(例如重金属)被酵母吸附。此后,所有固体物质在石灰浆的作用下被沉淀。经过处理的清洗水可以回到淋洗过程循环使用。最后,高度污染的残余物应该以恰当的方式被处置(例如填埋、焚烧)。

固定式土壤处理厂厂址固定,有利于控制处理过程中污染物的排放。所有污染点的污染土壤都必须运往固定式土壤处理厂进行处理,处理不同类型污染土壤的程序有所不同。固定式土壤处理厂的处理程序比较复杂。下面是德国一个土壤修复中心固定式土壤处理厂的处理例子。在处理过程的干处理阶段,用两个磁性分离器和一个滚动栅栏(rolling bar)分离铁磁性金属和直径大于 40 mm 的石块。随后在清洗桶中进行第一步湿释放(wet liberation)处理,以将污染物从土壤粗颗粒中解离出来。借助于振动筛,可以将最初被净化的直径为 4~40 mm 的石砾和粗颗粒分离出来。更小的颗粒被送进水旋流器,进行进一步的颗粒分离。上升流分离器可以将密度较小的物质(例如木片)分离出来。然后,土壤悬浮液进入处理厂的中心部位——研磨清洗单元(attritor unit),在此污染物从土壤颗粒表面被解离出来。为了提高淋洗效率,可以添加一些化学试剂,例如酸、碱、过氧化氢、表面活性剂等。利用水旋流器和上升流分离器可以将污染物和残余土壤细颗粒与干净的土壤颗粒分离开。干净的土壤颗粒(粒径为 0.063~4.000 mm)经过脱水后即可回用。

　　异位淋洗技术已经有不少成功的修复例子。例如,美国的新泽西州曾对19 000 t被重金属严重污染的土壤和污泥进行异位淋洗处理。处理前铜、铬、镍的浓度超过10 000 mg/kg,处理后土壤中镍的平均浓度为25 mg/kg,铜的平均浓度为110 mg/kg,铬的平均浓度为73 mg/kg。

　　（2）原位化学氧化技术

　　原位化学氧化（in-situ chemical oxidation）技术是指将氧化剂混入土壤与污染物发生氧化反应,使污染物降解为低毒、低移动性产物的技术。在污染区的不同深度钻井,然后通过泵将氧化剂注入土壤。进入土壤的氧化剂可以从另一个井中抽提出来。含有氧化剂的废液可以重复使用。原位化学氧化技术适用于被油类、有机溶剂、多环芳烃、农药以及非水溶性氯化物污染的土壤。常用的氧化剂是高锰酸钾（$KMnO_4$）、过氧化氢（H_2O_2）和臭氧（O_3）,溶解氧有时也可以作为氧化剂。在田间最常用的是芬顿（Fenton）试剂,它是一种加入铁催化剂的过氧化氢氧化剂。加入催化剂,可以提高氧化剂的氧化能力,加快氧化反应速度。进入土壤的氧化剂的分散是原位化学氧化技术的关键环节。传统的分散装置包括竖直井、水平井、过滤装置、处理栅栏等。土壤深层混合、液压破裂等方法也能够对氧化剂进行分散。

　　原位化学氧化技术可用于处理水、沉积物和土壤。从粉砂质到黏质的土壤都适合用原位化学氧化技术处理。原位化学氧化技术已经被用于处理挥发性和半挥发性有机污染物污染的土壤。对于遭受高浓度有机污染物污染的土壤,这是一种很有前景的修复技术。

　　20世纪末,美国的亚拉巴马州曾采用原位化学氧化技术对一块受到高密度非水相液体（DNAPL）污染的（黏质）土壤进行修复。污染土壤中,三氯乙烯、二氯乙烯、二氯甲烷、苯、甲苯、乙基苯和二甲苯含量高达31%。大量污染物出现在地下2.4 m或更深处。地下水位变化范围为7.5~9.0 m。在污染地块上建立了三个不同深度的注入井。采用获得专利的Geo-Cleanse注入技术注入过氧化氢、少量硫酸亚铁和酸溶液。化学氧化过程持续了120 d,处理后的土壤的有机污染物浓度显著降低。三氯乙烯的浓度从原来的高达1 760 mg/kg降低到检测限以下。污染物并未明显向周围土壤和地下水转移。

　　（3）化学脱卤技术

　　化学脱卤（chemical dehalogenation）技术又称为气相还原（gas-phase reduction）技术,是一种异位化学修复技术。处理过程使用特殊还原剂,有时还使用高温和还原条件,使卤化有机污染物的还原过程结合了热处理和热还原过程。热脱卤作用在高于850 ℃的温度条件下进行,包括卤化物在氢气中的气相还原作用。氯化烃,例如多氯联苯和二噁英在燃烧室中被还原为氯化氢和甲烷。土壤和沉积物通常先在热解吸单元中进行预处理以使污染物挥发,然后由循环气流将挥发气体带入还原室进行还原。

　　化学脱卤技术适用于挥发性和半挥发性有机污染物、卤化有机污染物、多氯联苯、二噁英、呋喃等,不适用于非卤化有机污染物和重金属、炸药、石棉、氰化物、腐蚀性物质等。已有研究表明,化学脱卤技术有效地处理了多种氯化烃污染的土壤。脱卤过程使用的化学试剂可能有毒,必须仔细清除。脱卤过程可能会形成易爆的气体。

　　典型的化学脱卤工厂所需的设备包括筛子、研磨器、混合器、土壤存储容器、脱卤反应器、脱水和干燥设备、试剂处理设备。气相还原系统还需要热解吸单元、废气燃烧器、气体洗涤器等。

（4）溶剂提取技术

溶剂提取（solvent extraction）技术是一种异位修复技术。在溶剂提取过程中，污染物转移进入有机溶剂或超临界流体（SCF），而后溶剂被分离以做进一步处理或弃置。溶剂提取技术使用的是非水溶剂，因此不同于一般的化学提取技术和土壤淋洗技术。处理之前首先应对土壤进行预处理，包括挖掘和过筛，过筛的土壤可能要在提取之前与溶剂混合，制成浆状。是否预先混合取决于具体处理过程。溶剂提取技术的效率不取决于溶剂和土壤之间的化学平衡，而取决于污染物从土壤表面转移进入溶剂的速率。被溶剂提取出的有机物连同溶剂一起从提取器中被分离出来，进入分离器进行分离。在分离器中由于温度或压力的改变，有机污染物从溶剂中分离出来。溶剂进入提取器中循环使用，浓缩的污染物被收集起来做进一步处理，或被弃置。干净的土壤被过滤、干化，可以做进一步使用或弃置。干燥阶段产生的蒸气应该收集、冷凝，做进一步处理。典型的有机溶剂包括一些专利溶剂，例如三乙基胺。

溶剂提取技术适用于挥发性和半挥发性有机污染物、卤化或非卤化有机污染物、多环芳烃、多氯联苯、二噁英、呋喃、农药、炸药等，不适用于氰化物、非金属和重金属、腐蚀性物质、石棉等。该技术不适合处理黏质土和泥炭土。

对含水量高的污染土壤使用非水溶剂，可能会导致部分土壤与溶剂的不充分接触。在这种情况下，要对土壤进行干燥。二氧化碳超临界流体需要在干燥的土壤中投用，此法对小分子有机污染物最为有效。研究表明，多氯联苯的去除率取决于土壤有机质含量和含水率。高有机质含量会降低滴滴涕的提取效率，因为滴滴涕被有机质强烈地吸附。处理后会有少量溶剂残留在土壤中，因此溶剂的选择是十分重要的。最适合处理的土壤条件是黏粒含量低于 15%，含水率低于 20%。

（5）固化/稳定化技术

固化/稳定化（solidification/stabilization）技术是指通过物理或化学的作用固定土壤污染物的一组技术。固化（solidification）指向土壤中添加固定化试剂（简称固定剂，又称黏合剂）而形成具有一定机械强度的块状固体的过程。固化过程中污染物与黏合剂不一定发生化学作用，土壤可能与黏合剂发生化学作用。将低渗透性物质包覆在污染土壤外面，以缩小污染物暴露于淋溶作用的表面积从而限制污染物迁移的技术称为包囊（encapsulation），其也属于固化技术范畴。细颗粒废物表面的包囊称为微包囊（microencapsulation），大块废物表面的包囊称为大包囊（macroencapsulation）。稳定化（stabilization）指通过化学添加剂与污染物的化学反应使污染物转化为溶解性和移动性较低的形态的过程。经过稳定化处理后，土壤依然呈疏松状态，但是土壤中污染物的溶解性和移动性降低。在实践中，固化技术体现了某种程度的稳定化作用，稳定化技术也体现了某种程度的固化作用，二者有时候是不容易截然区分的。

固化/稳定化技术采用的黏合剂主要包括水泥、石灰、粒化高炉矿渣粉、粉煤灰、热塑性材料等，也包括一些专利添加剂。水泥可以和其他黏合剂 [例如飞灰、溶解的硅酸盐、亲有机物的黏土（organophilic clay）、活性炭等] 共同使用。有的学者基于黏合剂的不同，将固化/稳定化技术分为水泥和混合水泥固化/稳定化技术、石灰固化/稳定化技术和玻璃固化/稳定化技术三类。污染土壤的钝化也属于稳定化技术的范畴，可采用的钝化剂种类较多，例如含钙材料、含磷材料、含硅材料、有机材料、黏土矿物等。

固化/稳定化技术可用于处理大量无机污染物,也可用于处理部分有机污染物。固化/稳定化技术的优点是可以同时处理被多种污染物污染的土壤,设备简单,操作容易,费用较低。固化/稳定化技术最主要的问题在于它并未去除土壤污染物,而是限制污染物对环境的有效性。随着时间的推移,被固定的污染物有可能重新释放出来,重新对环境造成危害。因此,必须对固化/稳定化处理后的土壤进行长期监测。

固化/稳定化技术可用于污染土壤的原位修复,也可用于污染土壤的异位修复。进行原位修复时,可以用钻孔装置和注射装置,将修复物质注入土壤,而后用大型搅拌装置进行混合。处理后的土壤留在原地,其上可以用清洁土壤覆盖。有机污染物不易固化和稳定化,所以原位固化/稳定化技术不适合处理被有机物污染的土壤。美国在 20 世纪 70 年代对一块占地面积为 7 hm² 、曾作为污水池的土壤进行了处理。该土壤铅含量为 300~2 200 mg/kg,挥发性有机化合物(VOC)含量为 0~150 mg/kg,半挥发性化合物含量为 12~534 mg/kg,多氯联苯(PCB)含量为 1~54 mg/kg。挖出的土壤先过 75 mm 筛以除去粗颗粒,然后将被装入移动的混合装置之中。所采用的黏合剂是波特兰水泥和一种专利黏合剂。土壤、水泥、专利黏合剂的质量比为 10∶10∶1。处理过的土壤被归还原地。水泥固化技术对阴离子和可形成可溶氢氧化物的金属(例如 Hg)是无效的。水泥水化时会使土壤的温度升高,有可能造成汞和挥发性有机物的挥发。

异位固化/稳定化技术指将污染土壤挖掘出来与黏合剂(胶结物质)混合,使污染物固定化的技术。处理后的土壤可以回填或运往别处进行填埋处理。许多物质都可以作为异位固化/稳定化技术的黏合剂,例如水泥、火山灰、沥青和各种多聚物等。其中水泥是最常用的黏合剂。异位固化/稳定化技术主要用于处理无机污染土壤。水泥异位固化/稳定化技术曾被用于处理加拿大安大略省一块沿湖的多氯联苯污染土地。该地表层土壤中多氯联苯含量为 50~700 mg/kg。处理时使用了两类黏合剂:10% 的波特兰水泥与 90% 的土壤混合,12% 的窑烧水泥灰加 3% 的波特兰水泥与 85% 的土壤混合。黏合剂和土壤在中心混合器中混合,然后被转移到弃置场所,处理成本为 92 英镑/m³。

3. 植物修复技术

植物修复技术指利用植物及其根际微生物对土壤污染物的吸收、挥发、转化、降解、固定作用而对污染土壤进行修复的技术。广义的植物修复技术不仅指植物对土壤的修复,还包括植物对污水的净化和植物对空气的净化。植物修复属于生物修复的一部分,生物修复包括植物修复和微生物修复。植物修复(phytoremediation)这一术语大约出现于 1991 年。

总体而言,植物修复技术具有如下优点。

① 利用植物提取、植物降解、根际降解、植物挥发、植物稳定等作用,可以将污染物从土壤中去除,永久解决土壤污染问题。

② 植物修复不仅对土壤的破坏小,对环境的扰动小,而且具有绿化环境的作用。

③ 植物修复一般不会改变土壤肥力,而一般的物理修复和化学修复或多或少会损害土壤肥力,有的甚至使土壤永久丧失肥力。

④ 植物修复成本低,超富集植物所积累的重金属还可以回收,具有一定的经济效益。

⑤ 操作简单,便于推广应用。

植物修复技术由于具有上述优点,因此被认为是一种绿色的修复技术,引起人们极大的兴趣和关注,是污染土壤修复技术中发展最快的领域。污染土壤的植物修复机制包括植物提取作用(phytoextraction)、根际降解作用(rhizodegradation)、植物降解作用(phytodegradation)、植物稳定作用(phytostabilization)和植物挥发作用(phytovolatilization)。

（1）植物提取作用

植物提取是指通过植物根系吸收污染物并将污染物富集于植物体内,而后将植物体收获、集中处置的过程。植物提取修复技术适用的污染物主要包括金属 [银(Ag)、镉(Cd)、钴(Co)、铬 (Cr)、铜(Cu)、汞(Hg)、钼(Mo)、镍(Ni)、铅(Pb)、锌(Zn)]、放射性核素(^{90}Sr、^{137}Cs、^{239}Pu、^{238}U、^{234}U)和非金属 [硼(B)、砷(As)、硒(Se)]。植物提取修复技术也可能适用于有机污染物的处理,但尚未得到很好的检验。虽然各种植物都或多或少地吸收土壤中的重金属,但植物提取修复技术使用的植物必须对土壤中的一种或几种重金属具有特别强的吸收能力,即所谓的超富集植物或称为超积累植物(hyperaccumulator)。金属超富集植物最早发现于 20 世纪 40 年代后期。但直到 1977 年,才由布鲁克斯(Brooks)等提出超富集植物这一概念。对于大多数金属(例如铜、铅、镍、钴)而言,超富集植物叶片或地上部(干物质)金属含量的临界值是 1 000 mg/kg,但镉超富集植物叶片或地上部(干物质)的临界含量仅为 100 mg/kg。到 1998 年为止,世界上共发现金属超富集植物 430 余种,其中镍超富集植物最多,达 317 种,铜超富集植物有 37 种,钴超富集植物有 28 种,铅超富集植物有 14 种,镉超富集植物仅有 1 种。其中部分超富集植物可以同时富集多种金属。我国在超富集植物的研究方面也取得了可喜的进展,相继报道了在我国发现的砷超富集植物蜈蚣草(陈同斌等, 2003)、锌超富集植物东南景天(杨肖娥, 2002)和锰超富集植物商陆(薛生国等,2003)。

植物提取土壤重金属的效率取决于植物本身的富集能力、植物可收获部分的生物量以及土壤条件(例如土壤质地、土壤酸碱度、土壤肥力、土壤中的金属种类及形态等)。超富集植物通常生长缓慢,生物量低,根系浅。因此,尽管植物体内金属含量可以很高,但从土壤中吸收的金属总量却未必高,这影响了植物提取修复的效率。1991—1993 年,英国洛桑试验站的麦格拉思(McGrath)等在被重金属污染的土壤上进行了植物提取修复的田间试验。结果表明,在含锌 444 mg/kg 的土壤上种植天蓝遏蓝菜(*Thlaspi caerulescens*),可以从土壤中吸收锌 30.1 kg/hm²。假定每季植物都能吸收等量的金属,则要将该土壤的锌降低到背景值(40 mg/kg),要种植天蓝遏蓝菜 18 次。但在同一块地上,每季植物吸收的金属量不可能是相同的,而应该是递减的,因为随着土壤金属总量的降低,其有效性也降低。为了达到预期的净化目标,实际需要种植的次数必定更多。所以,寻找超富集植物资源,通过常规育种和转基因育种筛选优良的超富集植物,就成为植物提取修复的关键环节。优良的超富集植物,不仅体内重金属含量要高,生物量也要高,抗逆、抗病虫害能力更要强。通过转基因技术培育新的超富集植物也许是今后植物提取修复技术的重要突破点。

下列因素限制植物提取修复技术的修复效率和应用。

①目前发现的超富集植物所能积累的元素大多较单一,而土壤污染通常是多元素的复合污染。

②超富集植物生长缓慢,生物量低,而且生长周期长,因此从土壤中提取的污染物的总量有限。

③目前发现的超富集植物几乎都是野生植物,人们对其农艺性状、病虫害防治、育种潜力以及生理学等方面的了解有限,难以优化栽培和培育。

④超富集植物的根系比较浅,只能吸收浅层土壤中的污染物,对较深层土壤中的污染物则无能为力。

可以通过土壤增强措施来提高超富集植物的富集效率。这些增强措施包括降低土壤pH值、调节土壤氧化还原电位、施用络合剂等。

基于上述原因,有人认为植物提取修复技术主要适用于有表层污染的、污染程度不太严重的土壤。就目前情况看,将植物提取修复技术作为一种"修饰性修复技术"可能更合理,即将植物提取修复与物理-化学修复技术配合使用,这样既能加快修复的速度,又能减小修复过程对土壤的负面影响。

（2）根际降解作用

1）根际降解作用的概念

根际降解指土壤中的有机污染物通过根际微生物的活动而被降解的过程。根际降解作用是一个植物辅助并促进的降解过程,是一种原位生物降解作用。植物根际是由植物根系和土壤微生物相互作用而形成的独特的、距离根几毫米到几厘米的圈带。根际中聚集了大量的细菌、真菌等微生物和土壤动物,在数量上远远高于非根际土壤。根际土壤中微生物的生命活动也明显比非根际土壤活跃。根际中既有好氧环境,也有厌氧环境。植物在生长过程中会产生根系分泌物。根系分泌物可以增加根际微生物群落数量并增强微生物的活性,从而促进有机污染物的降解。根系分泌物的降解会导致根际有机污染物的共同代谢。植物根系会通过增加土壤通气性和调节土壤水分条件影响土壤条件,从而创造更有利于微生物生物降解作用的环境。

2）根际降解作用的优点

污染物在原地被分解;与其他植物修复技术相比,植物根际降解过程中污染物进入大气的可能性较小,二次污染的可能性较小;有可能将污染物完全分解、彻底矿化;建立和维护费用比其他措施低。

3）根际降解作用的缺点

分布广泛的根系的发育需要较长的时间;土壤物理的或水分的障碍可能限制根系的深度;在污染物降解的初期,根际降解的速度高于非根际降解,但根际和非根际土壤最终的降解速度或程度可能是相似的;植物可能吸收许多尚未被研究的污染物;为了避免微生物与植物争夺养分,植物需要额外施肥;根系分泌物可能会刺激那些不降解污染物的微生物的活性,从而影响降解污染物的微生物的活性;植物来源的有机质也可以作为微生物的碳源,这样可能会降低污染物的生物降解量。

4）根际降解作用的过程

从机制来说,根际降解包括如下几个过程。

①好氧代谢。大多数植物生长在水分不饱和的好氧条件下。在好氧条件下,有机污染物会作为电子受体被持续矿化分解。

②厌氧代谢。部分植物（例如水稻）生长在厌氧条件下,即使生长在好氧条件下的植物,其根际也可能在部分时间内因积水（例如灌溉和降雨的时候）而处于厌氧环境;即使在非积水时期,根际的局部区域也可能由于微域条件而处于厌氧环境。厌氧微生物对环境中难降解的有机物（例如多氯联苯、滴滴涕等）有较强的降解能力。一些有机污染物（例如苯）可以在厌氧条件下完全被矿化。

③腐殖质化作用。有毒有机污染物可以通过腐殖化作用转变为惰性物质而被固定以实现脱毒的目的。研究结果证实,根际微生物加强了根际中多环芳烃与富里酸和胡敏酸之间的联系,降低了多环芳烃的生物有效性。腐殖质化被认为是总石油烃(TPH)最主要的降解机制。

(3)植物降解作用

植物降解作用又称为植物转化作用,是指被吸收到植物体内的污染物通过植物体内的代谢过程而被降解的过程,或污染物在植物产生的化合物(例如酶)的作用下在植物体外被降解的过程。其主要机制是植物吸收和代谢。

要使植物降解作用得以发生,污染物首先要被吸收到植物体内。研究表明, 70 多种有机化合物可以被 88 种植物吸收。已经有人建立了可以被吸收的化合物和相应的植物种类的数据库。植物对化合物的吸收取决于化合物的憎水性、溶解性和极性。中等疏水的化合物最容易被吸收并在植物体内转运,溶解度很高的化合物不容易被根系吸收并在体内转运,疏水性很强的化合物可以被根表面结合,但难以在体内转运。植物对有机化合物的吸收还取决于植物的种类、污染物存在的年限以及土壤的物理和化学特征。

各种化合物都可能在植物体内进行代谢,包括除草剂(如阿特拉津)、含氯溶剂(如四氯二苯乙烷)、火药[如三硝基甲苯(TNT)]。其他可被植物代谢的化合物包括杀虫剂、杀菌剂、增塑剂等。植物体内有机污染物降解的主要机制包括羟基化作用、酶氧化降解过程等。

植物降解作用的优点是植物降解可在微生物降解无法进行的土壤条件下进行。其缺点是:可能形成有毒的中间产物或降解产物;很难测定植物体内产生的代谢产物,因此污染物的植物降解也难以被确认。

植物降解的主要对象是有机污染物。一般 $\lg K_{ow}$ (辛醇/水分配系数)为 0.5~3.0 的有机污染物可以在植物体内被降解。植物降解作用适合处理含氯溶剂(四氯二苯乙烷)、除草剂(阿特拉津、苯达松)、杀虫剂(有机磷农药)、火药(三硝基甲苯)等有机污染物。

(4)植物稳定作用

1)植物稳定作用的概念和原理

植物稳定作用指通过根系的吸收和富集、根系表面的吸附或植物根圈的沉淀作用而产生的稳定作用,或利用植物或植物根系保护污染物使其不因风蚀、水蚀、淋溶以及土壤分散而迁移的稳定作用。

植物稳定作用通过根际微生物活动、根际化学反应、土壤性质或污染物的化学变化而起作用。植物稳定作用可以改变金属的溶解度和移动性,或影响金属与有机化合物的结合,受植物影响的土壤环境可以将金属从溶解状态变为不溶解状态。植物稳定作用可以通过吸附、沉淀、络合或金属价态的变化来实现。与植物木质素相结合的有机污染物可以通过植物木质化作用(phytolignification)而被植物固定。在严重污染的土壤上种植抗性强的植物可以减少土壤的侵蚀,防止污染物向下淋溶或往四周扩散。植物稳定作用常被用于废弃矿山的植被重建和复垦。

2)植物稳定作用的优点

应用植物稳定作用,不需要移动土壤,费用低,对土壤的破坏小,植被恢复还可以促进生态系统的重建,不要求对有害物质或生物体进行处置。

3）植物稳定作用的缺点

①污染物依然留在原处，可能要长期保护植被和土壤以防止污染物的再释放和淋洗。

②植被维护可能需要大量施肥或改良土壤。

③要避免植物对金属的吸收并将金属转移到地上部。

④必须对根系分泌物、污染物和土壤改良物质进行监测，以避免因提高土壤重金属溶解度和淋溶性而增加污染风险。

⑤植物稳定作用不太适合作为最终修复措施，而适合作为临时措施。

（5）植物挥发作用

植物挥发作用指污染物被植物吸收后，在植物体内代谢和转运，然后将污染物或改变了形态的污染物向大气释放的过程。在植物体内，植物挥发过程可能与植物提取和植物降解过程同时进行并互相关联。植物挥发作用对某些金属污染的土壤有潜在修复效果。目前研究最多的是汞和硒的植物挥发作用。砷也可能产生植物挥发作用。某些有机污染物（例如一些含氯溶剂）也可能产生植物挥发作用。

植物挥发作用的优点是：污染物可以被转化为毒性较低的形态，例如单质汞和二甲基硒；向大气释放的污染物或代谢物可能会遇到更有效的降解过程而进一步降解，例如光降解作用。植物挥发作用的缺点是：污染物或有害代谢物可能积累在植物体内，随后可能被转移到其他器官（例如果实）中；污染物或有害代谢物可能被释放到大气中。

植物挥发作用的适用范围很小，并且有一定的二次污染风险，因此它的应用有一定限制。

4. 微生物修复技术

微生物修复技术指利用天然存在的或特别培养的微生物将土壤中的有毒污染物转化为无毒物质的处理技术。微生物修复技术取决于微生物过程或因微生物而发生的过程，例如降解、转化、吸附、富集、溶解。微生物修复技术主要取决于微生物降解作用。污染物的分解程度取决于其化学组成、所涉及的微生物及土壤介质的主要物理和化学性质。

简单地说，微生物降解就是指化合物在微生物的作用下分解为更小的化学单元的过程。因此，微生物降解最适合处理有机污染物。好氧降解和厌氧降解都可能存在，有些化合物在好氧条件下的降解产物与在厌氧条件下的降解产物有所不同。好氧条件下有机物降解的最终产物是包括二氧化碳和水在内的简单化合物，这个过程也被称为终极微生物降解。可以被接受的微生物降解是指将污染物分解为无毒的产物。

（1）微生物修复技术的分类

根据修复过程中人工干预的程度，微生物修复技术可以分为自然微生物修复技术和人工微生物修复技术。

1）自然微生物修复技术

自然微生物修复技术指完全在自然条件下进行的微生物修复过程，在修复过程中不采取任何工程辅助措施，也不对生态系统进行调控，靠土著微生物发挥作用。自然微生物修复技术要求被修复的土壤具有适合微生物活动的条件（例如微生物必需的营养物质、电子受体、一定的缓冲能力等），否则将影响修复速率和修复效果。

2）人工微生物修复技术

在自然条件下，微生物降解速度很低或不能发生时，可以通过补充营养盐、电子受体或改善其他限制因子、微生物菌体等方式,促进微生物修复,此即人工微生物修复技术。人工微生物修复技术依据修复位置的情况,又可以分为原位微生物修复技术和异位微生物修复技术两类。

①原位微生物修复技术:原位微生物修复技术指不人为挖掘、移动污染土壤,直接在原污染位置向污染部位提供氧气、营养物质或接种微生物,以达到降解污染物目的的技术。原位微生物修复技术可以辅以工程措施。原位微生物修复技术包括生物通气法、生物注气法、土地耕作法等。

②异位微生物修复技术:异位微生物修复技术指人为挖掘污染土壤,并将污染土壤转移到其他地点或反应器内进行修复的技术。异位微生物修复技术更容易控制,技术难度较低,但成本较高。异位微生物修复技术包括生物反应器(bioreactor)技术和处理床(treatment bed)技术两类。处理床技术包括异位土地耕作法、生物堆制法(biopiling)和翻动条垛法(windrow turning)等。反应器技术主要指泥浆相生物降解(slurry phase biodegradation)技术等。

(2)微生物修复技术的特点

1)微生物修复技术的优点

与物理修复技术或化学修复技术相比,微生物修复技术具有如下优点:

①可使有机污染物分解为二氧化碳和水,永久清除污染物,二次污染风险小;

②处理形式多样,可以就地处理;

③对土壤性质的破坏小甚至不破坏,可以提高土壤肥力;

④降解过程迅速,费用较低,据估计,微生物修复技术所需的费用仅为物理修复技术或化学修复技术的 30%~50%。

2)微生物修复技术的缺点

微生物修复技术的缺点为:

①只能对可以发生生物降解的污染物进行修复,但有些污染物根本不会发生生物降解,因此微生物修复技术有其局限性;

②有的污染物的微生物降解产物的毒性和移动性比母体化合物更强,因此可能导致新的环境污染风险;

③其他污染物(例如重金属)可能对生物修复过程产生抑制作用;

④修复过程的技术含量较高,修复之前的可处理性研究和方案的可行性评价的费用较高;

⑤修复过程的监测要求较高,除了化学监测,还要进行微生物监测。

第6章 土壤重金属污染修复技术

6.1 土壤重金属的迁移转化机制

6.1.1 环境中重金属的来源

环境中的重金属污染是一个世界性的问题,其随着工业化进程的深入还在不断加剧,并且影响了很多物质的生物地球化学循环。重金属可以通过自然释放或人类活动等方式进入环境中。自然释放主要包括矿物的风化、腐蚀或者火山活动等。人类活动主要包括采矿、金属冶炼、电镀等。重金属元素可分为生物必需元素(如 Fe、Mn、Cu、Zn 和 Ni)与生物不需要的元素(如 Cd、Pb、Hg 和 Cr)。土壤中的重金属污染元素主要包括 Hg、Cd、Pb、Cr、Zn、Cu、Ni 以及类金属 As 等。其中,Pb、Cd 和 Hg 被美国毒物与疾病登记署和美国环境保护署列入二十大危害污染物名单中。与有机污染物不同,重金属污染无法通过生物降解来消除,在环境中会不断累积,从而对生物体造成一定的毒害作用。比如,土壤的重金属污染会对土壤微生物造成一定的毒害作用,减少土壤微生物群落数量和降低其活性。

在农业生态系统中,重金属主要来自污灌、化肥农药和生物污泥施用、工业废物和城市垃圾遗弃和大气沉降物等。据统计,在过去的 50 多年里,全球大约有 2.2 万 t 的 Cr、93.9 万 t 的 Cu、78.3 万 t 的 Pb 和 135.0 万 t 的 Zn 被排放到环境中,使部分地区的土壤遭到各类重金属污染。目前,中国耕地土壤重金属污染发生的概率为 16.7%,受污染的土壤约有 2×10^7 hm²,约有 2.88×10^6 hm² 的土壤因采矿导致废弃,占耕地总面积的 1/6 左右。生态环境部的土壤监测结果显示,我国 30 万 hm² 基本农田中重金属超标率达到 12.1%。土壤中重金属污染元素主要包括 Hg、Cd、Pb、Cr、Zn、Cu 和 Ni 以及类金属 As 等。

土壤重金属污染具有隐蔽性、长期性和不可逆性等特点,部分地区的土壤因重金属污染无法生长植被,导致严重的土壤侵蚀和扩散污染。加上土壤中的重金属具有生物不可降解性和相对稳定性,因此对重金属污染土壤进行修复是必不可少的。

6.1.2 土壤中重金属的迁移转化

各类重金属离子进入土壤后,会发生一系列环境行为(如吸附、沉淀或者溶解)并在土壤中蓄积起来。吸附是重金属在土壤中迁移转化的主要控制过程,重金属在土壤中的活动性很大程度上取决于其是否被土壤胶体吸附以及吸附的牢固程度。有些重金属离子可被土壤胶体吸附,与土壤的无机物、有机物形成配合物,或与土壤中的其他物质形成难溶盐,或被植物或其他生物吸收。沉淀和溶解是重金属在土壤中迁移的重要方式,其迁移能力可直观地以重金属化合物在土壤溶液中的溶解度来衡量,即溶解度大者,迁移能力强,溶解度小者,迁移能力弱。

土壤中重金属的生物活性与环境效应不仅与其总量有关,更取决于其化学形态。重金属在土壤中的不同形态及其比例是决定重金属对环境及周围生态系统造成影响的关键因素,不同形态产生不同的活性和生态毒性,直接影响重金属迁移和在自然界的循环。目前重金属形态分级方法中应用最广泛的有泰西(Tessier)连续提取法、欧共体标准物质局(BCR)三步提取法和斯波西托(Sposito)顺序提取法。Tessier 连续提取法将重金属分为五种形态,即可交换态、碳酸盐结合态、铁锰氧化物结合态、有机结合态和残渣态;BCR 三步提取法是在 Tessier 连续提取法的基础上提出的,将重金属形态分为弱酸提取态、可还原态、可氧化态和残渣态四种形态;Sposito 顺序提取法把土壤中的重金属分为六种形态,分别为交换态、吸附态、有机结合态、碳酸盐结合态、硫化物残渣态和残渣态。下面以 Tessier 连续提取法的划分方法对各形态重金属的去除方法进行说明。在各形态中,可交换态和碳酸盐结合态重金属容易被淋洗出来,而铁锰氧化物结合态和残渣态重金属不易被淋洗出来。以可交换态存在的重金属中,水溶态重金属通过水洗即可去除,其他以可交换态存在的重金属可以通过盐溶液的离子交换去除,也可以用螯合剂通过螯合、络合作用去除;以碳酸盐结合态存在的重金属可以用酸淋洗;铁锰氧化物结合态、有机结合态和残渣态一般需用高浓度的酸溶液才可以去除。不同形态的重金属在不同的土壤环境中有不同的活性。重金属在土壤中存在的形态与土壤性质密切相关。可交换态重金属多吸附在腐殖质和黏土上,易于转化;碳酸盐结合态重金属对 pH 值最为敏感;铁锰氧化物结合态重金属在氧化还原电位降低时会被释放;有机结合态重金属在强氧化条件下被释放;残渣态重金属最为稳定。对重金属形态进行研究能揭示重金属在土壤中的存在状态、迁移转化规律、生物有效性、毒性和环境效应等,从而预测重金属的变化趋势和环境风险。

6.1.3　土壤中重金属环境行为的影响因素

1. 黏土矿物

土壤中的黏土矿物具有较大的比表面积、羟基化表面及特殊的层状结构,可与重金属发生吸附、配位和共沉淀作用,从而降低重金属的移动性和生物有效性。同时,黏土矿物通过阴离子基团,也可有效地与根际土壤中的各种重金属发生共沉淀反应,形成稳定的结合态。如蒙脱石类黏土矿物晶体结构中的 Al-O 八面体、Si-O 四面体在矿区土壤中都会发生同晶替代现象,其中 Fe 和 Mg 能够替代 Al-O 八面体中的 Al,Al 又能够替代 Si-O 四面体中的 S,从而导致层间电荷分布不均匀,存在多余的负电荷。这些负电荷容易与矿区根际土壤中的重金属发生共沉淀反应,从而将重金属稳定于土壤中。蒙脱石、伊利石和高岭石等黏土矿物对 Pb 的吸附力比对 Cd 的吸附力大,因而使得 Pb 在矿区土壤中的迁移性较弱。

2. 植物-微生物联合作用

在植物根际环境中,存在着大量植物根系分泌物,植物根系和矿区土壤之间存在能量和物质等的传递、这个过程中存在一个微界面,这个微界面的范围相对较小,但它却影响着植物对矿区土壤中重金属的吸收和转运。根际微生物的生长一方面会增加矿区土壤中酸性物质的含量,提高重金属从结合态转化为生物有效态的能力,进而促进植物对重金属的吸收;另一方面有的微生物对重金属具有专性吸收能力,可将重金属固定,减弱其活动能力。矿区根际土壤中的黏土矿物在根系分泌物及土壤溶液的作用下产生的阴离子可与矿区土壤中的自由态重金属离子在根际环境中发生化学反应,形成共沉淀,从而降低矿区根际土壤中活效重金属离子的浓度。

3. pH 值

土壤的 pH 值直接影响重金属的溶解度和沉淀规律。一般而言，pH 值降低，重金属溶解度增加。在碱性条件下，重金属可能以氢氧化物沉淀的形式析出，也可能以难溶的碳酸盐和磷酸盐的形态存在。

4. 氧化还原状况

土壤的氧化还原状况也会影响重金属的存在状态，使重金属的溶解度和毒性等发生变化。

6.2 重金属污染土壤修复技术

基于土壤中重金属元素的特点，土壤重金属修复主要基于下述两种方式：一是将重金属从土壤中去除；二是改变重金属在土壤中的存在形态，使其固定，从而降低其活性和在环境中的迁移性。目前，重金属污染土壤修复技术主要有物理修复技术（包括工程措施、热脱附技术等）、化学修复技术（包括土壤淋洗技术、化学固定修复技术等）、生物修复技术（包括动物修复技术、植物修复技术和微生物修复技术）以及联合修复技术。

6.2.1 物理修复技术

1. 工程措施

工程措施主要包括客土法、换土法、去表土法、深耕翻土法等。此类方法适用于小面积污染土壤的治理。客土法是在污染土壤表层加入非污染土壤，或将非污染土壤与污染土壤混匀，使重金属浓度降低到临界危害浓度以下，从而达到减轻危害的目的。换土法是将污染土壤部分或全部换为非污染土壤。客土或换土的厚度应大于土壤耕层厚度。去表土法是根据重金属污染表层土的特性，耕作活化下层的土壤，翻动土壤上下土层，使得重金属在更大范围内扩散，浓度降低到可承受的范围。这些方法最初在英国、荷兰、美国等国家被采用，达到了降低污染物危害的目的，是切实有效的治理方法。深耕翻土法适用于轻度污染土壤，而客土法和换土法是重污染区的常用方法。

工程措施具有彻底、稳定的优点；其缺点是工程量大，投资高，易破坏土体结构，引起土壤肥力下降，为避免二次污染，还要对污染土壤进行集中处理。该方法需耗费大量的人力、财力和物力，成本较高，且未能从根本上清除重金属，存在占用土地、渗漏和二次污染等问题。

2. 热脱附技术

热脱附技术是采用直接或间接的方式对重金属污染土壤进行连续加热，使温度到达一定的临界温度从而使土壤中的某些重金属（如 Hg）挥发，收集该挥发产物进行集中处理，从而达到清除土壤重金属污染物目的的技术。在温度低于土壤沸点的条件下，原位热脱附技术可以去除污染土壤中 99.8% 的 Hg。用太阳能修复 Hg 污染的土壤，热脱附系统在低温和中温下对 Hg 的去除率分别为 4.5%~76% 和 41.3%~87%。用加热方法处理土壤中的 Hg 污染，在 550 ℃时，Hg 浓度从 1 320 mg/kg 降低到 6 mg/kg，同时加热方法可使土壤中其他重金属的铁锰氧化物结合态转化成酸溶解态、硫化物及有机结合态和残渣态。热脱附技术工艺简单,但能耗大,操作费用高,且只适用于易挥发的污染物。加热土壤会消耗大量的能量,这提高了修复的成本。高温处理还容易改变土壤性质以及其他共存重金属的存在形式。采用天然太阳能对污染土壤中的 Hg 进行热脱附,可以解决能源消耗的问题。

3. 玻璃化技术

玻璃化技术指将重金属污染土壤置于高温高压的环境中,待其冷却后形成坚硬的玻璃体物质,这时土壤重金属被固定,从而达到阻抗重金属迁移的目的。玻璃化技术最早应用于核废料处理,但是由于该技术需要消耗大量的电能,成本较高,因此没有得到广泛应用。玻璃化技术形成的玻璃类物质结构稳定,很难被降解,从而实现了对土壤重金属的永久固定。在玻璃化过程中,重金属离子会化学结合在玻璃材料的非晶态网格中,生成惰性玻璃材料。根据热源的不同,玻璃化技术可分为电玻璃化(通过插入地面的石墨电极施加高压电产生热能)、热玻璃化(利用微波辐射或天然气等外部热源加热含有污染土壤的回转式蒸馏罐)、等离子体玻璃化(通过放电诱发等离子体达到 5 000 ℃的高温以熔化土壤)。

该技术适用于小面积、高污染、低含水率的土壤,具有适用范围广(可用于原位和异位修复)、修复彻底、速度快、产物稳定的优点。据估算,经过长时间(数千年)的风化,从这些玻璃材料中浸出的化学元素也只占其初始含量的 0.1%~25%。但是,高温会导致易挥发金属(如 Hg)逸散,造成环境污染。因此,它不适用于挥发性污染物含量高的土壤。除此之外,由于需要极高的温度融化土壤中的矿物,因此,在原位或大规模应用的情况下,该技术成本高昂。玻璃化后的土壤将会失去全部的生态功能,因此需要慎重使用该技术。

4. 电动修复技术

电动修复技术是由美国路易斯安那州立大学研究出的一种净化污染土壤的原位修复技术,是指向重金属污染土壤中插入电极施加直流电压,促使重金属离子在电场作用下进行电迁移、电渗透、电泳等过程,使其在电极附近富集,接着从溶液中导出重金属并对其进行适当的物理或化学处理,实现污染土壤清洁的技术。该技术在欧美一些国家发展较快,已进入商业化阶段。胡宏韬等采用电动方法来修复 Zn 和 Cu 单一污染的土壤,结果表明阳极附近土壤 Zn 和 Cu 的去除率分别达到 74.3% 和 71.1%。有人采用电动修复技术对被木材防腐剂铬化砷酸铜(CCA)污染的土壤进行修复,结果表明可去除 65% 的 Cu、72% 的 Cr 和 77% 的 AS。向土壤中添加辅助试剂可增强土壤重金属的溶解性,从而提高电动修复技术的效率。添加螯合剂(如 EDTA 和柠檬酸等)可以提高电动修复技术对 Cr 和 Pb 等重金属的去除效果。

6.2.2　化学修复技术

土壤中的重金属对生物的毒害和环境的影响程度,除与土壤中重金属的总量有关外,还与其在土壤中存在的形态有关,这是决定其对环境及周围生态系统造成影响的关键因素。不同形态重金属所占的比例会直接影响重金属在土壤中的迁移能力和生物有效性。一般来说,不同形态重金属的生物有效性差异较大,且相互之间关系密切,不同重金属形态的生物有效性一般表现为可交换态 > 碳酸盐结合态 > 铁锰氧化物结合态 > 有机结合态 > 残渣态。由此可见,就重金属的形态来说,可交换态、碳酸盐结合态的有效性最高,铁锰氧化物结合态次之,有机结合态的有效性较低,而残渣态对植物而言几乎无效。用化学修复技术治理土壤中的重金属污染,可以通过调节土壤中重金属的生物有效性实现修复重金属污染土壤的目的。如通过添加钝化剂降低重金属的生物有效性,进而降低重金属对植物和人体等生物受体的毒性,达到修复污染土壤的目的。

1. 土壤淋洗技术

土壤淋洗技术是将水或含有冲洗助剂的螯合剂(如柠檬酸)、酸/碱(如 H_2SO_4、HNO_3)、络合剂(如醋酸、醋酸铵、环糊精)、表面活性剂(如鼠李糖脂)等淋洗剂溶液注入污染土壤或沉积物中,清洗土壤和洗脱土壤中的污染物的过程。淋洗的作用机制是淋洗液或化学助剂与土壤中的污染物结合,通过淋洗液的解吸、螯合、溶解或固定等化学作用,修复污染土壤。土壤淋洗技术适用于被各种重金属污染的土壤,各种淋洗剂对土壤中的重金属均具有较好的去除效果。同一种淋洗剂对不同土壤中的重金属的去除效果不同,这可能是由于不同土壤的性质、污染状态和重金属在土壤中存在的形态不同。大量工程实践表明,土壤淋洗技术是一种快速、高效的方法。但该技术对于质地黏重、渗透性比较差的土壤的修复效果较差。

土壤淋洗技术可分为原位淋洗技术和异位淋洗技术。无论原位淋洗技术还是异位淋洗技术,实际研究中都会考虑淋洗剂的种类、浓度、pH 值和用量对重金属污染土壤淋洗效果的影响。异位淋洗技术,特别是振荡淋洗技术,还应考虑淋洗时间和固液比等影响因素。淋洗剂一般为具有离子交换、螯合和络合等作用的液体。土壤淋洗技术的关键在于寻找一种经济实用的淋洗剂,既能有效地去除各种形态的污染物,又不会破坏土壤的基本理化性质,还不会造成二次污染。一般来说,淋洗剂可分为无机溶液、螯合剂和表面活性剂三种,但是也有用气体作为淋洗剂的。

淋洗剂中以乙二胺四乙酸(EDTA)被研究得相对较多,它对碳酸盐结合态重金属的去除效果最好,并能去除部分铁锰氧化物结合态和有机结合态重金属,其强螯合作用大大降低了重金属在土壤中的环境风险。在最优淋洗条件研究中,关于螯合剂特别是天然有机酸的研究成果较多,原因可能是天然有机酸具有经济、生物降解性高和修复效果良好等优点。在天然有机酸的研究中,又以柠檬酸、草酸和酒石酸居多。

目前在诸多重金属中,对镉、铜、锌和铅这四种重金属的研究最多,尤其是镉和铅。许多学者在考察淋洗时间对多种重金属复合污染土壤修复效果的影响时,均发现铅存在滞后现象,这可能是由于铅的移动能力较弱和土壤会对铅产生专性吸附。

不同的淋洗剂具有不同的化学性质,它们都存在一些缺点和局限性:无机溶液会引起土壤 pH 值的改变及土壤肥力的下降,并且不易再生利用;螯合剂和表面活性剂价格昂贵,生物降解性差,容易造成二次污染;天然有机酸和生物表面活性剂最具有发展前景,但易被生物降解,产量低。EDTA 对重金属元素的络合作用具有非专一性,在淋洗重金属的同时,也会将植物所必需的钙和镁等营养元素淋出,使土壤养分淋失量增加,从而造成营养元素的缺失和土壤肥力的下降。EDTA 对植物具有一定的毒害作用,并且生物降解性差,残留在土壤中容易造成二次污染。高效淋洗剂价格昂贵,洗脱废液可能造成土壤和地下水的二次污染。

2. 化学固定修复技术

化学固定化法是修复重金属污染土壤的有效手段之一,指向污染土壤中施加各类固定剂,通过其对重金属的吸附、沉淀(共沉淀)、离子交换及络合作用等将重金属固定在土壤中,降低其在环境中的迁移性和生物可利用性,最终达到减小重金属污染环境风险的目标。

由于土壤固有基质的复杂性,以及土壤中的重金属污染大多为多种重金属共存形成的复合污染,在重金属之间、重金属与土壤界面之间存在复杂的相互作用,因此使用化学固定修复技术修复土壤的关键在于选择合适的固定剂。用化学固定修复技术修复重金属污染土壤,一方面要求固定剂本身不含重金属或者重金属含量很低,施用到土壤中之后不会带来二次污染;另一方面要求固定剂具有高性价比,即固定剂的施用成本较低并且具有较强的重金属结合能力,固定效果显著且产物稳定。

土壤 pH 值是影响重金属吸附固定的主要内因。总体来说,土壤对重金属的吸附随 pH 值的降低而减弱,重金属移动性变大;随着 pH 值升高,土壤吸附重金属的能力增强,重金属沉淀形成。对于 Pb、Cu,当 pH>6 时,溶解度反而随 pH 值的升高而增大,移动性增强;Cd 在碱性条件下溶解度较大,不利于固定。由于酸碱可导致土壤理化性质变化,因此可添加螯合剂、络合剂、表面活性剂和氧化 / 还原剂(H_2O_2、$NaMnO_4$、$KMnO_4$、FeO 等),使之与重金属形成稳定的且在较宽 pH 值范围内可溶的化合物,通过增强土壤中重金属的迁移性达到高效去除的目的。

土壤有机质含量是另一个重要影响因素。当有机质与重金属形成难溶络合物时,促进了土壤对金属的吸附固定;当土壤中低分子质量的有机酸与金属形成可溶性络合物时,抑制了金属在土壤胶体上的吸附固定。尤其在碱性土壤中,土壤溶液中可溶性有机碳的含量升高,可使重金属的淋溶性显著增强。

不同种类的固定剂在土壤中与重金属的作用机制、反应过程不同,主要通过沉淀(如石灰等碱性材料)、离子交换与吸附(如黏土矿物)、有机络合(如有机类固定剂)和氧化还原(如有机质或铁还原性物质)等作用方式固定一种或者几种重金属。化学固定修复技术具有操作简单、治理费用与难度较低、周期较短等特点,特别是对中、轻度重金属污染土壤的修复效果好,环境风险也低,有着广阔的应用前景。目前常用的固定剂可分为无机类固定剂、有机类固定剂和复合类固定剂。

（1）无机类固定剂

1）黏土矿物类材料

我国黏土矿物资源丰富,分布广泛,储量巨大,价格也较为低廉,包括膨润土、凹凸棒石、海泡石、沸石等。黏土矿物颗粒细小,具有较大的比表面积和较高的孔隙率,对重金属离子的吸附能力较强。此外,黏土矿物多为层状结构,一般由硅氧四面体和铝(镁、铁)氧八面体按照不同规律彼此连接组成网络结构层。其层间包含可交换的无机阳离子,有一部分氧原子的电子暴露在晶体表面。这种特殊的分子结构及不规则性晶体缺陷,使黏土矿物对污染物具有良好的吸附性能,可通过离子交换、专性吸附及共沉淀等作用将土壤中具有活性的有毒重金属固定下来,阻碍其转移到植物中,从而间接达到土壤修复的目的。同时,黏土矿物被施用到土壤中,其特殊的结构有助于形成土壤团粒状结构,增加土壤的保肥持水能力,提高土壤质量。

有研究发现,添加钠基膨润土、钙基膨润土和沸石,可显著减少土壤中 Cu、Zn、Cd、Ni 及 Pb 复合型污染的可交换态重金属含量,增加土壤呼吸量和微生物量碳。海泡石是一种天然水合硅酸镁黏土,其结构单元由硅氧四面体和镁氧八面体交替组成。施用海泡石显著抑制了菠菜根部对 Cd 的吸收。

沸石包括天然沸石和人工合成沸石,它是一类碱性多孔含铝硅酸盐材料,含有大量的三维晶体结构及独特的分子结构,且带负电荷,在这些结构位点上可引入可交换阳离子进行电中和。此外,将沸石施用到土壤中还可以温和地提高土壤 pH 值,促进可溶态重金属形成氧化物、碳酸盐沉淀等。天然沸石可以使紫花苜蓿茎和根中 Hg 的浓度分别减少 86.0% 和 55.4%,黑麦草中 Hg 的浓度减少 84.2%;可显著降低污泥中可移动的 Zn 的浓度,同时显著阻止土壤中的重金属向黑麦草的迁移。大量研究表明,天然沸石及人工合成沸石施用到土壤中能够有效降低 Cu、Zn、Cd、Ni、Pb、Sb 等重金属的浸出量。

2)碱性材料

重金属在碱性环境中易形成溶解性差的结合态化合物,导致其移动性减弱,毒性也大为降低。碱性材料包括石灰、红泥、炉渣、粉煤灰等,其主要作用原理为:一方面通过对重金属的吸附、氧化还原、沉淀作用降低土壤中重金属的生物有效性;另一方面通过消耗土壤溶液中的质子使土壤 pH 值升高,促进土壤胶体和黏粒对重金属离子的吸附,有利于生成重金属的氢氧化物或者碳酸盐沉淀,降低其生物有效性和可迁移性并进一步抑制其毒害性。当 pH 值升高时,一方面,重金属有效态含量降低;另一方面,在强碱性条件下重金属亦可形成羟基络合物,其移动性反而增强。石灰或碳酸钙有利于提高土壤 pH 值(可达到 7.0 及以上),进而促进土壤胶体表面对重金属离子的吸附作用,促进重金属形成氢氧化物或碳酸盐沉淀。当土壤 pH>6.5 时,Hg 就能形成氢氧化物或碳酸盐沉淀从而降低生物毒性。石灰基废弃物(如牡蛎壳、蛋壳等)可以用来治理农业土壤中的重金属(如 Cd、Pb、As)污染,施用后土壤 pH 值升高,有机质(OM)与总氮(TN)含量显著升高,Cd、Pb 和 As 的酸可提取态含量显著下降,而土壤酶活性增强,微生物种群数增多。在重度和中度污水灌溉区进行的大面积石灰改良试验表明,施用石灰后,籽实含镉量明显下降,其原因有二:一是石灰使土壤 pH 值升高;二是 Ca^{2+} 对 Cd 具有拮抗作用。二者共同抑制了植物对 Cd 的吸收。

粉煤灰是化石燃料燃烧产生的废弃物,表面活性高且含有铁氧化物和铝氧化物。粉煤灰以其碱性特征和较强的吸附能力被用于固定土壤中的重金属;同时,它还能提供多种矿物元素,如 K 和 Ca,促进植物生长。结果表明,粉煤灰施用量为 30 g/kg 时,可使植物体内 Cu、Cd、Ni 的浓度降低,其中 pH=12 的粉煤灰比 pH=8 的粉煤灰的抑制作用更明显,添加粉煤灰使土壤 pH 值升高是促使重金属有效性降低的主要因素。

从铝土矿中提取铝的过程会产生大量红泥(赤泥),它是一种碱性物质,含有大量的铁氧化物(通常为 25%~40%)和铝氧化物(15%~20%)。将红泥施用到土壤中可以有效地改善土壤的酸碱度。将红泥以 20 g/kg 的投加量施用到被重金属污染的土壤中,可以显著地降低可溶性重金属的浓度和植物对重金属的吸收。红泥的施用使得土壤 pH 值升高,降低了重金属的移动性;同时红泥中的铁氧化物和铝氧化物促使可交换态重金属离子转化成铁氧化物,降低了重金属的土壤毒性。

3)磷酸盐类材料

天然磷酸盐与合成磷酸盐也是修复重金属污染土壤的一类有效材料。这些磷酸盐类材料包括:(a)易溶的磷酸盐类,如磷酸二氢铵、磷酸氢二铵等;(b)中度可溶性磷酸盐,如单钙磷酸盐、二钙磷酸盐等;(c)不溶性磷酸盐,如磷酸三钙、磷灰石等。很多研究表明含磷材料对重金属(特别是 Pb)的固定非常成功。含磷化合物易与重金属(特别是 Pb)形成磷酸盐沉淀,并且当土壤中存在 Cl^-、F^- 等卤素离子时,可以形成非常稳定的磷铅矿类物质 $[Pb_{10}(PO_4)_6X_2]$,此处 $X = F、Cl、Br、OH$。在可溶的酸性磷酸化合物中磷酸被认为是最有效的可溶酸性磷酸盐类固定剂,它易于传递和溶解 Pb,Pb 进而与游离的磷酸根形成稳定的磷铅矿类物质,但磷酸施用到土壤中会引起土壤 pH 值的降低。磷酸氢二铵在土壤中的浓度为 10 g/kg 时,可使土壤中 Pb、Zn、Cd 的有效浓度分别下降 98.9%、95.8%、94.6%。磷酸氢二铵施用到土壤中可以提高可溶性 Pb 的含量,有利于形成磷酸铅盐沉淀物,但是同样会造成土壤的酸化。因此,在非石灰性土壤中配合施用石灰物质,可补偿由于施加酸性磷酸化合物造成的潜在土壤酸化作用。

4)金属氧化物类材料

金属氧化物类材料主要包括铁系、铝系以及锰系金属氧化物及其矿物。金属氧化物易对重金属产生化学专性吸附,从而将重金属固定在氧化物的晶格层间。铁氧化物类矿物质如赤铁矿、针铁矿对重金属的吸附能力很强。如红泥(赤泥)中含有丰富的铁氧化物和铝氧化物,其对 Cd、Cu、Zn 等重金属有很大的吸附容量(22 250 mg/kg 以上)。施用到土壤中后,这些铁氧化物和铝氧化物可与重金属离子发生专性吸附作用,从而降低重金属的毒害性。另外,可向土壤中投放钢渣,其在土壤中易被氧化形成铁氧化物,对许多重金属离子有吸附和共沉淀作用,从而可使重金属固定下来。富含铁、铝的固定剂在钝化 Cr 等阴离子型金属时也能取得较好的效果。此外,铁氧化物及氢氧化物对 As 污染土壤的固定化效果较好,砷氧阴离子通过替代铁氧化物表面的羟基而被吸附在铁氧化物表面以及形成砷铁共沉淀而被固定下来。高价铁还能与 As(Ⅲ)等发生氧化还原作用。

另外,铁氧化物和铝氧化物以及锰氧化物也可以吸附 As 污染物,X 射线吸收精细结构谱(XAFS)证实它们可以形成稳定的具有双齿双核结构特征的复合物。但是,铁氧化物和锰氧化物固定剂的成本相对较高,同时 Fe^{2+} 和 Mn^{2+} 对作物存在潜在毒害风险,限制了其在实际生产中的应用。

(2)有机类固定剂

除无机类固定剂外,有机类固定剂在污染土壤修复中也起到积极作用。有机类固定剂可以提供大量特异性和非特异性吸附位点,它们一般含有多种活性基团(如—COO⁻、—NH₂、=NH、—S—、—O—等),可作为配位体与重金属发生络合或螯合作用形成稳定的络合物和有机配位体,从而固定土壤中的重金属。例如污染土壤中的 Cd 可与有机质中的羧基(—COOH)及巯基(—SH)形成稳定的络合物。

1)天然有机类材料

有机类固定剂从来源上可分为天然有机类材料、合成有机类材料以及衍生化有机类材料等。其中天然有机类材料最为常用,包括农作物废弃物(秸秆、枯枝落叶等)、农副业有机废料(畜禽粪便等)、人类生活废弃物(城乡生活垃圾)、腐殖质等。天然有机类材料来源广泛、价格便宜且可再生,在污染土壤修复中有着广阔的应用前景。猪厩肥对土壤中的外源性重金属 Cd 和 Zn 的形态转化、迁移规律以及植物生长均有较大的影响,能显著提高 Cd、Zn 污染土壤中小麦籽粒的产量。一些研究显示,松树皮堆肥、蘑菇渣、生物污泥可以固定重金属 Cd,其中生物污泥的腐殖化程度较高,有机质含量高,有利于吸附络合重金属,固定化效果最好。城市垃圾衍生的堆肥以一定的体积比例施用可以改善重金属(Cu、Pb、Zn 等)复合污染的强酸性土壤,降低土壤中重金属的浸出程度,提高土壤的营养水平。然而,在土壤中有机质分解条件较好的情况下,施用天然有机类固定剂(如堆肥、污泥等)固定重金属离子的能力及稳定性将大幅度下降。土壤中施用有机质可以显著提高溶解性有机质的含量,但土壤中的 Cd 和 Zn 的溶解度也增大。这是由于有机质与 Cd 和 Zn 形成可溶性有机金属复合物,因而增加了这些重金属的移动性。污泥、堆肥等有机质本身含有的重金属等有毒有害物质也是限制其应用的重要因素之一。有机类固定剂在单一重金属污染的土壤中应用较多。

此外,腐殖质作为分解有机质中含量最丰富的有机类材料在农业中应用十分广泛。施用腐殖质类肥料到土壤中,可以增加土壤中有机质的含量;同时,腐殖质含有丰富的含氧官能团(如羧基、酚基、羟基、烯醇和羰基),可作为螯合剂,与土壤中的重金属离子稳定结合。研究发现,向污染土壤中投加腐殖质,可以提高土壤中有机碳的含量,同时普遍降低可交换态 Cu、Pb、Zn、Ni 等重金属的可提取量,这是由于腐殖质易与重金属形成复合物。然而,腐殖质与重金属间的螯合作用既可固化也可活化土壤中的重金属。在土壤中施用一定量的腐殖酸后,Cd 得到活化,植物对 Cd 的吸收作用显著增强。有机质(如枯枝落叶)中含有丰富的有机碳,施用到土壤中后可以提高土壤有机碳的含量从而提高土壤的肥力,降低重金属的流动性,同时可以促进土壤微生物的活性,提高土壤质量。

2)生物炭

生物炭(BC)又称生物质炭,是指生物质在缺氧或无氧条件下热裂解得到的一类含碳的、稳定的、高度芳香化的固态物质。生物炭的原材料多限于生物残留物,如木材、秸秆、果壳、生活垃圾、污泥等。农业废物(如秸秆、木材)及城市生活有机废物(如垃圾、污泥)都是制备生物炭的重要原料。生物质经炭化后,具有较大的孔隙度和比表面积,施用到土壤中可以增大土壤的比表面积,降低土壤的密度,并对重金属有较强的吸附作用;生物炭的表面还含有丰富的—COOH、—COH 和—OH 等含氧官能团,有较强的配位能力,易与重金属发生络合作用。生物炭大都呈碱性,有助于提高土壤 pH 值,降低土壤中重金属的移动性。生物炭具有较大的孔隙度、比表面积,表面带有大量负电荷,有较高的电荷密度,能够吸附大量可交换态阳离子,是一种良好的吸附材料,同时含有丰富的土壤养分元素 N、P、K、Ca、Mg 及微量元素,施用到农田后,不仅可以修复治理镉污染土壤,而且可以增加土壤有机质,提高土壤肥力,促进作物增产。

此外,不同原材料在不同生产条件(热解温度、停留时间等)下得到的生物炭,在表面结构、pH 值、灰分含量以及比表面积等理化性质上存在一定的差异。在较高热解温度下获得的生物炭的比表面积、微孔量较大,疏水性较强,适于去除有机污染物;在较低温度下获得的生物炭表面含有更多的含氧官能团,可以通过静电吸引、沉淀等作用去除重金属等无机污染物。

用橡木、欧洲白蜡树、梧桐树、桦木和樱桃树在 400 ℃下制备生物炭,将其施入土壤后,土壤浸出液中 Cd 和 Zn 的浓度分别降低为原来的 1/300 和 1/45。将竹子和水稻秸秆制备的生物炭用于修复 Cd、Cu、Pb、Zn 复合污染的砂质稻田壤土,可显著提高土壤的 pH 值,尤其是施用粒度小、剂量高的生物炭时,且 Cd、Cu、Pb 和 Zn 的浸出量也明显降低。用果园的残枝制备的生物炭固定尾矿中的重金属时,土壤 pH 值、营养物质含量以及土壤阳离子交换量有所升高,重金属 Cd、Pb、Ti、Zn 的浸出量降低。用牛粪制备的生物炭可以使土壤中重金属 Pb 的浸出量显著下降,同时使蚯蚓体内的重金属含量明显降低。用秸秆制备的生物炭也可以显著提高土壤 pH 值,增强土壤电负性,使酸可提取态 Cu、Pb 的含量显著降低。

在实际应用中,针对多种重金属元素复合污染的土壤,必须预先检验生物炭的固定效果,避免一种重金属含量达标而另一种超标。另外,在生物炭固定重金属的过程中,一些植物营养物质同时也被固定;当生物炭与土壤混合后,土壤中的自然降解过程和土壤的理化性质会影响生物炭与污染物质的络合平衡,已固定的重金属可能会随着生物炭的降解而再一次活化。尽管生物炭去除各类有机、无机污染物的效果理想,但是在土壤修复中的应用还不及堆肥或粪肥,而且生物炭与土壤、微生物、植物之间相互影响的作用机理尚不清楚,仍需进一步研究,此外还需要进行实际田间试验,预测其修复的长期有效性。

3) 新型材料

近年来一些新型材料开始被用于土壤重金属污染钝化修复中,其中包括介孔材料、功能膜材料、植物多酚及纳米材料等。这类材料具备独特的表面结构、组成成分,使得它们在较低的施加水平下可以获得较好的修复效果。研究表明,土壤施加介孔材料后,Cd、Pb 和 Cu 的酸可提取态含量均降低,有机结合态含量升高,供试小白菜体内重金属的积累量显著下降。磷酸铁纳米材料在铜污染土壤修复中可以显著降低土壤中可交换态和碳酸盐结合态 Cu 的含量,促使 Cu 向残渣态转化;铁纳米材料同样可显著降低土壤淋洗液中 Cr 的含量。研究表明,新型有机-无机多孔杂化材料用于土壤重金属污染修复可显著降低土壤毒性特征沥滤程序(TCLP)提取态 Pb、Cd 的含量,减少供试油菜体内重金属 Pb、Cd 的累积量。

(3) 复合类固定剂

不同类型的固定剂对不同重金属的固定效果不同,固定剂对重金属有一定的专一性和选择性。在实际应用中,由于土壤重金属污染常为多种金属的复合污染,单一的固定剂施用到土壤中难以达到理想的修复效果。复合类固定剂(包括无机-无机类、无机-有机类等)的应用能够有效克服单一固定剂存在的问题,从而取得较好的修复效果。水溶性磷酸盐可以与碱性固定剂联合使用,以降低对土壤的酸化效应;不同种类的磷酸盐(水溶性磷酸盐与难溶性磷酸盐)可以配合使用,其中水溶性磷酸盐可以快速将重金属的有效浓度降低至可接受的水平,而难溶性磷酸盐则可以提供稳定的磷源,从而长久稳定地固定重金属,这样既能防止固定剂对土壤 pH 值的影响过大,又可降低土壤中可溶性磷的含量,避免磷富营养化,修复效果更为理想。$Ca(H_2PO_4)_2$ 与 $CaCO_3$ 施用到土壤中后,对重金属 Cd、Cu、Pb、Zn 的固定效果非常显著,同时避免了单独使用一种固定剂所带来的显著改变土壤 pH 值的不利影响。石灰石与海泡石、羟基组氨酸与沸石等复合使用时,土壤的 pH 值、阳离子交换量都显著提高,可交换态重金属离子含量降低,抑制了水稻对重金属的吸收。

另外,无机类材料与有机类材料的联用也十分广泛,大量的研究证实,复合类固定剂对重金属的吸附、络合、凝聚、沉淀等能力大于单一的无机或有机类固定剂。从作用机制看,一方面有机质可缓冲无机类固定剂给土壤可能带来的 pH 值变化的影响;另一方面,无机类固定剂如黏土矿物较为稳定,有利于形成更稳定的重金属复合物,避免有机质迅速降解带来的风险,达到协同和互补的效果。堆肥与黏土矿物混合使用可以保证钝化效果的持久性。如用沸石和腐殖质共同修复被 Pb 污染的菜园土,能显著降低植物体中 Pb 的浓度。粉煤灰与天然有机物质泥炭土混合施用,可使土壤中 Cu 与 Pb 的浸出量降低两个数量级。沸石、堆肥和 $Ca(OH)_2$ 共同施用,可显著降低重金属 Pb、Cd、Zn 的生物有效性并促进植物生长。粉煤灰、污泥混合,能够显著抑制植物对 Pb、Cd、Zn 的吸收,同时使土壤 pH 值升高,还能促进土壤中细菌和真菌的生长。由此可见,利用有机质有效配合无机类材料原位固定重金属污染物有着更为显著的优势。

原位化学固定修复技术并非一种永久的修复措施,它只改变了重金属在土壤中存在的形态,金属元素仍保留在土壤中,仍然可能再度活化。另外,它难以大规模处理污染土壤,并且有可能导致土壤理化性质改变、生物活性下降和土壤肥力退化等问题。此外,重金属污染土壤的修复是一个系统工程,简单依赖单一的修复技术很难达到预期效果,如何将包括原位化学固定修复技术在内的多种修复技术联用从而有效提高土壤修复的综合效率是未来发展的一个重要方向。

6.2.3　生物修复技术

生物修复技术是指利用特定的生物吸收、转化、清除或降解环境污染物,实现环境净化、生态效应恢复的生物措施,包括动物修复技术、植物修复技术和微生物修复技术。这种技术主要通过两种途径实现对土壤重金属的净化:一是通过生物作用改变重金属在土壤中的化学形态,使重金属固定或解毒,降低其在土壤环境中的移动性和生物有效性;二是通过生物吸收、代谢达到对重金属的削减、净化与固定作用。生物修复技术因具有成本低、操作简单、无二次污染、处理效果好且能大面积推广应用等优点,在土壤重金属污染修复领域获得广泛认可。

1. 动物修复技术

动物修复技术是利用土壤中某些动物(如蚯蚓和鼠类等)吸收土壤中的重金属这一特性,通过习居土壤动物或投放的高富集动物对土壤重金属进行吸收和转移,后采用电击、灌水等方法从土壤中驱赶出这些动物集中处理,从而降低污染土壤中重金属含量的方法。如蚯蚓可吸收土壤中的大部分重金属,同时可改良土壤,保持土壤肥力。土壤中一些动物,如腐生波豆虫(*Bodo putrinus*)和梅氏扁豆虫(*Phacodinium metchnicoffi*),对 Pb 具有很高的富集量。

蚯蚓是属于环节动物门寡毛纲(Oligochaeta)的一类低等动物,世界上的蚯蚓有 2 500 多种,我国已记录的有近 300 种。蚯蚓是土壤中最常见的杂食性陆生环节动物,对环境变化具有较强的适应能力,可利用皮肤呼吸,在氧分压低于 21 533 kPa 时也能维持正常呼吸,在暂时缺氧条件下还能利用体内糖原的嫌气分解,为生命活动提供能源。蚯蚓消化能力强、食性广,在生态系统中担当着分解者的角色,人们也利用蚯蚓来处理城市生活垃圾,工业污泥、废渣,以及农作物秸秆、沼气废渣等有机废物。蚯蚓是土壤中的主要动物类群,其生物量占据土壤动物生物总量的 60% 以上,对维持土壤生态系统功能起着不可替代的作用。蚯蚓活动可使土壤疏松,促进植物残枝落叶的降解,促进有机物质的分解和矿化,增加土壤中 Ca、P 等速效成分的含量,促进土壤中硝化细菌的活动,从本质上改善土壤的化学成分和物理结构。因此,近年来蚯蚓在土壤重金属污染及修复中的应用日益受到人们重视。

蚯蚓在重金属污染土壤修复中的作用,一方面体现为蚯蚓自身对重金属的耐性及富集、吸收,另一方面为蚯蚓活动对土壤重金属的活化作用。蚯蚓对重金属有一定的忍耐和富集能力。蚯蚓对重金属的富集主要通过被动扩散作用(passive diffusion)和摄食作用(resorption)两种途径。前者是污染物从土壤溶液穿过体表进入蚯蚓体内;后者则是污染物由土壤通过吞食作用进入蚯蚓体内,并在内脏器官内完成吸收作用。有些蚯蚓种类能存活于重金属污染土壤(包括一些金属矿区)中,并能在体内富集有一定量的重金属的情况下不受伤害或伤害较轻。蚯蚓体内富集的重金属可以在食物链中传递和生物放大,其过程取决于重金属化合物的持久性和可富集性。在蚯蚓的忍受范围内,蚯蚓吸收的重金属积累到一定程度就会通过粪便和分泌物排出;如果蚯蚓吸收的重金属超过了蚯蚓的忍受范围,则会直接毒害蚯蚓。蚯蚓对 Cd 具有极强的富集能力,对 Cu 有很强的富集作用,体内 Cu 的最高富集量可达 136 719 mg/kg,相当于体重的 0.12%。赤子爱胜蚓(Eisenia foetida)对猪粪中的重金属 Cu、Zn 具有一定的吸收能力,富集系数分别为 0.43、0.73。重金属在蚯蚓体内的富集量随污染程度增加而上升,重污染区的富集量分别为中污染区的 2.27 倍和轻污染区的 7.30 倍。同时,蚯蚓对重金属的富集能力是有选择性的,不同重金属出现最大富集量的时间也不相同,对各种重金属的富集量随着培养时间的增加而变化。通过对富集系数 K 的比较研究,人们发现蚯蚓对重金属的吸收顺序为 Cd>Hg>Zn>Cu>Pb,其中 Cd 的富集系数大于 1,表现为强烈富集作用。微小双胸蚓对 Cu、Pb 的富集量在第 2 周时达到最大,而对 Zn 的富集量在第 4周时达到最大。重金属在蚯蚓体内的富集形态也与土壤中有所不同。尽管蚯蚓富集重金属后不能像超富集植物那样容易移除,但其对重金属的富集与释放对土壤重金属污染修复具有积极意义,蚯蚓活动及其生理过程能有效地促进重金属在土壤中的迁移,并能提高其生物可利用性。

很多研究表明,蚯蚓对重金属具有耐性,蚯蚓对土壤重金属的富集和活化建立在其对重金属的耐性的基础上。蚯蚓体内含有丰富的酶类,包括过氧化氢酶、谷胱甘肽还原酶、谷胱甘肽过氧化物酶及超氧化物歧化酶等,这些酶类构成脂质过氧化保护酶系统。当蚯蚓暴露于重金属后,产生了氧化胁迫,激发了这些酶的活性。分隔、固定作用是蚯蚓耐受重金属的机制,蚯蚓消化道组织集中了蚯蚓所累积的大部分的 Cd、Pb、Zn,主要富集部位为细胞内的囊泡,并且重金属离子与磷键相结合,形成难溶的磷酸钙盐,从而阻止了重金属向其他组织扩散。

蚯蚓的取食、做穴和代谢等生命活动能大大提高土壤中重金属元素的生物有效性,进而促进植物吸收。同时,蚯蚓能改善土壤条件,促进土壤养分循环,提高植物产量,进而影响植物对重金属的修复效率。蚯蚓通过肠道消化和养分富集两个过程提高土壤中植物养分(Mg、Ca、Fe、Mn)和其他金属元素(Cr、Co)的有效性。接种蚯蚓能显著增加玉米生物量,提高根际土壤中结合态重金属的含量。用某 Pb、Zn 尾矿土壤培养蚯蚓,蚯蚓活动使土壤有效态 Pb、Zn 的含量分别提高 48.2%、24.8%。蚯蚓活动可显著提高红壤中 DTPA 提取态 Zn 和黄泥土中有机结合态 Zn 的含量,红壤中 DTPA 提取态 Cu 的含量,高沙土和高丹草中碳酸盐结合态 Cu、Cd 和铁锰氧化物结合态 Cu、Cd 的含量。

蚯蚓活动可以改变土壤的酸碱度,土壤 pH 值也是影响重金属生物有效性的重要因素。不同类型的土壤引入不同种类的蚯蚓后,土壤 pH 值的改变有一定差异。红壤接种蚯蚓后,土壤 pH 值降低 0.03~0.18,而高砂土的 pH 值则略有升高。同时,蚯蚓活动可以分泌大量含有 —COOH、—NH$_2$、$\diagdown$C=O 等活性基团的胶黏物质,能络合、螯合重金属,提高土壤中重属的活性,同时胶黏物质又是微生物的生活基质,会不断被微生物分解。胶黏物质处于不断分泌→不断络合、螯合重金属→不断分解的动态过程中,这比静态过程更能有力地推动土壤重金属的活化。

作为重金属污染土壤的修复剂,蚯蚓粪具有很好的通气性、排水性和高持水量,能够增加土壤的孔隙度和团聚体的数量,同时蚯蚓粪具有很大的比表面积,吸附能力较强,可以较大限度地吸附重金属,同时也为许多有益微生物创造了良好的生境,具有很强的吸收和保持营养物质的能力。李扬等在综合相关领域研究成果的基础上,报道了蚯蚓粪能够通过钝化作用或活化作用机制,改变土壤中重金属的生物有效性,具有修复土壤重金属污染的潜能。蚯蚓能把有机质分解转化为氨基酸等简单化合物,进而在肠细胞分泌的酚氧化酶及微生物分泌酶的作用下,缩合形成腐殖质。腐殖质中的主要活性成分为腐植酸,腐植酸本身是很强的吸附剂,能够吸附可溶态重金属,影响重金属的生物有效性。蚯蚓粪中腐植酸的含量为11.7%~25.8%。腐植酸具有酚羟基、羧基、羰基、氨基等多种官能团,这些基团能够与土壤中的重金属发生络合反应,从而改变重金属的活性。蚯蚓粪中还含有大量的细菌、放线菌和真菌,这些微生物不仅能使复杂物质矿化为植物易于吸收的有效物质,而且能合成一系列有生物活性的物质。此外,有学者研究发现,蚯蚓粪中还含有某些固氮微生物和硫化细菌,在促进作物生长、抑制病原菌活性和改善土壤肥力等方面具有重要作用。

2. 植物修复技术

植物修复技术的根本原理是利用植物生长、植物与根系微生物的联合作用来降低污染物在土壤中的浓度及其毒性。植物修复是 20 世纪 80 年代初发展起来的,是利用自然生长的植物或遗传培育植物修复重金属污染土壤的技术的总称。根据作用机理,植物修复主要分为植物稳定、植物挥发和植物提取。

（1）植物稳定

植物稳定是指利用具有重金属耐性的植物降低土壤中有毒重金属的移动性,从而减小重金属进入食物链的可能性。植物稳定主要通过根部累积、沉淀、转化重金属形态,或通过根表面吸附作用固定重金属,降低重金属渗漏污染地下水和向四周迁移污染环境的风险。植物根系分泌物能改变土壤根际环境,可使 Cr、Hg、As 的价态和形态发生改变,降低其移动性和毒性。如黑麦草（ *Lolium perenne* L.）对 Cu、Zn、Mo 和 Cd 等具有修复作用;东方香蒲可作为 Cd、Pb、As 污染土壤植物稳定修复的潜在目标植物之一,东方香蒲对土壤中 As、Cd、Pb 的累积主要在根部,其累积量分别可达 31.69、35.12、87.12 mg/kg,茎叶中仅分别为 2.06、2.83、20.18 mg/kg。此外,有学者利用麻风树、芦苇、芦竹、荻、五节芒、芥菜和红麻等植物对重金属污染农田进行修复,以实现生态效益与环境效益的统一。植物稳定修复只限制重金属的移动性,重金属仍保留在土壤中,存在潜在风险,植物稳定修复与原位化学钝化技术相结合可能会显示更大的应用潜力。

（2）植物挥发

植物挥发是指利用植物根系吸收金属,将其转化为气态物质挥发到大气中,以降低土壤污染,但易造成二次污染。目前针对 Hg 和 Se 的植物挥发研究较多。研究发现:将细菌汞离子还原酶（MerA）基因转导入拟南芥（ *Arabidopsis thaliana*）中获得的转基因植物的耐 Hg 能力大大提高,且能将从土壤中吸收的 Hg 还原为基态 Hg,同时表达 MerA 和 MerB（有机汞裂解酶）的转基因烟叶能通过叶绿体加快对 Hg 的吸收。

（3）植物提取

植物提取是指利用植物从土壤中吸取一种或几种重金属污染物,并将其转移、贮存到地上部,随后收割地上部并进行集中处理,达到降低或去除土壤重金属污染的目的。如高羊茅、多花黑麦草、剪股颖等禾本科植物对重金属 Cr、Cu、Pb 有很好的蓄积作用。植物提取应用的关键在于筛选具有高产和高去污能力的植物。到目前为止,国内外共发现超富集植物450 余种,其中包括 Ni 超富集植物约 320 种、Cu 超富集植物 34 种、Co 超富集植物 34 种、Zn 超富集植物 18 种、Se 超富集植物 20 种、Pb 超富集植物 14 种、Mn 超富集植物 9 种、As超富集植物 5 种。自 20 世纪 90 年代后期以来,我国已经发现了不少超富集植物,如 As 超富集植物蜈蚣草、大叶井口边草,Cd 及 Zn 超富集植物东南景天、圆锥南芥、天蓝遏蓝菜,Mn超富集植物商陆,Cd 超富集植物龙葵,等等。木本植物、蔬菜和农作物对重金属也有一定的富集能力。白榆(*Ulmus pumila* L.)、泡桐(*Paulownia fortune*)和构树(*Broussonetia papyrifera*)对 Pb、Zn、Cd 的富集能力最强。水稻(*Oryza sativa* L.)、大豆[*Glycine max* (L.)Merr.]和玉米(*Zea mays* L.)对轻度和中度污染土壤中的 Cu、Pb、Zn 具有富集能力,玉米和水稻对Cu 有较好的提取效果,大豆对 Zn 的提取效果更佳。草本与木本植物的联合修复可有效提高重金属提取和修复效率,缩短修复周期。超富集植物东南景天(*Sedum alfredii*)和玉米、遏蓝菜和黑麦草在污染土壤中进行套种,虽然超富集植物生物量减小,但重金属总提取量有所增加。利用木本和草本植物立体模式净化污染面积较大的土壤,对重金属污染农田土壤的修复作用效果明显,是治理重金属复合污染的一条新途径。目前重金属污染农田的植物修复技术还处于田间试验与示范阶段,尚未做到大规模推广,对修复成本、修复植物后续处置风险等也尚未进行系统评价,因此还需更多的大田试验数据来支撑这项技术的研究和推广。

3. 微生物修复技术

微生物修复技术利用活性微生物吸附重金属或将其转化为低毒产物,从而降低重金属污染程度。微生物修复重金属污染环境近几年来备受重视,微生物可以对土壤中的重金属进行固定、移动或转化,改变它们在土壤中的环境化学行为,从而达到生物修复的目的。重金属污染土壤的微生物修复的原理主要包括生物富集(如生物积累、生物吸附)和生物转化等。

微生物可以将有毒重金属吸收后贮存在细胞的不同部位或结合到胞外基质上,将重金属离子沉淀或螯合到生物多聚物上,或者通过重金属特异性结合大分子(多肽)的作用,富集重金属,从而达到消除土壤中重金属的目的。同时,微生物可以通过细胞表面所带的负电荷通过静电吸附或者络合作用固定重金属离子。生物转化包括氧化还原、甲基化与去甲基化、重金属的溶解和有机络合配位降解等作用方式。在微生物的作用下,汞、镉、铅等重金属离子能够发生甲基化反应。例如:假单胞菌(*Pseudomonas*)在重金属离子的甲基化反应中起到重要作用,能够使多种重金属离子发生甲基化反应,从而使重金属离子的活性或者毒性降低;一些自养细菌[如硫杆菌(*Thiobacillus*)]能够氧化 Cu^+、Mo^{4+}、Fe^{2+} 等重金属离子。生物转化中具有代表性意义的是汞的生物转化,Hg^{2+} 被酶催化产生甲基汞,甲基汞和其他有机汞化合物裂解并还原成 Hg,进一步挥发,使得污染消除。

微生物能氧化土壤中的多种重金属元素,一些自养细菌如硫-铁杆菌类(*Thio-ferrobacillus*)能氧化 Cu^+、Mo^{4+}、Fe^{2+} 等。假单胞菌能使 Mn^{4+}、Fe^{2+} 等被氧化,从而降低其活性。筛选具有重金属抗性的土著微生物更能适应土壤的生态条件。如从甘蔗中筛选的放线菌(*Streptomyces* sp. MC1),可将土壤中浓度为 50 mg/kg 的 Cr(Ⅵ)的生物利用率减少 90%。从海洋中分离出的具有 Hg 抗性的 Pseudomonas putida SP-1 在 Hg 污染修复中能使 89% 的 Hg挥发。

从目前来看,微生物修复是最具发展潜力和应用前景的技术,但微生物个体微小,富集有重金属的微生物细胞难以从土壤中分离,还存在与修复现场土著菌株竞争等不利情况。近年来微生物修复研究工作侧重于筛选和驯化高效降解重金属的微生物菌株,提高功能微生物在土壤中的活性、寿命和安全性,并通过修复过程参数的优化和关键因子(养分、温度、湿度等)的调控等,最终实现针对性强、高效快捷、成本低廉的微生物修复技术的工程化应用。

6.2.4　联合修复技术

联合修复技术是指协同两种或两种以上修复技术,克服单项修复技术的局限性,实现对多种污染物的同时处理和对复合污染土壤的修复,提高污染土壤的修复速率与效率。该技术已成为土壤修复技术中的重要研究内容。

1. 植物-微生物联合修复技术

植物与微生物的联合修复,特别是植物根系与根际微生物的联合作用,已经在实验室和小规模的修复中取得了良好效果。对蜈蚣草-微生物联合修复土壤 As 污染的研究表明,丛毛单胞菌属(*Comamonas* sp. Ts37)和代尔夫特菌属(*Delftia* sp. Ts41)能显著减少闭蓄态砷的质量分数,菌根菌能显著提高土壤中有效 As 的含量,接种丛枝菌根(AM)可提高植物地上部生物量,还能增加地上部对 As 的吸收量。

近几年,重金属污染土壤的植物-微生物联合修复技术作为一种强化植物修复技术逐渐成为国内外研究的热点,该技术可以充分发挥植物修复和微生物修复各自的优势,从而提高修复效率。微生物可以辅助超富集植物修复重金属污染土壤,其中有关微生物调控植物修复的机理及效应是人们关注的重点。微生物在其代谢过程中可改变根际土壤重金属的生物有效性,从而有利于超富集植物对重金属的吸收和积累;微生物的代谢产物可改善土壤生态环境;另外,微生物还能够分泌植物激素类物质、铁载体等活性物质,促进植物生长。植物根系分泌的氨基酸、糖类、有机酸及可溶性有机质等物质可以被微生物代谢利用,促进微生物生长,有利于提高植物-微生物联合修复的效率。在重金属联合修复过程中,微生物主要通过两种方式提高植物修复效率:直接活化重金属,提高植物对重金属的吸收和转运效率;通过间接作用提高植物对污染物的耐受性及抗逆性,从而促进植物生长,增加植物对重金属的吸收和积累。

2. 蚯蚓与植物、微生物的协同作用

(1)蚯蚓和植物的协同作用

大量研究证实,蚯蚓能改善重金属污染土壤的情况,增强养分循环,促进植物生长,在一定程度上弥补了超富集植物生物量小这一不足。蚯蚓作用后,土壤有机物碳氮比逐渐降低,土壤养分的有效性和养分周转率提高。蚯蚓活动显著提高了重金属污染土壤中黑麦草中 Zn、Cu、Pb 的含量,同时提高了黑麦草的产量;接种蚯蚓显著提高了 Cd、Cu 污染红壤中黑麦草的产量。蚯蚓工作过的红壤中,矿质总氮、无机磷、有效 SiO_2、Mo、Zn 的含量都明显高于对照土壤。同时,死亡的蚯蚓也能为土壤提供大量的氮、磷养分,在接种了蚯蚓的一些地区,死亡蚯蚓释放的易利用态有机氮为 21.1~38.6 t/($hm^2 \cdot a$)。

此外,蚯蚓在降解土壤有机废物的过程中还能提高土壤中腐殖质和有机酸的含量,并促进植物生长。在某 Pb、Zn 尾矿土壤修复研究中发现,在种植木本豆科植物新银合欢(*Leu-*

caena leucocephala)的同时引入蚯蚓,植物产量提高了 10%~30%,由此植物对重金属的吸收率提高了 16%~53%。蚯蚓活动可以增加水溶态重金属的含量,降低其有机态含量;蚯蚓活动能提高土壤微生物活性,增加植物生物量。蚯蚓黏液中含有大量的溶解有机碳(DOC)、NH_4^+-N、NO_3^--N、P 和 K 等植物可利用的营养成分,可以促进植物生长及对重金属的富集。在 Cd 污染胁迫下,蚯蚓黏液使番茄幼苗根系、茎和叶的鲜重分别增加 123.9%、16.2% 和 32.0%,三个部位 Cd 的浓度分别升高 22.5%、14.4% 和 28.9%,Cd 的富集量分别增加 173.2%、14.5% 和 75.4%。

（2）蚯蚓和微生物的协同作用

蚯蚓和微生物的协同作用对有机质的分解以及矿物营养的释放起着非常重要的作用。蚯蚓活动不仅对微生物种群结构和数量产生影响,而且对微生物的活性产生影响。接种蚯蚓可以显著增加 Cu 污染土壤中细菌、放线菌的数量,但对真菌的数量影响不大,可在一定程度上减缓 Cu 污染对土壤微生物数量和活性的影响。微生物的存在可以促进矿物营养的释放,增加肥效。蚯蚓可促进土壤中被微生物固持的养分的释放,增强土壤微生物活性,增强微生物的代谢熵和纤维素分解活性。蚯蚓-菌根的协同作用能传播微生物并影响微生物的活性和数量,存在着促进菌根侵染植物根系的潜力。接种蚯蚓或菌根均能显著提高土壤中速效 N、P 的含量,但菌根与蚯蚓不存在增加土壤中速效 N、P 的协同作用;蚯蚓活动能增加黑麦草根部 Cd 的积累量,菌根能促进 Cd 从黑麦草根部向地上部转移,二者均能促进黑麦草对 Cd 的吸收,接种蚯蚓可以提高菌根的侵染率,所以表现出促进 Cd 向地上部转移的协同作用;黑麦草吸收 Cd 的含量与土壤和蚓粪中 DTPA 提取态 Cd 的含量显著正相关,蚓粪中 DTPA 提取态 Cd 的含量显著高于土壤中 Cd 的含量,蚓粪中的有效态 Cd 是植物吸收 Cd 的重要供源。此外,蚯蚓体内存在着各种各样的酶,已发现的有纤维素酶、几丁质酶、蛋白酶、脂肪酶、淀粉酶、过氧化物酶以及糖酶等,这些天然酶活性极高,能够与微生物协同分解腐烂有机物。

3. 其他联合技术

化学淋洗和深层固定联合修复技术是一种有效的重金属污染土壤修复方法。用化学试剂淋洗 Pb-Zn 污染水稻土壤,并通过向深层土壤中添加固定剂(CaO 和 $FeCl_3$)进行固定。研究表明,耕作层污染土壤淋洗出的重金属可被 $FeCl_3$ 在深层土壤中固定,不易被后期降水再淋洗出来,能很好地控制对地下水的环境风险,实现重金属污染土壤的修复和安全利用。

物理化学和植物联合修复技术对重金属污染也有比较好的效果。如交换电场和 EDDS 联合作用时,Cu、Zn 易集于土壤中部,利于植物对 Cu、Zn 的吸收。采用套种和化学淋洗对 Zn-Pb-Cd 复合污染土壤进行修复,经过约 9 个月联合处理后,土壤中 Cd、Zn 和 Pb 的降低率分别为 27.8%~44.6%、12.6%~16.5% 和 3.6%~5.7%。EDDS 混合试剂能促进东南景天吸收 Zn 和 Cd,但不能有效淋洗出 Pb。在该套种 + 淋洗技术中,主要靠植物提取去除 Zn 和 Cd,主要靠淋洗去除 Pb。套种 + 淋洗能加快土壤修复,且可能解决复合污染问题。

第7章 土壤有机污染修复技术

7.1 土壤有机污染物的迁移机制

有机污染物是土壤中一类重要的污染物质。传统的土壤有机污染物以农药为主,近年来一些新兴有机污染物,如全氟化合物、多溴联苯醚、短链氯化石蜡、五氯苯等也逐渐引起关注。这些有机污染物主要通过大气污染沉降、农药过度使用、工业废弃物的大量残留、污水灌溉农田以及除草剂的使用等方式进入土壤环境中,对生态系统中的生物和土壤造成危害。

大部分疏水性有机污染物都会在土壤环境中累积,对农业生态系统和人类健康造成潜在的危害。这些有机污染物在土壤中可能会经历矿化、挥发、降解、形成结合态残留、转化成其他物质、在土壤生物体内累积等环境过程。这些过程通常会同时进行,因此土壤中有机污染物的转化是一个复杂的过程。一般来说,利用一些标记技术并且结合质谱分析技术,可以很好地追踪一些难降解有机物的环境行为。

7.2 物理修复技术

物理修复是指利用物理方法处理土壤中石油污染物的技术,主要包括土壤置换技术、吸附技术、气相抽提技术、热脱附技术、电动修复技术等。

7.2.1 土壤置换技术

土壤置换技术是指将污染场地的土壤挖出,填入未受污染的土壤,有效降低场地污染物浓度。该技术操作简单,适用于超高浓度污染场地以及紧急情况,但需要对挖出的污染土壤进行妥善安置,否则会造成二次污染。

7.2.2 吸附技术

吸附技术是指向污染土壤中添加多孔材料,促使污染物从土壤向多孔材料中转移并固定,降低污染物的迁移性,从而减小其危害。常用的多孔材料有活性炭、生物炭等。在石油污染土壤中加入芦苇秸秆生物炭,总石油烃去除率可以达到41.58%,但是用这种方式处理后的土壤并未彻底除去相关的污染物,长期条件下仍存在释放的风险。

7.2.3 气相抽提技术

气相抽提技术是指通过抽取地下非饱和带中中气体产生负压,使气体夹带挥发性石油污染物将其迁移至地面,收集混合气体后进行分离和处理。该技术适用于土壤透气性好、污染物挥发性强的污染场地。气相抽提技术对于土壤透气性差、污染物挥发性弱的污染场地无法取得较好的修复效果,因此将气相抽提技术与其他技术联合使用以提高去除效率。使用热强化气相抽提技术处理烃类污染土壤时,烃类去除率最高可达 99.5%。使用热强化气相抽提技术修复苯污染土壤时,苯去除率最高可达 99.9%,而气相抽提技术的苯去除率最高为 72.74%。

7.2.4 热脱附技术

热脱附技术是指通过载气或在真空的情况下,加热受污染土壤,使有机污染物与土壤介质分离,通过挥发抽提至尾气处置系统。热脱附技术被广泛应用于挥发性和半挥发性有机污染物土壤的修复,具有去除效率高(通常在 90% 以上)、修复时间短以及不会造成二次污染等优点。控制热处理系统的温度和时间能够选择性地使不同污染物得以挥发去除,当热脱附温度达到 300 ℃ 以上时,DDT 污染土壤的污染物去除率可达到 97% 以上,且处理效果受污染土壤初始污染物浓度的影响较小。

热脱附技术的效率主要受到温度和停留时间的影响。例如石油烃中 C10~C28 在 100~350 ℃ 范围内具有较好的脱附效果;而要脱附石油烃中 C28~C40,需要将加热温度提高至 350~550 ℃,或者延长加热时间。

7.2.5 电动修复技术

电动修复技术是指通过电场作用将土壤环境中的污染物以电迁移或电渗透的方式去除。电动修复技术的原理是:在污染区域施加外界直流电源形成低水平的电位差,将惰性电极插入允许水进入和流出的固-液体系中,在电迁移、电渗透以及电泳的机制作用下,土壤中的污染物会迁移至电极附近或电解液中,从而达到从土壤中分离出来的目的。该修复技术主要用于去除水溶性较强的污染物。将表面活性剂和助溶剂等与该修复技术结合使用,可以去除一些水溶性较差的有机污染物,实现土壤环境的原位修复。

传统的电动修复技术对有机物的去除效果较差。因此,许多学者在应用电动修复技术时通常会耦合其他技术来增强电动修复技术的效果,如电动-原位化学氧化(EK-ISCO)技术。EK-ISCO 技术利用电动力学将氧化剂输送至污染区域,将有机物降解为 CO_2 和 H_2O 或转化为可生物降解的无害产物,提高污染土壤的修复效果。EK-ISCO 技术能够克服低渗透性土壤对传统水力输送技术的局限性,具有修复周期短、高效等优点。过硫酸盐($S_2O_8^{2-}$)是 EK-ISCO 技术中最常用的氧化剂,过硫酸盐氧化技术操作简单、适用性强,通常采用酸活化、碱活化、热活化以及铁活化等方式直接或间接活化 $S_2O_8^{2-}$,使其生成具有更强氧化能力的硫酸盐自由基($SO_4^-\cdot$)以及羟基自由基($HO\cdot$),从而实现对有机物的降解。

7.3 化学修复技术

化学修复技术利用化学试剂将有机污染物从土壤中除去,主要包括化学淋洗修复技术和化学氧化修复技术。物理修复技术无法完全去除污染物且存在成本高、设备要求高等问题;生物修复技术的周期较长且对高浓度石油污染土壤的适应性较弱;与之相比,化学氧化修复技术具有时间短、成本低、修复效果好等优点而在一些污染场地和地下水环境中被广泛应用。

7.3.1　化学淋洗修复技术

化学淋洗修复技术利用对土壤中的有机污染物的溶解或迁移有促进作用的溶剂,将有机污染物从土壤中洗脱到溶液中,主要的淋洗剂有表面活性剂、环糊精、环己烷等。表面活性剂具有疏水和亲水基团,可以降低界面张力,促进污染物从土壤向溶液中迁移。对于一些疏水性较强的污染物如石油烃等,因其易吸附于土壤上,一般情况下很难取得很好的修复效果,可以在土壤中施加表面活性剂,促进土壤中的污染物向水相迁移,提高去除效率。表面活性剂种类多样,修复效果同样受到土壤质地、石油烃浓度、表面活性剂浓度等因素的影响。根据表面活性剂亲水基团在水溶液中是否电离,表面活性剂可以分为离子型表面活性剂和非离子型表面活性剂;根据电离后所带电荷的正负,离子型表面活性剂又可以分为阳离子型表面活性剂和阴离子型表面活性剂。表面活性剂具有增溶、乳化、洗涤、发泡、分散等作用,可以增加土壤中污染物的生物可利用率。其中鼠李糖脂和十二烷基硫酸钠对石油的去除率可达80%。蒙脱石和伊利石中的石油烃较高岭石和绿泥石更容易被表面活性剂洗脱。

环糊精(CD)是由环糊精糖基转移酶降解淀粉而形成的白色结晶粉状物,具有化学性质稳定、无毒且易降解的特点。CD在结构上的疏水空腔使其可以根据范德瓦耳斯力、静电力和氢键等作用,完全或部分包埋各种各样的难溶于水的疏水性有机物,增加有机物在水相中的溶解度,同时促进有机物从土壤颗粒相向水相的释放,进而增加有机物的生物可利用率。因此,利用CD来修复疏水性的有机污染物(如农药、PAHs)具有良好的效果。

7.3.2　化学氧化修复技术

化学氧化修复技术利用化学氧化剂及其产生的强氧化性自由基降解土壤中的污染物,使其氧化为无毒或低毒形态物质、H_2O 和 CO_2 等,实现污染土壤的无害化处理。常用的氧化剂包括过硫酸盐、高锰酸钾、过氧化氢、臭氧和芬顿/类芬顿试剂等。在原位应用中,氧化剂被注入污染场地,并在重力、地下水流和浓度梯度的作用下不断扩散,与污染物接触并将其氧化,在短期内实现快速修复。

（1）高锰酸钾氧化

高锰酸钾是一种固态形式的氧化剂,在众多高锰酸盐中,其因成本低而被广泛使用。高锰酸钾具有强氧化性,能氧化降解多数有机污染物,pH值对其影响微弱,此外,其具有颜色,更利于监测。高锰酸钾具有储存和运输方便等优势,且对很多污染土壤具有良好的修复效果,修复效果主要受土壤含水率、土壤质地等的影响。采用高锰酸钾处理石油烃浓度为3 920 mg/kg 的污染土壤,石油烃去除率可以达到94%。

（2）臭氧氧化

臭氧是一种强氧化剂,通常认为臭氧能够攻击烷烃的碳氢键从而降解污染物。此外,臭氧在碱性条件、紫外光照射下以及金属催化剂的作用下可以直接生成 HO·,从而对有机污染物进行氧化降解。利用臭氧修复柴油污染土壤,在干燥土壤中柴油去除率达到94.9%,而在含水率为5% 和10% 的土壤中,柴油去除率分别为55.5% 和33.8%。

（3）过硫酸盐氧化

过硫酸盐作为过氧化氢的衍生物之一,具有较强的氧化性能。过硫酸盐在水溶液中解离生成过硫酸根离子,该离子氧化性强,能够用来修复土壤,使污染物完全降解或分解成分子质量较小的物质。此外,过硫酸盐具有稳定的理化性质,便于储存,但由于它的稳定性太强,单独的过硫酸盐不易表现出氧化性能,需要额外添加催化剂将其活化。Fe^{2+} 活化过氧化氢修复石油烃浓度为 2 146.1 mg/kg 的污染土壤,石油烃去除率可以达到 57.4%。Fe^{2+} 活化过硫酸钠处理石油烃浓度为 14 432.5 mg/kg 的污染土壤,石油烃去除率为 40.8%。

（4）芬顿/类芬顿氧化

芬顿试剂是一种强氧化体系,由过氧化氢和二价铁离子溶液组成,常用于降解土壤环境中的污染物。芬顿氧化中过氧化氢可以快速分解为 HO·,氧化速率很高,同时不会产生二次污染。另外,类芬顿氧化技术对污染物降解也有促进作用,主要通过产生 O· 来氧化降解污染物。芬顿氧化法具有操作简单、反应迅速、成本低和设备投资少等优点。但是其要求 pH=2.8~3.0,而这样的强酸性环境易破坏土壤理化性质。

7.4 生物修复技术

生物修复技术主要包括植物、动物、微生物修复技术,通过生物的代谢活动降解土壤中的石油污染物。生物修复具有成本低、无二次污染、对土壤环境友好等优点,但是存在修复周期长、修复效果受周围环境影响较大等问题。

对外源有机污染物而言,土壤微生物是有机污染物降解的主要驱动力,然而有机污染物也深刻影响着土壤微生物的生长、丰度及降解能力。很多研究发现,有机污染物能显著抑制微生物的生长和生理活动,如敌草隆的降解产物对亚硝酸菌和硝酸菌有抑制作用,苯氧羧酸类除草剂可通过影响寄主植物而抑制共生固氮菌的生长和活动, 2,4- 二氯苯氧乙酸（2,4-D）和甲基氯苯氧乙酸对土壤中蓝细菌的光合作用有毒性作用。不过,也有研究发现,在有机污染物胁迫下,功能微生物类群的丰度会相应提高。

7.4.1 微生物修复技术

土壤中存在着丰富的微生物,这些微生物具有多种多样的代谢功能,驱动着土壤环境中的元素循环。微生物具有降解污染物的能力,可以将其作为营养物质,通过自身代谢活动去除。微生物修复技术就是利用土壤中土著微生物的代谢功能,或者补充具有降解转化污染物能力的人工培养的功能微生物群,通过创造适宜的环境条件,促进或强化微生物代谢功能,从而降解并最终消除污染物的生物修复技术。

微生物修复的实质是生物降解或者生物转化,即微生物对有机污染物的分解。土壤微生物以有机物（包括有机污染物）为碳源,满足自身生长需要,同时将有机污染物转化为低毒或者无毒的小分子化合物,如 CO_2、H_2O、简单的醇或酸等,达到净化土壤的目的。具有降解能力的土著微生物的特性始终是环境生物修复领域的研究重点。常见的降解有机污染物的微生物有细菌（假单胞菌、芽孢杆菌、黄杆菌、产碱菌、不动杆菌、红球菌和棒状杆菌等）、真菌（曲霉菌、青霉菌、根霉菌、木霉菌、白腐真菌和毛霉菌等）和放线菌（诺卡氏菌、链霉菌等）,其中假单胞菌属最为活跃,对多种有机污染物（如农药及芳烃化合物等）具有分解作用。

　　有机污染物的生物降解是由微生物酶催化进行的氧化还原、水解、基团转移、异构化、酯化、缩合、氨化、乙酰化、双键断裂及卤原子移动等过程。该过程主要有两种作用方式：（a）由微生物分泌的胞外酶降解；（b）污染物被微生物吸收至其细胞内后，由胞内酶降解。微生物从胞外环境中摄取物质的方式主要有主动运输、被动扩散、促进扩散、基团转位及胞饮作用等。

　　微生物对有机污染物的降解主要依靠好养降解和厌氧降解两种方式。如对于氯代芳香族污染物来说，脱氯是其降解的关键步骤。好氧微生物可以通过双加氧酶和单加氧酶使苯环羟基化，然后开环脱氯；也可以先脱氯后开环。厌氧降解途径主要依靠微生物的还原脱氯作用，逐步形成低氯的中间产物。一般情况下，微生物对多环芳烃的降解都需要氧气的参与，在加氧酶的作用下使芳环分解。真菌主要以单加氧酶催化起始反应，把一个氧原子加到多环芳烃上，形成环氧化合物，然后环氧化合物水解为反式二醇化合物和酚类化合物。细菌主要以双加氧酶催化起始反应，把两个氧原子加到苯环上，形成二氢二醇化合物，进一步代谢。除此之外，微生物还可以通过共代谢（co-metabolism）降解大分子质量的多环芳烃。此过程中微生物分泌胞外酶降解共代谢底物维持自身生长，同时也降解某些非微生物生长必需的物质。一些有机污染物不能作为碳源和能源被微生物直接利用，但是在添加其他的碳源和能源后也能被降解转化，这一过程被称为共代谢。研究表明，微生物的共代谢作用对于难降解污染物的彻底分解起着重要作用。例如甲烷氧化菌产生的单加氧酶是一种非特异性酶，可以氧化多种有机污染物，包括对人体健康有严重威胁的三氯乙烯和多氯联苯等。

　　生物强化是指筛选出具有强降解能力的微生物，将其加入污染土壤，达到降解污染物的目的。从盐碱地中筛选出的黑曲霉菌，对土壤中石油烃的降解率可以达到95%。

　　生物刺激是指通过调节周围环境（如添加 N、P 等营养元素，调节 pH 值、土壤含水率和温度等）增强土著微生物对污染物的降解能力。有些情况下，受污染环境中溶解氧或其他电子受体不足的限制，土著微生物自然净化速度缓慢，需要采用各种方法（包括提供 O_2 或其他电子受体如 NO_3^-，添加 N、P 营养盐，接种经驯化培养的高效微生物等），提高生物修复的效率和速率。向石油污染土壤中添加 N、P、K 等营养物质，经过 150 d 的修复，石油烃降解率与对照组相比提高了15%。此外，外加碳源也可以显著增强生物修复效果且双碳源的生物刺激效果优于单碳源。

7.4.2　动物修复技术

　　在有机污染土壤中，蚯蚓是一种常见的修复土壤的动物。蚯蚓可以直接积累土壤中的各种污染物（如杀虫剂、多环芳烃、多氯联苯、TNT 或一些内分泌干扰物）；可以通过改善土壤的透气性、营养状态加速一些污染物的降解。蚯蚓活动可以减少土壤中很多污染物的结合态，使它们再次转化成生物可利用态从而加速降解。除了上述过程，在大多数陆生土壤生态系统中，蚯蚓也可以通过影响微生物群落的活性来影响土壤碳循环、氮循环以及营养元素种类和含量，从而间接影响一些污染物的环境过程。在一些地区，表层土壤在有蚯蚓的情况下可以完全转化成蚓粪，因此某种土壤中蚯蚓的活性可以在很大程度上影响很多有机污染物的生物转化过程。在土壤修复中，常用的蚯蚓种类有威廉腔蚓和赤子爱胜蚓等，本节以威廉腔蚓为例阐明蚯蚓对土壤中有机污染物修复的一些环境过程。

（1）吸附

蚯蚓可以在很大程度上影响一些污染物在土壤中的吸附过程。氯代苯酚是一种被广泛使用的杀虫剂,其在土壤基质上的吸附程度往往取决于氯化程度和疏水性,经过蚯蚓吞食之后,五氯酚、2,4,6- 三氯酚和 2,4- 二氯酚在土壤中的吸附量分别增加了 11%、14% 和 24%。研究发现,在受壬基酚（NP）污染的土壤中,经过蚯蚓吞食后的土壤中壬基酚异构体（4-NP111）的吸附常数 K_d 为 1 564,而没有经过蚯蚓处理的土壤中其 K_d 只有 1 474。

蚯蚓的吞食可以加强一些污染物在土壤上的吸附,被吞食的土壤经过蚯蚓肠道后沙粒和壤粒占比更高,一些有机质的特性（比如极性、疏水性）发生改变,在蚯蚓肠道中出现结构重排。一些食土蚯蚓可以通过改变土壤有机质的表面性质和组成,增加芳香族物质在土壤中的积累量,同时蚯蚓的吞食可以粉碎土壤中的一些团聚体,使有机质能更好地与污染物相互接触,从而加强它们在土壤中的吸附。

（2）肠道吸收和结合态残留的形成

食土蚯蚓可以通过摄食土壤吸收很多污染物。如威廉腔蚓可以吸收大量的壬基酚,被吸收的壬基酚会在蚯蚓体内转化成极性更低的次级代谢产物,如一些葡萄糖的共轭物。有研究显示,被威廉腔蚓吸收的 4-NP111 可以通过氧化耦合或者共价结合等方式以结合态的形式存在于蚯蚓体内。另有研究显示,约有 77% 的壬基酚以结合态存在于蚯蚓体内。这些在蚯蚓体内积累的 4-NP111 符合二室积累模型（two-compartment accumulation model）。与快速累积不同,这些被吸收的物质很难再次被蚯蚓排出体外。将吸收了污染物的蚯蚓再次放入新鲜的土壤中生活 16 d 之后,之前吸收的壬基酚有 51% 还在蚯蚓体内,其中结合态壬基酚占体内残留量的 57%。

7.4.3　植物修复技术

植物修复技术利用植物根系和根际微生物的协同作用降解、吸收和稳定污染物。植物自身的生物转化作用和蒸腾作用也可以去除污染物。

狼尾草、黑麦草、苜蓿等多种植物已被证实可以用于石油污染土壤的修复。禾本科植物具有生长周期短、生物量大、覆盖面广、根系发达、抗逆性强等优点,在降解 PAHs 污染方面具有独有的生态学优势。例如,禾本科植物高羊茅 70 d 菲、芘的去除率可分别达到 52.82%~83.28% 和 47.27%~75.39%。禾本科植物可以覆盖污染土壤,减少 PAHs 向大气中的逸散。

7.5　联合修复技术

7.5.1　表面活性剂与其他修复技术联合使用

表面活性剂与其他修复技术联合使用可以提高污染物的去除率,降低处理成本。常用的有表面活性剂-电动修复技术、表面活性剂-生物修复技术、表面活性剂-化学氧化修复技术等。

（1）表面活性剂-电动修复技术

电动修复技术利用电场作用下的电渗透、电迁移和电化学氧化等电动效应去除土壤中的有机污染物,但是仅使用电动修复技术无法取得较好的修复效果。在电动修复过程中加入表面活性剂,利用表面活性剂的增溶作用,可增强污染物的迁移性,提高污染物的去除率。加入表面活性剂可以促进疏水性有机污染物(HOCs)从土壤颗粒上脱附和迁移,增强 HOCs 的溶解性,提高其在电场作用下的迁移效率,有效提高 HOCs 的电动修复效率。此外,表面活性剂还能改善土壤的导电性,增加电解液与土壤颗粒的接触面积,这进一步提高了电动修复技术的效果。

利用表面活性剂十二烷基苯磺酸钠(SDBS)强化对石油污染土壤的电动修复,石油烃去除率为 81.23%,而单一电动修复体系对石油烃的去除率仅为 12.5%。

(2)表面活性剂-微生物修复技术

微生物修复的效率通常受微生物群落的功能以及其在环境中的丰度和稳定性的影响。修复场地的气候及地理条件会限制微生物的多样性,土壤自身环境条件(如盐度、水分、pH 值和有机质含量)、营养元素以及污染物都会影响微生物的代谢活动、生长及修复效率。HOCs 易吸附在土壤颗粒上,难以被微生物吸收或降解。表面活性剂对 HOCs 的增溶能力可提高污染土壤中 HOCs 的微生物有效性。此外,一些表面活性剂的亲水端可结合到微生物菌体的表面,而疏水端朝向水相,这增强了菌体表面的疏水性,促使微生物与 HOCs 直接接触,从而加速 HOCs 的降解。

有研究表明,在微生物修复中加入表面活性剂可以提高石油污染物的生物有效性,促进石油污染物降解过程的进行。添加吐温-80 的降解菌对石油烃的降解效果达到了 76.85%,约为只添加降解菌时石油烃去除率的 1.6 倍。低浓度表面活性剂促进 PAHs 的缺氧微生物降解,高浓度表面活性剂则表现出抑制作用。

在植物修复中,由于各种原因,仅利用植物修复无法取得理想的修复效果,需要额外添加强化药剂以提高植物对污染物的去除能力。植物-微生物联合修复作为一种新型的修复有机污染土壤的方法,也能被表面活性剂强化。例如用黑麦草与混合菌修复多环芳烃-石油烃-多氯联苯复合污染的土壤,添加生物表面活性剂鼠李糖脂能显著增加土著微生物中不同优势菌属的相对丰度,向植物-微生物修复体系中添加 50 mg/kg 鼠李糖脂,可使具有 5~6 个苯环的多环芳烃的去除率提高 23.99%,总石油烃的去除率提高 16.70%,多氯联苯的去除率提高 19.92%。再如利用紫花苜蓿修复多环芳烃污染土壤,修复 90 d 后,多环芳烃的去除率为 21.6%;通过添加表面活性剂,去除率可达 51%。

(3)表面活性剂-化学氧化修复技术

21 世纪初,有学者提出将表面活性剂的增溶作用与氧化剂的降解作用相结合处理非水相液体(NAPL)污染物的设想,并通过实验模拟验证了其可行性。表面活性剂强化的原位化学氧化(surfactant-enhanced in-situ chemical oxidation,S-ISCO)技术可削弱 HOCs 的吸附行为,有效提高 HOCs 的去除率,减轻化学氧化修复过程中的拖尾和反弹现象。表面活性剂和氧化剂通常被同时注入污染土壤,并根据有机污染物的组成和污染水平优化表面活性剂的用量,以获得液滴直径较小的微乳液。大量研究表明,向不同类型的土壤和含水层中添加表面活性剂,对多环芳烃和石油烃等多种 HOCs 污染土壤的化学氧化去除具有明显的促进效果。

7.5.2　植物-微生物联合修复技术

植物-微生物联合修复技术是利用植物和微生物强化 PAHs 快速降解的复合修复技术。根际土壤中植物的根系分泌物作为外源有机碳源,可以为土著微生物的生长代谢提供丰富的营养或共代谢底物(如糖类、氨基酸等),提高土壤中微生物的数量和活性,植物与微生物相互作用,相互促进生长,提高各自的生物性能,进而强化对很多污染物的降解。

植物-微生物联合修复技术加速土壤 PAHs 污染修复进程的关键机制为:植物所分泌的根系分泌物能强化微生物的降解作用。植物根系分泌物的种类繁多,主要有糖类、氨基酸类和小分子酸类等主体成分和酶类、甾醇类、酚酸类、脂肪酸类、生长因子等微量组分。根系分泌物中的多种组分,如氨基酸、有机酸、酚类化合物、多糖等,已被证实可促进疏水性有机物从土壤中解吸。部分根系分泌物的组分或其代谢产物(如甘油糖脂、糖蛋白)具有表面活性,并影响土壤中疏水性有机物的生物有效性。根系分泌物可以为根际微生物提供营养,影响微生物的分布、活性及群落多样性和功能,促进微生物对 PAHs 的降解,实现 PAHs 数量和毒性的快速降低。

向 PAHs 污染土壤中添加模拟根系分泌物,显著增加了 PAHs 的去除量和功能微生物的数量。向土壤中添加分枝杆菌-大豆/玉米根系分泌物可改变细菌群落结构,提高 PAHs 的去除率。向土壤中添加根系分泌物的重要组分亚油酸钠,可富集特定微生物群落,促进 PAHs 降解。

第8章 土壤酸化的防治与改良

世界上酸性土壤主要分布在多雨地带:一是高温多雨的热带和亚热带,以氧化土和老成土为主;二是湿润的寒温带,以灰化土为主。我国酸性土壤主要分布在长江以南的红黄壤地区和东北的大、小兴安岭与长白山地区,前者又分为川、贵、滇黄壤亚区,华中、华南红壤亚区,其中红壤地区酸性土壤面积最大,问题较为严重。我国南方红黄壤地区地处热带、亚热带,北起长江沿岸,南至南海诸岛,东至台湾,西至云贵高原与横断山脉,包括福建、江西、湖南、广东、广西、贵州、海南、台湾等省(区)全部,浙江、云南、四川省的大部以及皖南、鄂南、藏东南和苏西南边缘小部,涉及15个省(区),总面积达218万 km²,约占全国土地总面积的22.7%。

8.1 土壤酸化概述

8.1.1 土壤酸化的概念

土壤酸化是指在自然或人为条件下土壤 pH 值下降。土壤的自然酸化过程(盐基阳离子淋失,使土壤交换性阳离子变成以 Al^{3+} 和 H^+ 为主的过程)是相对缓慢的。在热带、亚热带高温多雨的气候条件下,土壤矿物风化和物质淋溶过程是主导的成土过程。全球范围内 pH<5.5 的酸性土壤占全球土壤面积的1/3 左右(表8-1),因此酸化过程的影响是极其广泛的。

表 8-1 酸性土壤(pH<5.5)的分布估计(Sanchez and Logan,1992)

土纲	面积/(×10⁶ hm²)	酸性土壤面积/(×10⁶ hm²)	酸性土壤面积占比/%
氧化土	840	500	60
富铁土、铁铝土	1 350	1 070	80
淋溶土	1 790	360	20
软土	1 100	0	0
新成土	2 730	820	30
始成土	1 550	620	40
变性土	310	0	0
干旱土	2 280	0	0
火山灰土	140	70	50
有机土	240	200	83
灰化土	480	480	100
合计	12 810	4 120	32

自然酸化过程中质子主要来源于大气中的无机酸以及生物体对阳离子的吸收,部分来

源于有机酸的解离、氨气的挥发和铵的硝化作用等(于天仁,1988)。人为活动改变了自然酸化过程的影响范围和速度。由于近现代工业的迅猛发展,大量化石燃料燃烧,排放出 SO_2 和 NO,它们与大气中的水汽发生化学反应生成无机酸,使降水 pH 值低至 4.0 以下。大量的干、湿酸沉降进入土壤中,无机酸替代 CO_2 成为土壤酸化的主要因子,因此显著提高了土壤的酸化速率,增加了铝的溶出。

8.1.2　土壤酸化过程的形成和实质

1. 盐基的淋溶

盐基(K、Na、Ca 和 Mg)的淋失是土壤形成过程中一个较为普遍的过程,在降水量超过蒸发量的情形下,土壤中铝硅酸盐矿物风化过程释放出的盐基离子将随土壤溶液从土体中流失。在热带、亚热带高温多雨的自然背景中,盐基淋失是富铁铝化的先行步骤,且随着富铁铝化的发展而增强,直至彻底淋失。热带富铁铝化土壤的形成过程实际上是一个典型的土壤自然酸化过程,它包括矿物的分解和合成、盐基的释放和淋失、部分二氧化硅的释放和淋溶,以及铁、铝氧化物的释放和富集等,最后形成低 pH 值、低盐基含量和饱和度、高氧化铁铝含量的土壤。土壤中的盐基元素通常以可溶态、交换态或矿物结合态存在,因此盐基淋失的化学过程是与溶解、交换和水解作用相联系的。

土壤中与矿物结合的盐基主要存在于原生的含铝和不含铝的硅酸盐及次生的 2:1 型铝硅酸盐中,矿物的水解使盐基不断释放,进入土壤溶液中。以蒙脱石为例:

$$2MgAl_7Si_{16}O_{40}(OH)_8 \cdot Na + 45H_2O \longrightarrow$$
$$2Mg^{2+} + 2Na^+ + 6OH^- + 18Si(OH)_4 + 7Al_2Si_2O_5(OH)_4(高岭石) \tag{8-1}$$

一般来说,在风化的初始阶段,由硅酸盐矿物水解而引起的 K^+、Mg^{2+} 的释放和淋失比 Ca^{2+}、Na^+ 缓慢,这与含 K^+、Mg^{2+} 矿物的抗风化稳定性较强,并参与次生 2:1 型黏粒矿物的合成有关。但随着富铁铝化的发展,在 H^+ 存在的条件下,铝硅酸盐矿物的水解作用显著增强,其中的 K^+、Mg^{2+} 也继 Ca^{2+}、Na^+ 之后被释放而受到淋失。在土壤酸化的发展过程中,铝硅酸盐的水解与 H^+ 的增加是互相促进的过程,最后的结果是土壤可风化矿物逐渐减少,土壤胶体表面的 H^+ 增加,使土壤酸化逐步强化。

随着淋溶作用的增强,风化溶液中盐基的浓度下降,而且由于铝硅酸盐矿物风化产物释放出的 Al^{3+} 与 $Si(OH)_4$ 合成高岭石,或者经水解而形成三水铝石 $[Al(OH)_3 \cdot 3H_2O]$,产生 H^+:

$$Al^{3+} + Si(OH)_4 + 1/2H_2O \Longrightarrow 3H^+ + 1/2Al_2Si_2O_5(OH)_4 \tag{8-2}$$

$$Al^{3+} + 3H_2O \Longrightarrow 3H^+ + Al(OH)_3 \tag{8-3}$$

土壤溶液中 H^+ 的增加势必导致土壤胶体上交换性盐基的置换和释放。一般认为,阳离子带的电荷越多,土壤胶体对它的吸附力越强;在氧化数相同的情况下,离子的水合半径越小,即电荷密度越大,土壤胶体的吸附力也越大。K^+、Na^+、Ca^{2+} 和 Mg^{2+} 的离子水合半径分别大约为 15 nm、21.5 nm、30 nm 和 40 nm,H^+ 由于氢键的电化学特性,其行为接近于二价或三价的阳离子。因此,这些被土壤胶体吸附的离子被置换的相对顺序为 $Na^+ > K^+ > Mg^{2+} > Ca^{2+} > H^+ (Al^{3+})$。

随着土壤淋溶和富铁铝化的发展,土壤将形成以 1:1 型、高岭石占优势的黏粒矿物,这类矿物吸附阳离子的数量较少,强度较低。同时,风化时释放的铝以羟基铝离子或铝离子的形态存在,对交换性盐基产生强烈的置换作用。在极度风化的土壤中,土壤负电荷量减少以至没有明显的永久负电荷,导致土壤几乎不能吸附交换性阳离子,使它们的淋失达到最大限度。

土壤自然酸化的另一个重要地理区域是湿润温带和北温带地区。在这些地区的灌丛和针、阔叶森林植被条件下,普遍发育着灰化土壤。其土壤酸化的原因在于森林凋落物分解产物中含有以富里酸为主的有机酸(Duchaufour,1982),它们与硅酸盐相互作用,生成的配合物被水淋洗,并聚集在下部的淀积层中。由于有机酸可加快矿物分解和盐基淋失过程,加之配位过程的活化作用,促使灰化土 pH<5.5,而灰化层的 pH 值则更低。灰化土的盐基饱和度也很低,但铝的迁移能力大为增强,所以灰化土是典型的酸性土壤。在酸雨地区,灰化土受到外源质子的影响,铝的释放和在水体中浓度的增加是对北美和北欧水环境质量的重要威胁。

2. 铝的活化

除盐基淋失以外,土壤酸化过程重要的变化发生在铝的活化过程中,实际上这两个过程是互相联系的,因为在盐基活化和淋失的同时,铝的活化也已经开始。土壤中的铝主要包括原生和次生矿物铝、无定形铝、黏土矿物的层间结合铝、无机和有机胶体吸附的可交换铝,以及土壤溶液中的自由和配合态铝(王维君和陈家坊,1992)。这些不同形态的铝在土壤固-液界面和土壤溶液中可以互相转化。

对土壤中铝的活化过程的解释大致有三种理论,即矿物的溶解-沉淀理论、有机质吸附理论和溶解有机碳的配位-溶解理论。由于铝的活化过程受到土壤性质和类型、植被种类、气候和水文条件等多方面的影响,因此没有哪一种理论可以成功地运用于所有土壤的铝迁移活化过程的解释,不同的土壤类型常常以某种机制为主导过程。

(1)矿物的溶解-沉淀理论

该理论主要以不同氢离子活度条件下各种矿物的溶解平衡来预测土壤溶液中铝离子的活度。如上所述,土壤包含多种含铝原生和次生矿物,其中三水铝石的溶解-沉淀平衡对铝的活度影响最大:

$$Al(OH)_3 + 3H^+ \rightleftharpoons Al^{3+} + 3H_2O \tag{8-4}$$

$$\lg\{Al^{3+}\} = \lg K_{sp} - 3pH \tag{8-5}$$

式中,K_{sp} 为三水铝石的溶度积常数,但该常数与矿物的结晶形态密切相关,可以在 $10^{-11} \sim 10^{-8}$ 范围内变化。Reuss 等(1990)建立了一个修正公式来描述铝活度与 pH 的关系:

$$\lg\{Al^{3+}\} = \lg K_0 - apH \tag{8-6}$$

式中,K_0 和 a 为经验常数。

如果控制铝活度的是其他矿物,则这种关系也会随之变化。例如,在有些情况下,铝的硫酸盐矿物(如斜铝矿)决定着溶液中铝的活度(Alva et al.,1991):

$$AlSO_4OH(s) + H^+ \rightleftharpoons Al^{3+} + SO_4^{2-} + H_2O$$

$$\lg\{Al^{3+}\} = \lg K_{ju} - \lg\{SO_4^{2-}\} - pH \tag{8-7}$$

式中,K_{ju} 为斜铝矿的溶度积常数($10^{-3.4}$)。

（2）有机质吸附理论

土壤有机质包含大量对铝具有很强吸附能力的羧基、羟基和酚羟基,它们通过与 H^+ 进行交换可以释放交换态铝。研究认为,土壤有机质（SDM）吸附态铝（SOM-Al）的离子交换平衡也是影响土壤溶液中铝活度的重要因素,这种离子交换作用主要受溶液 pH 值、SOM-Al 中的铝饱和度,以及盐基离子种类和浓度的影响。酸化条件下有机吸附态铝的交换反应过程和相互关系可以用如下方程和公式描述（Guo et al.,2006;Larssen et al.,1999）。

H^+ 与有机吸附态铝的交换反应为

$$RAl^{(3-x)+}(s) + xH^+ \rightleftharpoons RH_x(s) + Al^{3+} \tag{8-8}$$

则有

$$\{Al^{3+}\}/\{H^+\}^x = K_1 RAl^{(3-x)+}/RH_x \tag{8-9}$$

假设:

$$RAl^{(3-x)+}/RH_x = K_2\{Al_{org}\}/C \tag{8-10}$$

则有

$$\{Al^{3+}\}/\{H^+\}^x = K_1 K_2\{Al_{org}\}/C \tag{8-11}$$

令

$$Y = \{Al^{3+}\}C/\{Al_{org}\} = K^*\{H^+\}^x \quad (K^* = K_1 K_2) \tag{8-12}$$

则

$$pY = p(\{Al^{3+}\}C/\{Al_{org}\}) \tag{8-13}$$

$$pY = pK^* + x\,pH \tag{8-14}$$

式中: K_1 为交换反应的平衡常数; K_2 为系数; K^* 为 K_1 和 K_2 的复合常数; C 为土壤有机碳含量。

（3）溶解有机碳的配位-溶解理论

除了无机矿物溶解和有机质解吸造成铝的活化以外,也有研究表明有机质的配位-溶解过程也是促进土壤铝活化的可能原因（徐仁扣,1998）。土壤溶液中的溶解有机碳（DOC）一般是低分子质量的有机酸,它们能以配位反应的方式与铝结合,从而导致铝从其他结合态中游离出来。研究表明,DOC 含量与有机铝含量呈明显的正相关关系,但是铝的配位过程还取决于有机酸的种类、强度、电离度、pH 值和离子强度等因素。外源质子在土壤中的反应是与土壤的酸缓冲机制相联系的。 H^+ 首先作用的对象是土壤中的碳酸盐,其次是交换性阳离子,随后才是铝体系和铁体系。

8.1.3　土壤酸化的主要成因

1. 自然土壤发生过程

即使在没有人为干扰的情况下大气降水也一般都呈酸性,酸和潜在酸进入土壤中会发生一系列质子反应（质子消耗过程）。图 8-1 显示了土壤体系内质子的收支平衡关系。土壤中的氧化还原反应通常涉及质子的转移,因此也是影响土壤酸度的重要机制。自然酸化条件下质子的来源主要是大气干湿沉降和土壤中有机物质转化形成的有机酸。

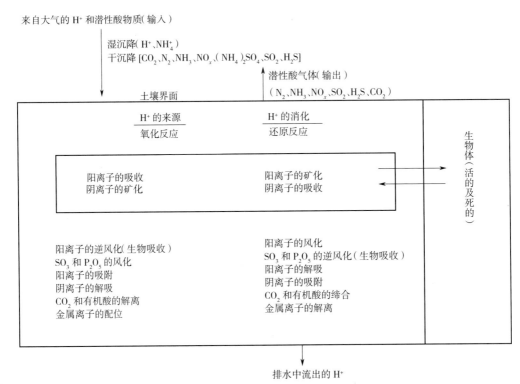

图 8-1　土壤中质子的输入和输出关系

土壤发生中的酸化作用,如红壤化过程、砖红壤化过程(二者统称富铁铝化过程)和灰化过程都是典型的自然酸化过程,它们都涉及矿物的分解、盐基离子的淋失和土壤中活性铝的富集,但最初的动力并不一样。驱动灰化过程的因素主要是有机酸对矿物的分解以及与铁、铝的配位反应引起的移动,而决定富铁铝化过程的主要因子是有利于矿物分解和盐基淋失的高温多雨的自然条件。

酸性硫酸盐土的形成是土壤酸化的另一种情形。这种含硫土壤的形成分为两个阶段。第一阶段是硫酸盐的还原。当土壤处于淹水还原条件时,硫酸盐还原形成的大部分硫化物以 FeS_2 的形态被固定于土壤中。当具备好气条件时,进行第二阶段, FeS_2 的氧化这一过程使土壤的酸中和容量(acid neutralizing capacity, ANC)永久性地减小,所产生的质子量比任何其他土壤中的质子总量高 100 倍,以至于土壤极度酸化,在随后的淋溶过程中可能排出大量强酸性的渗漏水或径流水,对周围的水体产生严重的影响。酸性硫酸盐土中的主导反应可以表示为

$$FeS_2 + 7/2O_2 + H_2O \longrightarrow Fe^{2+} + 2SO_4^{2-} + 2H^+ \tag{8-15}$$

即使在没有硫参与的情况下,亚铁离子的氧化也是一个酸化的过程:

$$2Fe^{2+} + 1/2O_2 + 5H_2O \longrightarrow 2Fe(OH)_3 + 4H^+ \tag{8-16}$$

这一过程也是淹水土壤(如水耕人为土)在淹水还原后排干过程中发生的一个典型反应,这是 Brinkman 提出的铁解过程(ferrolysis)中的一个关键反应:在还原条件下,土壤中形成的交换性亚铁使一部分交换性盐基金属离子被置换,并以碳酸氢盐的形态随水分淋失,致使土壤的酸中和容量减小;当土壤变为好气条件时,交换性亚铁被氧化,土壤胶体的一部分

交换点位被 H^+ 占据,从而降低土壤 pH 值。土壤经过这样的反复循环以后,可以变成酸性土壤。

2. 生物地球化学平衡失调

当土壤中的质子收支不平衡时,土壤 pH 值必然发生变化。质子增加时,土壤酸度增加,pH 值下降。在生物地球化学循环过程中,元素的迁移往往导致土壤酸化发生。元素吸收或释放的不平衡可以导致土壤酸化。当植物吸收 NH_4^+ 等阳离子时,为了保持电中性,根系会分泌出等当量的 H^+ 从而使根际土壤酸化。这种机制的影响有时十分强烈,可使根际 pH 值下降 2~4 个单位,相应地,0.01 mol/L $CaCl_2$ 溶液提取的可溶性 Al 从 0 增加到 0.023 mmol/L,大于 Al 的毒害水平(0.002~0.01 mmol/L)。除了分泌 H^+ 以外,根系在缺磷等逆境下会分泌出柠檬酸、草酸、酒石酸和苹果酸等有机酸,它们大部分被土壤所吸附或与固相铝作用,少部分与根内自由空间中的铝迅速反应生成有机配合态铝。

作物在选择性地吸收 K^+、Ca^{2+} 和 Mg^{2+} 等交换性盐基阳离子(养分)时,同样会产生上述生理机制,一方面分泌 H^+,另一方面使土壤中的铝相对富集,从而导致酸化作用的发生。实际上,这些作物,如茶叶、橡胶和桑叶等,在收获部分被移出土壤-生物系统时,被移走部分的(Ca+Mg+K+Na)与 Al 的质量之比高于土壤中的比值,这意味着土壤胶体表面的吸附态盐基离子被更多地移去,从而被 H^+ 或 Al^{3+} 所替代,产生酸化效应。橡胶吸收的无机养分中,以 Ca、Mg、K 和 Na 为主,其中最多的是 K,占新鲜胶乳质量的 0.12%~0.25%,而基本不含铝。我国茶园土壤酸化非常严重,75% 的茶园土壤 pH<4.5,这已经成为限制我国茶叶生产发展的主要障碍。周奇迹和马亦农研究发现,桑园土壤存在同样明显的酸化现象,土壤 pH 值普遍低于 5.0。张华等在海南对几种不同利用方式下土壤性质变化的研究表明,在橡胶种植条件下,土壤出现明显的酸化。与荒地相比,幼年橡胶和成年橡胶地土壤 pH 值约下降 0.6 个单位,交换性铝大约是咖啡园的 2 倍,总交换性酸也大为增加。

3. 不当施肥和土壤管理

某些土壤管理措施也是加速土壤酸化的一个重要原因。以农田施肥为例,长期施用氮肥后,土壤中的 NH_4^+ 经硝化作用产生酸(1 mol NH_4^+ 产生 2 mol H^+):

$$NH_4^+ + 2O_2 \longrightarrow 2H^+ + NO_3^- + H_2O \tag{8-17}$$

由此降低土壤 pH 值,增强土壤交换性铝和可溶解性铝的活化。上述反应是图 8-1 中指出的产生 H^+ 的氧化反应。研究表明,波兰华沙肥料长期试验地 30 年连续施用硝酸铵的土壤,其 pH 值下降 1~2 个单位,土壤交换性铝增加 6 倍;连续 14 年施用硫酸铵(22 kg/hm²)的土壤,其 pH 值下降至 3.53。在波兰卢布林的酸性湿润雏形土中,长期施肥造成表层土壤活性铝增加了 16%~31%。林地在转变成农田后,仅种植了 10 年时间的冬小麦就使土壤活性铝含量比未开发的森林黑土提高 30%~97%。Barak 等在美国威斯康星州的研究表明,施用氮肥引起的土壤酸化作用较酸沉降的影响大 25 倍,因为肥料施用产生的单位面积酸性物质的量远比单位面积的酸沉降量大。施肥引起的土壤酸化程度随氮肥品种而异,大体上酸化能力为硫酸铵 > 尿素 > 硝酸态氮肥。

Helyar 等针对澳大利亚的情况计算了不同缓冲容量土壤的 pH 值下降到 5.0 和 4.5 时所需的时间(表 8-2)。在最大可能酸化情况下,按照常规施肥量 [N, 210 kg/(hm²·a)] 计算,每 10 cm 土层能够产生的 H^+ 量最大可以达到 15 kmol/(hm²·a),这可以导致砂质壤土的 pH

值在 10 年内从 6.0 降低到 4.5,或者从另一个角度说,每 10 cm 的土层中需要施用 0.75 t/(hm²·a)的石灰才能维持原来的 pH 值。

表 8-2　不同缓冲能力和初始 pH 条件下土壤酸化的速度

[H⁺ 输入 1 kmol/(hm²·a),10 cm 土层]

土壤 pH 缓冲容量(以 H⁺ 计)/(kmol/hm²)	初始 pH 值(0~30 cm)	达到目标 pH 值所需要的时间/a	
		pH=5.0	pH=4.5
30(砂壤土)	5.0	0	45
	5.5	45	90
	6.0	90	136
60(壤土)	5.0	0	90
	5.5	90	180
	6.0	180	270
150(黏土)	5.0	0	225
	5.5	225	450
	6.0	450	676

　　我国海南地处热带地区,土壤普遍呈酸性,在土壤利用过程中导致了土壤的进一步酸化。研究表明,20 世纪 90 年代与 50 年代相比,全岛 pH<5.0 的土壤占比显著增大。大量的土壤样品测定和统计显示,20 世纪 50 年代以来,由于受农业土地利用的影响,土壤出现明显的酸化现象。与农业土壤相比,自然酸化导致的变化相对不明显(Gong et al., 2003)。Guo 等对中国耕地的系统研究表明,从 20 世纪 80 年代到 21 世纪初的 20 年左右的时间内,中国主要粮食产区土壤 pH 值显著降低,与氮循环相关的过程贡献了 20~221 kmol/hm² 的 H⁺,而盐基吸收和收获贡献了 15~20 kmol/hm² 的 H⁺,相比较而言,酸沉降对酸化的贡献要小得多。

　　在自然酸化条件下,酸化的速度是相对缓慢的。而在现代人为活动的大规模影响下,大气的酸沉降将更多的 H⁺ 带入土壤中。大量观测表明,目前一些地区降水的 pH 值经常在 5 以下,甚至更低,增加的 H⁺ 必然加速土壤矿物分解和盐基置换,增强土壤中铝的活性,导致更快的酸化。在工业活动较强的地区,酸雨带来的质子(H⁺)输入量大约为 1 kmol/(hm²·a),甚至可以高达 6 kmol/(hm²·a),但与农业活动(施肥和豆科作物种植等)相比,即使是最严重的酸雨沉降,也只贡献总酸性物质输入的 7%~25%。对于森林等自然生态系统而言,很难采取人为干预措施,因而在这种情形下,酸沉降的影响就起到了决定性作用。模拟酸雨试验表明,当酸性溶液 pH<4.0 时,铝的溶出量剧增,这将导致严重的铝毒害问题。在北美和欧洲酸沉降严重的地区,酸雨的累积效应使 Al^{3+} 最终成为土壤溶液中占优势的阳离子,SO_4^{2-} 和 NO_3^- 成为其主要的陪伴阴离子。

8.1.4　酸化土壤的特点

（1）土壤盐基饱和度低,酸性强

土壤酸化的实质是 H^+ 和 Al^{3+} 数量的增加。由于 Al^{3+} 有较强的吸附性能,它能与交换性盐基离子(如 Ca^{2+})争夺土壤的负电荷点,使盐基离子淋失,土壤盐基饱和度下降,酸性增强。Ca^{2+}、Mg^{2+} 等盐基离子的淋失,使土壤因缺乏养分而变得贫瘠。

（2）土壤负电荷数量少,缓冲性能弱

我国酸性土壤主要分布在长江以南的广大地区,由于土壤的黏土矿物主要是高岭石,本身的有效负电荷数量少,再加上酸化作用,盐基饱和度下降,缓冲性能变弱。当土壤处于盐基完全不饱和状态,胶体上主要为 H^+ 及 Al^{3+} 时,就失去了对酸的缓冲能力。因此,当有酸性物质(如酸雨等)沉降时,土壤 pH 值易于降低。

（3）易产生氢、铝和锰的毒害

土壤酸化的一个严重后果是 H^+、Al^{3+} 等毒性元素增加和活性增强。土壤溶液中过量的 H^+ 会影响根膜的渗透性,干扰离子在根表的传输;过量的 Al^{3+} 会影响根尖细胞的分裂,减弱根呼吸作用,增加土壤对 P 的固定作用,降低 P 的有效性;此外,它们也会干扰植物对包括 Ca^{2+}、Mg^{2+}、K^+、Fe^{2+} 在内的几种必要元素的吸收、传输和利用。

（4）土壤结构差

酸化土壤由于 Ca^{2+} 的淋失,土壤团粒状结构和团聚体减少,土体易分散,导致土壤保水保肥性能差,进而导致土壤肥力下降。

8.1.5　土壤酸化的主要危害

（1）抑制植物生长

酸性土壤最大的问题是抑制作物生长。在我国南方地区,气候条件适宜植物生长,土壤酸化及其诱导的一系列胁迫因子是作物产能发挥的主要限制因子。多年氮肥大量施用导致红壤严重酸化,土壤 pH 值接近 4.2,玉米和小麦产量显著降低,甚至绝产。当土壤 pH 值由 5.4 降至 4.7 时,油菜减产 40%,花生和芝麻减产 15% 左右;当土壤 pH 值由 4.7 进一步降至 4.2 时,油菜减产 62% 以上。在酸性硫酸盐土上,由于土壤酸性太强,很多水稻品种难以生长,几乎绝收。在酸沉降严重时期,由于酸沉降导致的土壤酸化及酸雨的直接危害,我国西南地区出现大面积森林死亡现象,森林生态系统受到严重破坏。

（2）影响作物品质

由于酸性土壤中 Ca、Mg 含量低,香蕉易产生裂果问题;同时,由于酸性土壤中 Mn 含量较高,苹果树皮受到毒害,导致非常严重的树皮病。此外,土壤的酸化还能显著提高一些有毒重金属的有效性,导致农产品重金属含量超标。土壤 pH 值每降低 1 个单位,土壤中镉的活性升高 100 倍,所以在很多情况下,作物重金属吸收增多不完全是因为土壤彻底被污染,也可能是土壤酸化大大增强了土壤重金属的活性。土壤重金属的生物有效性与土壤 pH 值呈负相关关系,废旧电子产品拆解场地周边农田土壤酸化和重金属污染经常重叠发生。酸性土壤改良剂常被用来修复重金属污染土壤,例如石灰被制成重金属污染土壤修复产品。

（3）破坏生态环境

土壤微生物对 pH 值非常敏感,土壤酸化会降低微生物多样性和丰度,影响微生物群落结构,破坏微生态系统,加剧土壤病虫害发生。以往在石灰性土壤中线虫一直不是问题。近些年来大棚蔬菜地大量施用化肥,导致土壤酸化,而根结线虫偏好酸性环境,当土壤 pH 值降低时,根结线虫大量繁殖,蔬菜根系长出很多根瘤,导致蔬菜减产,北方蔬菜种植中线虫成为一大危害。当土壤 pH 值降低时,土壤中一些养分、Al 和重金属的有效性提高,在南方强降雨条件下,养分和金属元素淋失和流失,对地下水、河流、湖泊等水体环境构成潜在威胁。特别是在菜地土壤中,养分高度富集与土壤酸化并存,这种情况可能会产生较高的 N、P 流失风险,造成面源污染。在一些废弃矿山和矿井地区,土壤酸化还会破坏水体,危害水生生物,腐蚀金属设备。

8.2　土壤酸化防治技术

土壤的酸中和能力可以定义为将一个酸-碱体系的 pH 值降低到一个参比 pH 值时所需要的强酸数量。Van Breemen 等用酸中和容量(ANC)来定义土壤酸化。这是由于土壤具有缓冲性能,土壤内部产生和外部输入的 H^+ 并不都能引起土壤 pH 值改变,因此,并不是所有的土壤酸化都能用 pH 值的变化来体现。

土壤的 ANC 可以表示为

$$ANC = 2[CaO] + 2[MgO] + 2[K_2O] + 2[Na_2O] + 3[Al_2O_3] + [NH_3] - 2[SO_3] - $$
$$2[P_2O_5] - [HCl] - 2[N_2O_5]$$

式中,中括号代表物质的量浓度。所有的土壤都具有 ANC,大多数土壤的 ANC 与硅酸盐矿物有关。在酸输入的情况下,ANC 随着 $[CaO]$、$[MgO]$、$[K_2O]$、$[Na_2O]$ 等的总量下降或者 $[SO_3]$ 等的总量增加而下降。重要的酸消耗反应包括碳酸盐的溶解、盐基离子的置换、可变电荷表面的质子化、矿物的溶解、碱性硫酸铁(铝)的沉淀和反硝化过程,这些酸中和反应的缓冲容量差别很大。研究表明,澳大利亚有机质含量为 4% 的某黏质土壤的缓冲容量是不含有机质的砂土的 15 倍。

土壤酸化防治的主要技术措施如下。

1. 控制酸沉降污染源

土壤酸化是酸沉降对生态系统的主要影响之一,在我国非常普遍。例如,20 世纪 80 年代—21 世纪初,我国庐山地区(潘根兴等, 1993)、衡山地区(吴甫成等, 2005)和泰山地区(张明等, 2010)土壤的 pH 值都呈现下降趋势。同一时期,在我国主要的森林生态系统和草原生态系统中,都发现了明显的土壤酸化现象(Yang et al., 2012)。其中,南方常绿森林土壤的 pH 值从 5.4 下降到 4.8;北方草原表层土壤的 pH 值总体下降 0.63 个单位(Yang et al., 2012)。2016 年,对我国 5 598 个土壤样品的调研结果表明,森林土壤酸化显著,2006—2010 年土壤 pH 值比 1981—1985 年下降了 0.36 个单位,其中大气沉降(主要是酸沉降)的净贡献达到 84%。我国的土壤酸化存在明显的空间分布特征:西南、东南和东北地区土壤酸化最为明显,土壤 pH 值下降幅度分别为 0.63、0.55 和 0.50 个单位,这是因为这些地区分布着铁铝土、淋溶土和半淋溶土等对酸化敏感的土壤,同时承受着较高水平的酸沉降;而在我国西北地区,各种类型的土壤均含有较多的碳酸钙,具有很强的酸缓冲能力,同时酸沉降水平较低,因此并未出现明显的酸化。

除了酸沉降引发的碱性物质的淋溶,植物生长和土壤母质中还原物质的氧化等自然过程也会导致土壤在形成和发育过程中发生酸化(Krug et al.,1983;Duan et al.,2004)。由于单纯观测土壤 pH 值的变化难以区分自然酸化和酸沉降的影响,因此研究者多通过对土壤溶液的动态观测来探究土壤酸化机理和酸沉降的综合影响。例如,中挪科学家在中国陆地生态系统酸沉降综合影响观测(IMPACTS)项目支持下,在我国南方有代表性的地区建立了5 个森林小流域的观测站,对降水、穿透水、土壤水、地表水、土壤和植被进行了长期观测。观测结果表明,在酸沉降严重的区域(如重庆铁山坪站点),土壤出现了明显的酸化现象,表现为土壤溶液中有很强的强酸阴离子(SO_4^{2-} 和 NO_3^-)的淋溶、较低的 pH 值(低于 4.0)以及较高的 Al^{3+} 浓度(Larssen et al.,2011),且存在长期酸化趋势(Yu et al.,2020)。其余位点中除了贵州雷公山为背景点之外,同样存在土壤溶液 pH 值较低且 Al^{3+} 浓度较高的土壤酸化现象(Larssen et al., 2011)。酸化土壤中活化的铝或其他重金属会毒害植物的根和其他生物,已经导致铁山坪和鼎湖山森林中植物的生长受到抑制,并伴随着生物多样性的减少(Lu et al.,2010;Huang et al.,2015)。

氮沉降在土壤酸化中起着越来越重要的作用。在过去的几十年间,我国的氮沉降以 NH_4^+ 为主,然而在森林表层土壤水中 NH_4^+ 几乎都转化为 NO_3^- [主要发生硝化反应(NH_4^+ + $2O_2 \longrightarrow NO_3^- + 2H^+ + H_2O$)(Larssen et al.,2011;Huang et al.,2015;Yu et al.,2017,2018),这一氮转化过程将产生大量的酸度输入($H_N^+ = NH_{4\,输入}^+ - NH_{4\,输出}^+ + NO_{3\,输出}^- - NO_{3\,输入}^-$)(Van Breemen et al.,1984)。氮转化的酸度输入广泛存在于我国氮沉降水平较高的森林生态系统中,当氮沉降大于 36 kg/(hm^2·a)时,H_N^+ 明显增加,对土壤的酸化效应非常显著(Yu et al.,2020)。在氮沉降水平较高的铁山坪站点,2001—2013 年通过氮转化产生的年均酸输入通量[H_N^+ = 3.03　kmol/(hm^2·a)]甚至大于由大气酸沉降直接带来的酸输入[1.91 kmol/(hm^2·a)],且随着氮沉降对酸沉降贡献的增加,由氮转化产生的酸输入对总酸输入的贡献也在增大(Yu et al.,2017)。除了对自然氮沉降导致的土壤酸化进行观测之外,农田氮肥的施用和森林模拟氮添加试验也表明氮沉降对土壤有显著的酸化效应。例如,20世纪 80 年代—21 世纪初,由于大量氮肥的施用,我国农业土壤的 pH 值平均下降了 0.5 个单位(Guo et al.,2010)。在重庆铁山坪森林进行的氮添加试验中,土壤 Al^{3+} 的活化加剧,氮(特别是铵)的添加进一步导致了土壤的酸化(Huang et al., 2015)。相似地,在广东鼎湖山森林中进行的氮添加试验研究也表明,长期氮添加显著加速了土壤酸化,导致盐基阳离子耗竭,土壤盐基饱和度和土壤溶液 pH 值显著降低(Lu et al.,2014)。

今后要着重控制 N、S 排放。燃煤脱硫处理和制成型煤对控制 S 排放有良好的作用。应加强研究,控制燃料燃烧产生的 NO_x 的排放量;实行氮肥深施,研究提高氮肥利用率的技术,减少其在大气中的排放。

2. 施用石灰

施用石灰是中和土壤酸性、控制土壤酸化和提高土壤 pH 值的重要措施。生石灰遇水以后可形成熟石灰 [$CaO + H_2O \rightleftharpoons (Ca(OH)_2$]。熟石灰的作用是:(a)提供 Ca^{2+} 营养;(b)改善土壤结构;(c)中和酸性,例如熟石灰与稀盐酸的反应方程式为 $Ca(OH)_2$ + 2HCl

$\Longrightarrow CaCl_2 + 2H_2O$。

（1）原理

用熟石灰来中和酸性的原理是用氢氧化钙的钙离子交换氢离子和铝离子,从而使土壤的酸性减弱,反应式如下:

$$\boxed{土壤胶体}\begin{matrix}H^+\\H^+\end{matrix} + Ca(OH)_2 \Longrightarrow \boxed{土壤胶体}{=}Ca^{2+} + 2H_2O$$

$$Al^{3+}\boxed{土壤胶体}{\equiv}Al^{3+} + 3Ca(OH)_2 \Longrightarrow Ca^{2+}\overset{}{\underset{Ca^{2+}}{\boxed{土壤胶体}}}{=}Ca^{2+} + 2Al(OH)_3\downarrow$$

（2）石灰类物料用于酸性土壤改良时的施用量

具体施用量需要综合三方面数据来确定:一是土壤性质及其 pH 值,二是石灰类材料的中和能力及其细度等加工形式,三是土壤 pH 值的提升目标。

①土壤性质不同,石灰施用量往往差别很大。这里的土壤性质主要包括土壤质地、土壤阳离子饱和度及其缓冲能力等。土壤酸性有三种:(a)土壤溶液的酸性,由活性酸引起;(b)被土壤胶体吸附的 Al^{3+} 和 H^+ 的酸性,由交换性酸引起;(c)富铝土壤中不可交换性铝的酸性,由残留性酸引起。后两种酸统称潜在性酸。潜在性酸的酸性和土壤有机质及土壤中黏粒的含量有直接关系。富含有机质的偏黏土壤,土壤胶体颗粒吸附能力强,土壤阳离子饱和度高,缓冲能力强,需要更多的石灰施用量才能把 Al^{3+} 交换到土壤溶液中,然后将其中和。

②不同石灰类材料的土壤酸性中和能力也不一样。理论上,纯碳酸钙中和酸性的能力(即碳酸钙当量 CCE)为 100%,CCE 是检测其他石灰材料的标准。方解石及白云质石灰岩都是天然矿物,肯定含有其他杂质,因此其 CCE 值小于 100%。各种石灰类材料的 CCE 值见表 8-3。

表 8-3　常见石灰类材料及其性质

材料名称	主要化学成分	性状	CCE/%
碳酸钙	$CaCO_3$(纯)	标准材料	100
石灰石	$CaCO_3$	各种细度	80~100
悬浮液或液态石灰	$CaCO_3$	非常细小的颗粒	95~100
白云质石灰岩	$CaMg(CO_3)_2$	Mg 含量 <50%	95~100
白云石	$CaMg(CO_3)_2$	Mg 含量 >50%	100~120
泥灰岩	$CaCO_3$	杂混黏土	70~90
生石灰	CaO	有腐蚀性	150~175
熟石灰	$Ca(OH)_2$	反应迅速	120~135
炉渣	$CaSiO_3$	几何形状不规则	60~90
草木灰	$CaCO_3$、K_2CO_3、Na_2CO_3、K_2O、CaO	因燃烧类型不同而不一	30~70
电厂灰	CaO、MgO、SiO_2、Al_2O_3、$CaCO_3$	各种各样	25~50

材料名称	主要化学成分	性状	CCE/%
牡蛎壳	$CaCO_3$	各种各样	>95
水泥窑粉尘	CaO、MgO、SiO_2、Al_2O_3、$CaCO_3$	各种各样	40~100
生物固体和副产物	CaO、$Ca(OH)_2$	微细颗粒	各种数值

③石灰类材料的粒度对施用量也有影响。石灰类材料与土壤充分接触之后才能更好地中和土壤酸性。为此需要选择合适的混合机械和方法,同时也需要石灰类材料具有较小的粒度。理论上,石灰类材料粒度越小,比表面积越大,意味着它们与土壤颗粒的接触和反应越充分,中和效果越好,所需要施用的石灰量越少。比如,在某种土壤中施用石灰时,如果 1 hm² 土壤需要 2 t 50 目的石灰粉,换成 100 目的石灰粉,用量仅需 1 t。生石灰和熟石灰自身的粒度都很小,但石灰石需要进一步磨碎、过筛,或者加工成特定粒度的颗粒或悬浮液。

④根据计划种植的植物及其对土壤 pH 值的要求,在改良酸性土壤之前,需要确定一个适宜的 pH 值提升目标,根据这一目标以及其他因素来计算需要施用的石灰类材料的量。首先要弄清楚植物的适宜 pH 值,然后从田间取样进行土壤酸碱度滴定分析。美国开发出多种适合不同土壤类型的缓冲溶液滴定法,把土壤溶液添加到已知酸碱度的缓冲溶液中,缓冲溶液的 pH 值随土壤溶液添加量成比例下降,下降的值与土壤酸度及石灰类材料的施用量有关,从而可计算出石灰类材料的施用量。

【例题】　某红壤的 pH=5.0,耕层土壤质量为 2 250 000 kg/hm²,土壤含水量为 20%,CEC 为 10 cmol/kg,盐基饱和度为 60%,试计算调节 pH 值至 7.0 时,每公顷土壤中和活性酸和潜在性酸的石灰需要量(理论值)。

石灰需要量的估算过程如下。

1)中和活性酸

pH=5.0 时,根据公式 $-lg\,[H^+]=5$,得出每升土壤溶液所含 H^+ 的量为 10^{-5} mol。

每公顷土壤水分所含 H^+ 的量:$2\,250\,000 \times 20\% \times 10^{-5}=4.5$ mol。

pH=7.0 时,根据公式 $-lg\,[H^+]=7$,得出每升土壤溶液所含 H^+ 的量为 10^{-7} mol。

每公顷土壤水分所含 H^+ 的量:$2\,250\,000 \times 20\% \times 10^{-7}=0.045$ mol。

每公顷土壤溶液的 pH 值由 5.0 调整到 7.0 需要中和的 H^+ 的量为:$4.5-0.045=4.455$ mol。

所需 CaO 的质量为:$4.455 \times 56/2=124.74$ g。

2)中和潜在性酸

该红壤每公顷吸附的阳离子为:$2\,250\,000 \times 10/100=225\,000$ mol。

土壤所能吸附的阳离子种类可分为致酸离子和盐基离子,该红壤盐基饱和度为 60%。

每公顷潜在性酸(H^+)的量为:$225\,000 \times (1-60\%)=90\,000$ mol。

所需 CaO 的质量为:$90\,000 \times 56/2=2\,520$ kg。

从上述计算可知,中和潜在性酸所需的石灰量远大于中和活性酸所需的石灰量。

CaO 实际用量一般低于理论计算量,在生产实践上一般乘以经验系数 0.5。

石灰需要量受多种因素影响:(a)土壤潜在性酸和活性酸的量、有机质含量、盐基饱和度、土壤质地等;(b)作物对酸碱度的适应性;(c)石灰种类、施用方法等。在实际施用石灰调节土壤酸度时,不能直接使用估算值,还需要综合考虑各种影响因素。

（3）石灰类材料的施用方法

1）施用时机

大多数情况下,应该在种植前几周或更早施用,以使石灰类材料有足够的时间与土壤发生反应,特别是 CaO 和 Ca(OH)$_2$ 这些具有腐蚀性的物料,如果施用时间接近种植时间,可能影响苗木(或种子)的萌发和生长。在确保生长安全的基础上,粒度较小的石灰类材料可以更快地降低土壤酸度,提高 pH 值,可以在距离种植期更近一些的时间施用。

2）施用频率

施用频率取决于土壤质地、土壤有机质含量、耕作模式、降水情况等,砂质土需要较频繁地施用,黏质土则需要间隔更长时间。一般 3~5 年施用一次比较合适,具体频率需要参考土壤检测分析结果。

3）施用深度

虽然许多一年生植物的根系大都集中在 15~20 cm 深的土层中,但植物根系也可以延伸至更深的土层中吸收水分和养分,这对于干旱时期的植物来说至关重要。石灰类材料中的钙和镁等“碱性”元素不容易向下层土壤移动,所以理论上要尽可能地把石灰类材料施入 50~60 cm 深的土层中。大量试验也表明,这样确实能够增产,但会受到机械和成本的限制。美国使用一种特殊机械把石灰类材料施入土壤的一个窄槽中,然后让植物根系在那里生长,并穿过它延伸到更深的土层中。还有人通过促进蚯蚓的繁殖和活动,让蚯蚓把石灰带进更深的土层中。

4）施用方法

对于传统耕作园的土壤改良,建议分层施用石灰类材料,先撒施一半的石灰,旋耕或深耕,然后撒施另一半,再旋耕,尽可能使石灰类材料与土壤充分混匀。对于免耕园,其表层土壤中积累了更多的植物残体,故而其酸性更强,如果下部土层的 pH 值不算低,把石灰施用到表层土壤即可,但需要更频繁地施用。如果底部土层的 pH 值很低,最好在进行免耕管理之前就把石灰施入深土层中。

（4）石灰施用中存在的问题

在用石灰改良土壤酸性的过程中,石灰施用过量会引起土壤 pH 值升高幅度加大,改变土壤的理化性质,导致土壤板结、结构变劣、孔隙度降低等,部分微量元素的有效性降低,磷的有效性也有所下降,因此施用石灰要适量且保证均匀。生产实践中需要加强土壤管理,增施有机肥,提高土壤对酸的缓冲能力。合理施用化肥,应明确生理酸性、中性、碱性肥料的种类,对酸性土壤适当施用中性和碱性肥料。

石灰及其他含钙的碱性物质,如钙镁磷肥、炼钢炉渣、窑灰钾、草木灰、生物钙等,都可以中和土壤酸度,提高土壤对酸的缓冲能力,降低铝毒,还可以补充土壤中的钙。试验研究表明,酸性红壤对酸的缓冲容量随着石灰石粉用量的增加而增加。具体表现为:未施用石灰石粉的土壤的缓冲容量为 4.5 cmol/kg,每公顷施用 1 500 kg 石灰石粉的土壤为 8.3 cmol/kg,每公顷施用 4 500 kg 石灰石粉的土壤为 9.8 cmol/kg。

当土壤受到硫黄矿或硫铁矿污染形成强酸性土壤时,可先漫灌洗酸,再以石灰中和酸度。长期淹水的水田,一旦脱水干燥,立即表现出极强的酸性,pH 值可达到 2~3,寸草不生,此时以水洗及用石灰中和,可获得显著效果。

3. 合理施肥,补充酸化土壤损失的盐基

在酸化土壤中,钙、钾等盐基离子在酸化过程中淋失较大,此外,作物吸收也会带走部分盐基养分。因此,要注意补充和增施含钙、钾等盐基离子的肥料,以补充土壤养分和提高土壤盐基饱和度,提高土壤对酸的缓冲能力。农业生产中,应根据土壤肥力背景值和作物生长需氮规律实施测土配方施肥,以减少土壤中氮素的残留,防止土壤酸化。

另外,优化耕作模式、进行合理的植物(农作物)品种布局也可减缓土壤酸化速度。选择农作物品种时应考虑其耐酸特性,如茶树是酸沉降条件下应推广的生态适宜性品种。水旱轮作和间套作是提高土壤对酸的缓冲能力和加快酸化土壤生态恢复的良好措施。

4. 使用土壤改良剂

土壤改良剂又称土壤调理剂,广义上指能改良和调节土壤理化性质的一类物质,狭义上指加入土壤中用于改善土壤物理、化学、生物活性的物质。土壤改良剂按原料来源可分为天然改良剂、人工合成改良剂、天然-合成共聚物改良剂和生物改良剂;按用途可分为针对酸化土壤的改良剂、针对盐碱地的改良剂、防止土壤退化的改良剂、防治土壤侵蚀的改良剂、降低土壤重金属污染的改良剂等;按性质可分为酸性土壤改良剂、碱性土壤改良剂、营养型土壤改良剂、有机物土壤改良剂、无机物土壤改良剂和生物制剂改良剂等。酸性土壤改良剂又可分为石灰类改良剂、矿物和工业副产品改良剂、有机物料改良剂、生物质炭改良剂(表8-4),目前使用较多的有石灰、粉煤灰和生物质炭。

表 8-4　常见酸性改良剂的优缺点

酸性改良剂分类	物质组成	优点	缺点
石灰类	石灰石、生石灰、熟石灰、白云石等	酸度改良见效快、效果好;增加土壤中钙、镁的浓度	亚表层酸度改良不佳;易造成土壤板结;用量大,运输成本高
矿物和工业副产品	硅酸钙粉、磷石膏、碱渣、粉煤灰等	酸度改良效果好;提供土壤无机养分	易导致重金属风险;有机质含量低
有机物料	秸秆、腐熟粪便、堆肥产品等	增加土壤有机质、微生物和酶的活性;改善土壤物理性质	排放温室气体;养分淋溶流失;需与化肥配施;需多次施用
生物质炭	生物炭、改性生物炭	无机养分较多;增加微生物和酶的活性;固碳	排放温室气体;养分淋溶流失;有机质含量低

酸性土壤改良剂在调节土壤 pH 值的同时,具有改善土壤其他理化性质的作用。

①提供植物所需的养分,有效抑制养分迁移,提升养分有效性。

②降低土壤容重,增加土壤孔隙,提升土壤团聚性,改善土壤结构,提高土壤透气性、保水性,促进作物对水分和营养物质的吸收。

③提高土壤生物丰度和多样性,有效防治病虫害,改善作物生长环境,提高植物生产力,达到增产提质的目的。

④通过提高土壤 pH 值、增加吸附位点数量促进重金属络合和沉淀,降低重金属的生物有效性,减少其对作物的危害。

生物质炭含有大量的碳和植物营养物质,具有丰富的孔结构、较大的比表面积,且表面有较多的含氧活性基团,是一种多功能材料。它不仅可以改良土壤,增加肥力,吸附土壤或污水中的重金属及有机污染物,而且对碳、氮具有较好的固定作用,施加于土壤中,能够改善土壤的酸化状况并提高酸化土壤的质量,增加作物的产量,还可以减少 CO_2、N_2O、CH_4 等温室气体的排放,减缓全球变暖。其原理如下。

①生物质炭含有大量的盐基离子和硅,在高温热解过程中能够产生氧化物,氧化物可以与酸性土壤中的 H^+ 和 Al^{3+} 反应,从而提高土壤 pH 值并降低可交换性酸的浓度。

②生物质炭可以与铝反应,吸附 Al^{3+} 并将高毒性的 Al^{3+} 转化为低毒性的 $Al(OH)_3$ 和 $Al(OH)_4^-$,从而降低酸性土壤的铝毒。

③生物质炭表面带有负电荷,具有很高的阳离子交换量,因此将生物质炭作为土壤改良剂还可以提高土壤对养分元素的吸持能力。

④生物质炭含有植物生长所需的氮、磷、钾和钙,并具有丰富的孔隙结构,可以增强土壤的保水能力,改善土壤物理结构和其他物理性质,促进土壤微生物的种群发展并增强土壤微生物的活性,促进土壤养分的循环,从而可以促进植物的生长。

5. 增施优质有机肥和推广秸秆还田

增施优质有机肥、生物有机肥以及腐熟的粪肥,可提高土壤肥力。大力推广秸秆还田,可以增加土壤有机质,改善土壤结构,提高土壤对酸的缓冲能力。此外,采用喷灌、滴灌等节水技术进行科学灌溉,可以减少漫灌引起的养分淋溶流失。

8.3 土壤酸化改良新技术

施用石灰是改良土壤酸度的传统而有效的方法,在国内外都已得到广泛应用,磷石膏也普遍用于改良热带和亚热带地区表下层土壤的酸度,但这些方法都存在一些不足。因此,需要针对我国农田土壤的酸度特点开发酸化土壤的改良新技术。

1. 表层与表下层土壤酸度的同步改良技术

碱渣是氨碱法生产纯碱的副产品,含有丰富的碳酸钙和一定的碳酸镁,有害物质含量非常有限,可用作酸性土壤改良剂。研究发现,表层施用碱渣可以同时改良表层和表下层土壤的酸度。其主要机制是碱渣中的 SO_4^{2-} 和 Cl^- 促进了 Ca^{2+} 和 Mg^{2+} 等盐基阳离子在土壤剖面中的迁移。将植物秸秆等农业废弃物与碱渣配合施用,对表下层土壤酸度的改良效果更好。

2. 不同无机改良剂的配合施用

将石灰等碱性改良剂与富含养分的工业废弃物配合施用,可以在中和土壤酸度的同时提高土壤养分含量。如农作物秸秆等生物质发电产生的灰渣富含钙和钾,猪骨提取胶原蛋白后的骨渣富含磷,将其与碱渣配合施用,可显著提高酸性土壤 pH 值以及磷、钾、钙和镁等养分的含量,促进作物对养分的吸收,提高作物产量。

3. 酸化土壤的有机改良技术

作物秸秆等农业废弃物及其制备的生物质炭和有机肥等均含一定量的碱性物质,但其碱含量低于石灰等无机改良剂,可作为较温和的改良剂用于中等酸化程度的酸性土壤的改良。这些有机改良剂还可提高土壤有机质和养分的含量,改善土壤理化性质,提高土壤肥力。

4. 酸化土壤的综合改良技术

土壤酸化伴随着土壤肥力退化和养分缺乏等问题,目前采用单施石灰的方法虽然对中和土壤酸度很有效,但不能解决酸性土壤肥力低和养分缺乏等问题。将石灰等无机改良剂与有机肥、秸秆或秸秆生物质炭按一定的比例配合施用,不仅可以中和土壤酸度,还能提高土壤肥力,保持土壤养分平衡。但目前这些综合改良技术还没有受到足够的重视,亟待进行大面积示范和推广应用。

第9章　土壤盐渍化的防治与改良

9.1　土壤盐渍化的概念及特征

土壤盐渍化也称土壤盐碱化,包括盐化和碱化。土壤盐化是指可溶性盐类在土壤中(特别是在土壤表层中)累积的过程;土壤碱化则是指土壤胶体被钠离子饱和的过程,也称为钠质化过程(sodication)。水溶性盐分在土壤中的积累是影响盐渍土形成过程和性质的一个决定性因子。不同盐分组成所形成的盐渍土在特性上也有区别(表9-1)。在土壤盐度达到一定阈值以后,土壤性质发生变化,这种变化对土壤的生产能力和环境功能是有害的,它包括支持生物生长的能力和生物多样性下降等。

表 9-1　盐渍土盐分积累的主要特性

引起盐化和碱化的电解质/离子类型	盐渍土的类型	形成环境	引起退化的主要负面性质	改良方法
氯化钠和硫酸钠(极端条件下硝酸钠)	盐土	干旱、半干旱	土壤溶液的高渗透性(毒害作用)	移去多余盐分(洗盐)
引起碱性水解的钠离子	碱土	半干旱、半湿润、湿润	高 pH 值(影响土壤物理性质)	化学改良降低 pH 值
镁离子	镁质盐土、镁质碱土	半干旱、半湿润	高渗透性(毒害作用)	化学改良、洗盐
钙离子(如硫酸钙)	石膏盐土	干旱、半干旱	较高 pH 值(毒害作用)	化学改良
亚铁和铝离子(酸性硫酸盐)	酸性硫酸盐土	海岸、潟湖地区,黏质含硫沉淀物	强酸性(毒害作用)	施用石灰

土壤的盐化和碱化是全球农业生产和土壤资源可持续利用中存在的严重问题。灌溉地区土壤次生盐渍化引起的土壤退化则更加突出。据估计,世界上现有灌溉土壤中有一半遭受次生盐渍化的威胁。Oldeman(1994)认为盐渍化是一个化学退化过程,实际上盐分的数量和类型决定着所有土壤主要的物理、化学、生物,甚至矿物学属性。

9.2　土壤盐渍化的主要危害

1. 导致养分失衡

土壤次生盐渍化的程度对土壤养分的平衡供应以及作物对养分的均衡吸收都有明显的影响,主要表现为以下三个方面。(a)土壤中盐分与养分离子的交互作用,导致某些养分的有效性降低,从而破坏土壤中养分的平衡供应,如 Ca^+ 对 P 有固定作用,从而降低了 P 的有效性。(b)次生盐渍化土壤中某些盐分离子的累积破坏了作物对养分的均衡吸收,造成作物营养失衡甚至单盐毒害。土壤中轻度硝酸盐积累即可造成蔬菜对各种营养元素的吸收不平衡,在酸性土壤中可引起缺 Fe 症和 Mn 中毒,在石灰性土壤中可引起缺 Fe、Zn、Cu 等症。同时,土壤硝酸盐的积累也影响作物对 Ca、Mg 的吸收,导致 Ca 生理病害加重,且造成体内 NO_3^--N 含量增高。此外,Cl^- 对 NO_3^-、$H_2PO_4^-$,Na^+ 对 K^+、Ca^{2+}、Mg^{2+},以及 K^+ 对 Mn、Mg 的吸收都有一定的抑制作用。(c)土壤盐渍化不利于作物根系的正常生长,致使根系的吸收能力显著降低,从而改变了作物对土壤养分浓度的要求,这就必然要求外界增大对土壤中养分的投入量以满足作物正常生长发育的需求。然而外界养分的过高投入又加剧了土壤的次生盐渍化,因而随着设施年限的延长,土壤养分的累积和不平衡问题也越来越突出。

2. 影响土壤微生物群落及数量

土壤微生物群落及其数量的变化可以作为土壤肥力状况的重要生物学指标,其变化有赖于土壤的肥力水平和环境状况。设施土壤次生盐渍化不仅会直接影响土壤微生物的活性,还会通过改变土壤的部分理化性质间接影响土壤微生物的生存环境,从而导致设施土壤微生物在种群、数量及活性上均与露地有较大差别。研究表明,土壤中的盐分含量与微生物的活性负相关:当土壤电导率(EC)为 0.5~2.0 mS/cm 时,盐分对土壤微生物的活性影响不大;当 EC 增加到 5.0 mS/cm 以上时,土壤微生物的活性会受到强烈抑制。硝化细菌对盐分含量的变化十分敏感,且随着土壤盐分含量的升高,硝化速率急剧下降,当 EC 增加到 2.0 mS/cm 时,硝化反应变得极其微弱。

3. 硝酸盐累积影响水环境质量

硝酸盐累积是设施土壤盐渍化的重要特征之一。硝酸根离子是一种负离子,黏粒矿物和有机-无机复合体组成的土壤颗粒对其只有很微弱的吸持力(主要靠土壤颗粒上少量的正电荷位点),因此 NO_3^- 可随水流动。硝态氮淋失会对地下水造成污染,氮元素在土壤中的积聚和移动可能导致水体富营养化。

硝酸盐移动性最大,最易于在土壤中遭受淋溶进入地下水。一方面,地下水中硝酸盐的危害主要来自 NO_3^-。NO_3^- 在肠胃中可还原为 NO_2^-,NO_2^- 可形成致癌物亚硝胺,同时硝酸盐易使人和动物缺氧而患高铁血红蛋白症,对人和动物的生命和健康造成危害。另一方面,地下水受硝酸盐污染会加重以地下水为补给的湖泊、河流的地面水酸化和富营养化。世界卫生组织规定饮用水中硝酸盐含量的最大允许量为 50 mg/L。中国地下水质量标准规定集中式生活饮用水中硝酸盐的含量(以 N 计)应低于 20 mg/L。世界上很多地区以地下水为饮用水源,随着地面水污染日益严重,地下水作为饮用水源的重要性更加突出。

溶于水中的硝态氮,可以随地面径流移动,随田间排水由农田土壤向地表水体移动,特别是牲畜粪肥、有机肥堆放的地方,遇降雨而产生径流时,大水量灌溉时,或畜牧养殖棚厩冲洗时,已矿化的硝态粪便可直接进入水体,对地表水造成污染。

9.3 土壤盐渍化过程

土壤盐分的形成和积累与地壳上层发生的诸多地球化学过程和水文化学过程有关。从形成来源看,土壤中的盐分主要来自矿物的风化、降雨、灌溉水、含盐岩层、地下水和人为活动(俞仁培,1990)。盐分积累依赖于三个方面:(a)可溶盐的数量;(b)盐分转化的化学过程;(c)积累的盐分在土壤和沉积物中的垂直和水平移动。

气候、地质、地貌和水文地质条件决定着盐渍化的类型和程度。盐分积累和盐渍化土壤不仅出现在干旱和低洼地区,还出现在从潮湿热带地区到极地圈的广泛范围内。它们会发生在不同的海拔高度,从海平面以下(如死海地区)到 5 000 m 以上的高山地区(如青藏高原和落基山脉)。盐渍土大约占陆地面积的 1/10,世界上 100 多个国家都有不同比例的土地被盐渍土覆盖(Szabolcs,1989)。我国盐渍化土地面积约为 1 亿 hm²,其中现代盐碱土地约占 37%,残余盐碱土地约占 45%,潜在盐碱土地约占 18%(全国土壤普查办公室,1998;熊毅和李庆逵,1987)。

9.3.1　盐分的来源

可溶性盐分,特别是钠盐,在土壤剖面、岩石和水体中的积累,是盐渍土形成的根本原因。盐渍土的形成有两个重要前提:(a)有盐分来源;(b)盐分的积累速度大于流失速度。

1. 矿物的风化

土壤中的盐分是由岩石风化而来的。组成地球表面岩石的主要元素在风化过程中被释放出来,并重新组合成无机盐类,参与土壤的盐化和碱化过程。与土壤盐化和碱化关系最密切的元素是钙、镁、钠、氯、硫、硼和氮等,它们组成盐土中普遍存在的盐类,如氯化物、硫酸盐、碳酸盐和硝酸盐等,包括 $NaCl$、$MgCl_2$、Na_2SO_4、$MgSO_4$、$CaSO_4$、Na_2CO_3、$NaHCO_3$ 和 $CaCO_3$ 等。

土壤中原生矿物的风化是土壤盐分的重要来源之一。当土壤溶液与矿物接触一定时间以后,溶液的盐分浓度一般增加 3~5 μmol/L,溶解出的离子数量主要取决于平衡气相中 CO_2 的含量。

2. 降雨

现代存在于海洋中的盐分主要来源于地壳矿物的风化,然而海洋又是干旱和半干旱地区盐分的主要来源之一。当海洋空气移向内陆时,大气中的盐分随移动距离的增大而呈指数下降趋势,盐分组成也发生变化,雨水中的氯钠比及氯和钠的绝对浓度通常随离海岸的距离增大而下降,Ca^{2+} 和 SO_4^{2-} 的相对量则增加。海洋空气中的盐分对内陆的影响通常可达到离海岸 50~150 km 的距离。据估计,在沿海,每年来自降雨的 NaCl 输入量为 100~200 kg/hm²;在大陆,每年为 20~200 kg/hm²;在内陆地区,则仅为 10~20 kg/hm²(俞仁培,1990)。

3. 含盐构造

含盐地层是某些背景下土壤盐分的主要来源。由于自然和人为活动的影响,这些岩石中的盐分被释放出来,参与现代土壤的积盐过程。例如,当水流经含盐地层后,溶解作用使水体含有高浓度的盐分,并使沿途土壤发生严重的盐渍化。

4. 灌溉水

灌溉水无论来自地表还是地下,都有一定的矿化度,或多或少地含有可溶盐。在排水不良、盐分可以有净积累的条件下,灌溉水可能引起土壤盐分富集,进而产生土壤盐渍化。可以用矿化度,也可以用电导率作为衡量灌溉水质量的指标。我国的主要灌区在黄河流域,黄河水的矿化度在没有污染时为 0.20~0.36 g/L,按华北平原小麦生长季节的灌溉水量

1 500 m³/hm² 计算,每年随灌溉水带入土壤的盐分为 300~540 kg/hm²。在西北内陆等干旱地区引洪灌溉的情况下,灌溉水的矿化度更高,盐分输入量也高得多。

5. 地下水

地下水作为盐分的主要载体,是现代积盐的主导因素。在地下水位较高、盐分可以通过毛细管上升的河谷平原,或者使用地下水灌溉的地区,土壤的积盐量和盐分组成与地下水的矿化度和盐分组成密切相关。地下水的矿化度与盐分组成也是互相联系的。当矿化度小于 0.5 g/L 时,阳离子以镁离子为主,钙离子和钠离子、钾离子的总量大致相同,阴离子以碳酸氢根(HCO_3^-)为主;当地下水的矿化度超过 1 g/L 时,氯离子的浓度超过碳酸氢根。更高矿化度的地下水水质依次为碳酸盐-硫酸盐-气化物型、硫酸盐-气化物型和氯化物型。

6. 人类活动

人类活动通过多种方式将盐分输入土壤中。灌溉是最为剧烈的形式之一,施肥也是重要的盐分输入过程。从化学组成看,无机肥本身就是盐类,所以化肥的使用也是盐分进入土壤的过程。厩肥、土粪等也含有大量的盐分。我国北方农村有施用土粪的习惯,造成盐分的人为迁移。随着工业的发展,废水灌溉、废渣使用和污泥农用等都可能将盐分带入土壤中。

近年来,随着设施农业的迅猛发展,各种温室栽培土壤盐分积累问题非常突出,已经成为威胁土壤可持续利用的最重要因素,常常造成大片土壤废弃。在城市范围内,人为使用盐类防冻是土壤中盐分增加的直接原因。

9.3.2　土壤盐分迁移

盐分作为溶质在土壤中的迁移规律是研究盐渍土形成过程及演变的理论基础。盐分迁移主要受自由水流、对流和扩散的影响。

1. 盐分随自由水的运动

土壤中自由水的运动包括重力下渗运动和地下水蒸发过程中支持毛管水的运动。自由水流动的速度快、流量大,对溶质的移动所起的作用很大,特别是地下水蒸发过程中毛管水的运动,自由水是现代盐积过程的主导因素。

毛管水的上升高度为

$$H = \frac{2T\cos\alpha}{r}$$

式中:H 为毛管水的上升高度;T 为液体的黏滞力;α 为液体与管壁的接触角;r 为毛细管的半径。

影响盐分毛管上升运移的因素有土壤的孔隙状况、土壤溶液的浓度和离子组成。通常盐分浓度的增加会降低毛管水上升的速度。一价盐类(尤其是钠盐)溶液的毛管水上升高度小于纯水。氯化物溶液的毛管水上升高度和速度大于硫酸盐溶液。

2. 盐分的扩散迁移

离子的扩散迁移是盐分在土壤中移动的一种重要方式,它取决于土壤溶液中的离子浓度梯度。根据菲克(Fick)定律,在单向扩散时,单位时间内通过单位面积的扩散物质量(J)与浓度梯度(dc/dx)的绝对值和横截面积(A)成正比:

$$J = -DA(dc/dx)$$

式中:D 为扩散系数;负号表示扩散方向与浓度梯度方向相反。当溶质在土壤中通过扩散运

动时,水流的有效横截面积是上述方程中宏观横截面积 A 的一个函数 θ,即

$$J_D = -D_p \theta (dc/dx)$$

式中: J_D 为修正后的扩散通量; D_p 为有效扩散系数,它小于在自由溶液中的扩散系数,既可以通过土壤容积含水量和弯曲系数等来计算,也可以通过经验公式估计。

3. 盐分的对流迁移

对流迁移是指运动的水携带溶解的盐类发生的迁移现象。土壤中的水分由于渗漏和蒸发而再分配,溶解的盐分便随之迁移。溶质的对流迁移取决于宏观流速,宏观流速又主要取决于土壤的孔隙状况。

溶质的宏观对流迁移通常有两种形式,即平均流速的分散和机械分散(由流速的局部差异引起)。后一种形式类似于扩散,使溶质从高浓度带向低浓度带移动,因而可以用类似于扩散方程的方程式来叙述,只需要用机械分散系数 D_h 代替有效扩散系数 D_p:

$$J_H = -\theta D_h V(dc/dx) + V_{\theta c}$$

式中: J_H 为单位时间内对流迁移的盐分总量; V 为平均孔隙流速; D_h 为机械分散系数; $V_{\theta c}$ 为平均流速迁移的溶质流。方程右侧第一项代表机械分散的溶质流。影响对流迁移的主要因素是液流流速和土壤孔隙的大小、形状及均匀度。

9.3.3 土壤盐分平衡

盐分在土壤中的积累或损失取决于盐分的输入和输出平衡。当输入大于输出时,盐分积累到一定程度时产生盐渍土;当输出大于输入时,盐分含量降低,极端情形下盐基离子淋溶,甚至产生酸化。下式综合地表达了土壤中的盐分平衡和因子:

$$S = (W + P + R + G + Y + F) - (lp + r + g + li + u)$$

式中: S 为一定深度和时期内土壤可溶性盐分含量的变化; W 为风化过程产生的盐分; P 为大气(通过降雨、尘埃、风)带来的盐分; R 为地表水携带的水平方向盐分输入量; G 为地下水携带的水平方向盐分输入量; Y 为灌溉水中携带的盐分; F 为以化学改良、化肥等方式进入土壤的盐分; lp 为降雨导致的盐分淋失; r 为地表水导致的盐分水平流出量; g 为表层以下(侧渗)水流导致的盐分输出量; li 为灌溉水所洗去的盐分; u 为植物同化吸收并以收获的方式移出该区域的盐分。

盐分平衡因子共同作用的结果是特定区域和土壤深度内盐分的变化。盐分动态变化的结果有以下三种:

①稳定:在观测期间土壤盐分含量没有变化。

②积聚: S 为正值,特定面积和土壤深度内盐分含量升高。

③淋失: S 为负值,特定面积和土壤深度内盐分含量下降。

通过盐分平衡方程,可以单独考虑各个因子对盐分平衡的贡献。土壤盐分平衡取决于很多因子,例如地下水的深度和化学组成、地形的影响、灌溉技术或方式等。在其他因子基本稳定的情况下,灌溉是引起土壤盐分变化的主要人为因子,它对土壤含盐量的影响可用公式表示为

$$b = a + (cv/Md) \times 10^{-4}$$

式中: b 为灌溉后的土壤可溶盐含量(g/kg); a 为灌溉前的土壤可溶盐含量(g/kg); c 为灌溉水中盐分的浓度(g/L); v 为观察期间的灌溉水量(m^3/hm^2); M 为盐分积累层的厚度

（m）；d 为土壤容重（g/cm³）。

9.4　盐渍化土壤的管理与防治

9.4.1　盐土和碱土的诊断

盐成土（包括盐土和碱土）是在各种自然环境因素（包括气候、地形、水文和地质等）和人为活动因素的综合作用下，盐类直接参与土壤形成过程，并以盐渍化过程为主导作用而形成的。盐成土的标志是在土壤表层 30 cm 以内出现盐积层或者碱积层。虽然在分类学上很多干旱地区的土壤因为具有干旱特征而被分类为干旱土，但实际上盐分的存在是这些土壤的另一个重要属性。

1. 盐土

盐积层是鉴别盐土的主要诊断层。目前，国内外常用于鉴别盐土的标准为：盐积层的厚度为 15~30 cm，含盐量为 10~20 g/kg（1∶1 土水比浸提液的电导率 EC>30 dS/m）。根据我国盐成土的分布和生物、气候特点，盐积层的形成过程较为复杂，在强烈的地面蒸发条件下，盐分随水通过土壤毛管作用，累积于土体上部，有时在地表形成盐霜，或厚度不等的盐结皮和盐结壳，反映出盐分的强表聚性，而盐积层的厚度和含盐量与干燥度正相关，干燥度越大，盐积层的厚度越大，含盐量越高（表 9-2）。

表 9-2　我国境内区域干燥度与土壤盐积层厚度和含盐量的关系

地域	干燥度	盐积层厚度/cm	含盐量/（g/kg）	盐结皮或盐结壳厚度/cm	地表盐渍状况
华北平原	2~4	1~3	10~30	0.1~0.2	斑块
汾渭河谷盆地	3~5	3~10	30~100	0.2~0.5	斑块
宁蒙平原地区	8~14	5~20	100~300	1~2	连片
青甘新盆地	6~15	10~30	300~600	5~15	连片

由于不同区域土壤的含盐量差别很大，因此，在盐成土的诊断上，按照区域特点的不同，对干旱地区和非干旱地区的盐土规定了不同的含盐量要求。具体如下。

盐积层（salic horizon）为冷水中大于石膏溶解度的易溶性盐类富集的土层。它符合以下条件。

①厚度至少为 15 cm。

②在干旱土或干旱地区，含盐量 ≥ 20 g/kg，或 1∶1 水土比浸提液的电导率（EC）≥ 30 dS/m。

③在其他地区盐土中，含盐量 ≥ 10 g/kg，或 1∶1 水土比浸提液的 EC ≥ 15 dS/m。

④含盐量（g/kg）与厚度（cm）的乘积 ≥ 600，或电导率（dS/m）与厚度（cm）的乘积 ≥ 900。

2. 碱土

碱土是一类特殊的盐土，其本质特征是土壤吸附的钠离子比例超过一定的阈值。碱化过程可以发生在土壤积盐过程中,也可以发生于土壤脱盐过程中,或土壤积盐和脱盐反复过程中。

　　在输入土壤中的盐分组成以碱性钠盐为主的情况下,在积盐过程发生的同时也可以发生土壤碱化过程。总的来看,碱土含有较多的交换性钠,pH 值很高(一般在 9 以上),含盐量不高。土粒高度分散,湿时泥泞,干时板结坚硬,呈块状或棱柱状结构。

　　表示交换性钠所占比例的钠吸附比(sodium adsorption ratio, SAR)是碱土的重要指标。SAR 是土壤饱和浸提液中钠离子与钙、镁离子的相对比例:

$$SAR = [Na] / \{[Ca] + [Mg]\}^{0.5}$$

式中 [Na]、[Ca]、[Mg] 分别为土壤溶液中 Na、Ca、Mg 的摩尔浓度(mmol/L)。

　　一般认为,当 SAR >13 时,土壤具有"钠质特性",但不同国家和研究者所提供的标准不尽相同(Rengasamy,1998)。其他指标,如交换性钠饱和度(ESP)、EC 和 pH 值,都可以用作碱化的标准,并且它们与 SAR 存在一定的相关关系(俞仁培,1990)。

　　钠质土壤具有特殊的物理化学行为。当土壤干燥时,团聚体由黏粒与其他大颗粒通过多种结合机理连接构成,键合离子主要为 Na^+,它极大地影响土壤的性质。当土壤湿润时,Na^+ 很容易水解,黏粒趋向于分离,土壤趋向于分散;当水含量不足以饱和时,水解受到制约,因而团聚体膨胀。随着水分含量增加,水解作用加强,黏粒进一步分散为单个颗粒。通常在二价离子键合的情况下,即使水分饱和,水解作用也会受到制约,不至于出现土粒完全分散的情形。当钠质黏粒通过水解作用互相分离达到 7 nm 以上时,因为电性相斥(存在净负电荷),会维持分散状态。即使是二价离子键合的黏粒,在机械分散以后,也会由于上述原因而维持分散状态。但是,当游离电解质浓度超过一定水平时,渗透压的增大会克服电荷斥力而使分散黏粒趋向絮凝,该电解质浓度被称为临界电解质浓度(threshold electrolyte concentration, TEC),超过临界电解质浓度时,黏粒不会从团聚体中分散(Rengasamy et al.,1991)。

　　钠质黏粒的分散和钠质团聚体的膨胀往往破坏土壤结构,减少土壤孔隙,降低土壤渗透性,即使在高含水量时也会增加土壤的强度,因而钠质土壤有很多限制根系生长和空气、水分传导的不良属性,如在降雨或者灌溉后立即泥泞,或者很快变得太干,不利于植物生长。对植物生长没有限制的土壤水分含量范围(non-limiting water range, NLWR)非常小(Letey,1991)。

9.4.2　盐渍土的防治

　　大多数盐渍土是自然地质、水文和土壤学过程作用的结果,即所谓的原生盐渍化过程。但是,人为活动从一开始就影响着这些自然过程,导致大量盐渍土的产生和严重的土地退化,即所谓的次生盐渍化作用。众所周知,在美索不达米亚平原(即两河流域)、黄河流域、尼罗河流域等地区,不合理的灌溉导致大量土地变为不毛之地的例子很多;同样,森林破坏和过度放牧也间接导致大面积盐渍化土壤的产生。

　　不合理灌溉、排水不良和农业技术落后导致了盐渍化土壤的产生。总体来说,次生盐渍化的面积甚至超过了灌溉面积,其中包括部分历史上的盐渍化灌溉土地。

　　虽然绝大多数情况下不合理灌溉是导致次生盐渍化的原因,但是其他人为活动也会强化或者诱发次生盐渍化过程。所有影响水分平衡和改变土壤形成过程中能量和物质流动的人为因素都会影响次生盐渍化过程,其中主要包括森林植被破坏、过度放牧、土地利用和耕作方式改变、土壤灌溉的淡水稀缺、生物质耗竭和化学污染。在快速工业化地区,化学沾污或污染尤为严重,大型工矿附近经常伴随土壤盐分增加,这主要是化学盐类(包括硫酸盐、氯化物和硝酸盐)及其他无机化合物向土壤中大量排放的结果。

因此,在实际的土壤管理实践中,不仅要了解土壤的发生学特性、空间分布状况、地形特性和盐碱度水平,而且要了解有关环境和景观特征,如气候、水文、地质和地形地貌等,还要了解灌溉水水质和水量、地下水深度和水质、灌溉技术及植物的耐盐水平等,这些都是影响盐分平衡的重要因子,都应该作为建设灌溉系统的基础信息。

在实施灌溉的过程中,为了防止次生盐渍化的产生,必须实时监测土壤和地下水的盐碱度、地下水的水位和化学组成、灌溉水的化学组成、水分入渗属性、土壤其他物理性质,以及土壤和水中的其他污染物水平。

大棚内的土壤不受降雨等自然条件的影响,随着栽培年限的增加,土壤盐渍化程度加重,从而影响大棚蔬菜的产量与品质。设施土壤盐分管理的基本方法是坚持以预防为主,防治相结合的方针。首先应科学合理地施用化肥,特别是速效氮肥,严禁过量施用。其次要选择那些施入土壤后对土壤溶液浓度影响比较小的化肥品种,如硝酸铵、过磷酸钙、磷酸二氢铵等。

1. 平衡施肥

过量施肥是蔬菜设施土壤盐分的主要来源。目前我国在设施栽培尤其是蔬菜栽培上盲目施肥的现象非常严重,化肥施用量一般超过蔬菜需求量的 1 倍以上,大量的剩余养分和副成分积累在土壤中,使土壤溶液的盐基离子含量逐年升高,引起次生盐渍化,导致生理病害加重,已成为设施土壤盐害的主要来源。要解决此问题,必须根据设施土壤供肥能力和作物的需肥规律实行平衡施肥。

平衡施肥是根据土壤养分状况、供肥能力以及作物对养分的需求进行定量施肥的一种科学施肥方法。实行平衡施肥既可以保证目标产量所需的养分供给,又不至于在土壤中残留过多的盐分物质,在一定程度上维持土壤养分的大致平衡和肥力的基本稳定。平衡施肥涉及的内容很多,如前茬作物的残留量、不同作物对不同养分的吸收情况、肥料之间的协同及拮抗作用、土壤对肥料的固持情况等。这里只讨论施肥量,合理确定施肥量有很多办法,其中养分平衡法直观、简明、易懂,适合农业生产者使用。应用养分平衡法时,施肥量的计算公式为

$$施肥量 = 目标产量 \times 作物单位产量养分吸收量 -$$
$$土壤养分测定值 \times 0.15 \times 校正系数$$

式中:目标产量可以根据生产经验确定;土壤养分测定值需要在每季作物种植前进行实地测定;其他参数可以查阅相关资料。

2. 增施有机肥

增施有机肥或施用有机物料(如人、畜粪尿等),一方面可增强土壤微生物活力,改善土壤三相结构、理化性质,使土壤疏松透气,提高土壤含氧量,对作物根系有利;另一方面可通过土壤微生物的吸收利用,将土壤中的无机态氮转化为有机态氮暂时固定,从而降低土壤溶液中盐的浓度。设施土壤的次生盐渍化与一般土壤的盐渍化不同,主要区别在于盐分的组成。设施土壤次生盐渍化的盐分以硝态氮为主,硝态氮占离子总量的 50% 以上。因此,降低设施土壤中硝态氮的含量是改良次生盐渍化土壤的关键。荷兰、加拿大和日本等国在设

施内大量施用秸秆或树皮之类的有机物料,其目的就在于此。

国内一般施用纤维素多(即碳氮比高)的有机肥,其可大大增强土壤肥力。每亩施用优质堆肥或厩肥 1 500~2 500 kg 来活化土壤,这样既有利于大棚作物侧根的伸展,增强作物根系吸收养分和水分的能力,又可提高大棚土壤有机质的含量。增施有机肥,尽量少施化肥,同时尽量少施含盐量高的有机肥和含氯的化肥。有机肥要经过充分腐熟后再施用,特别是人、畜粪尿及豆饼,堆制一段时间(一般要经过 7~10 d)发酵后再施用。

3. 施用改良剂

施用改良剂既能提高土壤有机质和各种营养物质的含量,同时也是改良土壤次生盐渍化的有效措施。张乃明、李刚等(2004)针对云南设施土壤次生盐渍化严重的土壤自配改良剂进行不同配比的添加调控试验。供试土壤选自云南设施大棚种植年限长达 20 年的土壤;供试有机肥为鸡粪、猪粪;土壤调理剂自配,以沸石粉为基质,添加土壤保肥剂和改良材料制成;供试作物为西芹。调控试验结果表明:改良材料在不同施用水平上降低土壤 EC 值和全盐量的效果差异较大,控制盐害的最佳改良材料水平组合是 $A_2B_2C_3D_2$,即每千克土壤配施沸石粉 6 g、泥炭 10 g、锯末 6 g、秸秆 6 g,该施用组合能显著降低土壤 EC 值和盐分含量,可以达到控制次生盐渍化水平的目的。

4. 基肥深施,追肥限量

用化肥做基肥时要深施,做追肥时尽量少量多次。最好是将化肥与有机肥混合施于地面,然后翻耕。追肥一般很难深施,故应严格控制每次的施用量,宁可增加追肥次数,以满足蔬菜对养分的需要,也不可一次施肥过多。

植物主要依靠根部吸收养分,但叶片和嫩茎也能直接从喷洒在其表面的溶液中吸收养分。在保护地栽培中,由于根外追肥不会给土壤造成危害,故应大力提倡。尿素和磷酸二氢钾,还有一些微量元素都可作为根外追肥。

5. 科学灌溉

设施栽培土壤出现次生盐渍化并不一定是整个土体的盐分含量高,也可能是土壤表层的盐分含量超出了作物生长的适宜范围。土壤水分的上升运动和通过表层蒸发是使土壤盐分积累在土壤表层的主要原因,而灌溉方式和质量又是影响土壤蒸发的主要因素。

科学的灌溉方法,不仅能调节土壤湿度,而且能调节棚内空气的湿度。漫灌和沟灌都将加速土壤水分的蒸发,易使土壤盐分向表层积累。滴灌和渗灌是最经济的灌溉方式,既可防止土壤下层盐分向表层积累,又能使农药和化肥随水滴缓慢进入植物根系,不易造成人为施肥不均和肥害问题;肥水直接被作物根系吸收,杜绝了农药化肥渗入地下,减少了污染,利于环保。因此滴灌和渗灌是较好的灌溉方式。灌溉的目的是保证土壤具有一定的含水量以满足作物正常生长的需要。而灌水量超过或低于作物正常生长的需要量时,往往会对作物的正常生长造成不利影响。灌水量过多时,还会造成深层渗漏以及渗漏水对土壤中氮素的淋洗而引起地下水污染。

对已经发生土壤次生盐渍化的保护地,可依据"盐随水走"的原理进行灌水洗盐。洗盐前先翻耕土壤,然后灌水,并且在保护地周围挖好排水沟,使盐分随水排出保护地。灌水量一般在 200 mm 以上。夏季应揭去覆盖物,让保护地土壤接受较长时间的雨淋。把大棚土壤灌水至表面积水 3~5 cm,浸泡 5~7 d,排出积水,晒田后翻耕整平备用。具体操作如下。

①工程除盐。这是一种利用土建工程措施使设施土壤中的水在一段时间内向下运动或

向设施以外的地方运动,以达到除盐目的的方法。其包括两种途径:一是表面流洗法,即使含溶解盐类的渍水经表面冲洗向设施外的地方流去;二是地下排水法,即将向下层渗透的含溶解盐类的渍水集中在一起,通过管道排到设施以外。工程除盐效果较好,但成本较高。

②生物除盐。通过种植耐盐作物(如苏丹草、青蒜等)达到除盐目的。生物除盐较方便,但效果有限。

6. 深耕改良

深耕可改善土壤结构,增加土壤通透性,提高地温;改良土壤质地,改善大棚内土壤的通透性,降低地下水位。增加大棚内土壤的有机质含量可采取深耕的办法,把富含盐类的表土翻到下层,把盐类相对含量较少的下层土壤翻到上层,从而大大减轻盐害。

7. 地面覆盖

在蔬菜生产季节,利用地膜覆盖减少水通过土壤毛细管的蒸发。童有为研究发现:温室内地面覆盖各种地膜,均有抑制地表盐渍化的效果。薛继澄也认为大棚内铺地膜是防止土壤次生盐渍化、提高蔬菜产量的一项重要措施。大棚内使用地膜后能够保持土壤水分,下层土壤带有可溶性盐分的水分,经毛细管作用上升,除供作物生长发育需要外,多余的水分凝结在地膜上,形成水滴,积累到一定程度再由上而下洗刷表土盐分,因而有地膜的土壤经栽培,其表土盐分不仅没有上升,反而有下降的趋势。

8. 轮换种植

不同种类的蔬菜,耐盐能力各不相同,轮换种植有利于消除盐害。耐盐性强的蔬菜有花椰菜、花菜、菠菜、甜菜等;耐盐性中等的有番茄、芦笋、胡萝卜、洋葱、茄子等;耐盐性差的有甜椒、黄瓜、菜豆等。在盐分含量较高的大棚,应首先种植耐盐性强的蔬菜,只有当土壤盐分含量降至 0.2% 左右时,才可种植黄瓜、甜椒等不耐盐的蔬菜。夏季可种植玉米,利用玉米吸收土壤中过量的速效氮。

在有条件的地方可进行大棚蔬菜与水稻的轮作,夏季尤其是梅雨季节应撤去大棚顶膜。在设施内种植某些吸肥性强的青割作物,可利用其对盐分有较强吸收作用的特点来降低土壤盐分含量进行生物除盐。经试种比较,苏丹草是一种较耐盐、出苗快、生长迅速、植株高大、短期内能获得较大生物量的青割作物。有资料表明:苏丹草在湿润灌溉条件下生长 30~45 d,其株高可达 2 m,每公顷秸秆产量达 22.5~37.5 t,可吸走氮素 135.0~172.5 kg,使耕层脱盐 30% 以上;另外,将其根茬翻入土中可疏松土壤结构和降低盐分浓度。因此,种植苏丹草等吸肥性极强的作物,可以有效除盐,并改善土壤理化性质。

9. 客土法

客土法是解决设施土壤次生盐渍化的有效措施之一,但是劳动强度大,只适用于小面积改良。客土法包括以本土换本土(深翻)、以客土换本土、以基质换本土三种方法。以本土换本土是把底层盐分浓度低的土壤翻至表层(耕作层),而把原盐分浓度高的表层土壤翻到底层。由于土壤盐分浓度高,换上的本土随即处于潜在盐渍化状态,因此这只是一种权宜之计。以客土换本土的方法仍然存在较大的潜在次生盐渍化的可能,它与深翻的区别在于客土来源于设施以外。以基质换本土有望成为解决设施土壤次生盐渍化最有效的方法,也是目前设施农业的一个重要研究内容。主要依据有:(a)基质栽培在蔬菜、园艺等作物上陆续获得成功;(b)基质具有容重小、孔隙度大、团粒状结构好、保水保肥等优良的物理化学性质,且操作上与原设施土壤隔绝,可阻止地下水向上运动,潜在盐渍化的可能性很小;(c)可防止设施土壤土传病虫害的发生;(d)基质材料以农业废弃物(秸秆、畜禽粪、锯末、稻壳等)及泥炭、砂砾、浮石、蛭石、珍珠岩等为主,可就地取材,且成本较低。

9.4.3 土壤盐渍化防治工程

应在综合分析区域成土条件、土壤特性的基础上,以土壤表层为核心观察水分输入与输出的方式、数量和水质,掌握区域土壤表层中"盐随水来,盐随水去"的规律,制定有效防治土壤盐渍化的对策。如在中国北方半湿润半干旱地区,应该考虑其大陆性季风气候的特征及其对区域土壤盐渍化发生演变的影响,在特定的区域水文和地质条件下,大陆性季风气候明显的季节性导致土壤盐渍化也具有强烈的季节性表聚过程,特别是春末夏初时节土壤盐渍化过程异常强烈,对农牧业生产的危害严重。因此,防治土壤盐渍化应该因地制宜地采取以下对策。(a)完善农田排灌体系,提高农业生产中水资源的利用效率。在发展灌溉农业的过程中,要以满足农作物生长发育所需的水量、调节土壤水盐运行状况为标准,设计、修建相应的农田基础设施,如发展喷灌、滴灌、渗灌技术,防止因大水漫灌或输水渠渗漏而引起地下水位抬高。(b)因地制宜地发展现代科技农业。在某些潜在盐渍化严重的土壤区,在调整产业结构、种植结构的同时,应集中发展温室蔬菜、花卉、经济作物等高产值农业,这样既能够减少农田土壤的无效物理蒸发过程并节约水资源,同时也能增加农民收入;将某些改造利用难度大、易盐渍化的水田改为牧业或林业用地,以切实改善区域生态环境。(c)运用高科技发展精耕细作的园艺农业。例如,进行耐盐渍化、耐干旱的新经济作物品种的培育,探索利用生物工程技术修复已经盐渍化土壤的新途径。

1. 农田水利工程措施

调查研究表明,在干旱、半干旱和半湿润气候区的地势平缓、地面高程低、浅层水位埋深浅的壤质土壤区域,长期引水漫灌、引水渠渗漏造成的区域地下水位升高,是引起区域土壤次生盐渍化的重要原因。因此,应完善排水体系,采用管灌、滴灌、喷灌、微喷等农田灌溉新技术,在节约灌溉用水量的同时,将土壤浅层地下水位控制在区域土壤盐渍化临界水位之下,减少地下浅层水经毛细管输送到土壤表面被蒸发的情况,这是防治土壤盐渍化的关键。

李华耀于2003年在实践中提出了以下农田水利工程措施。

①减少灌渠渗漏。(a)钢筋混凝土暗式箱涵输水渠防渗漏措施,即将钢筋混凝土箱涵埋置在地下以杜绝输水过程中的渗漏现象,这样可避免输水渗漏导致输水渠沿线地下水位抬高的问题,进而防止土壤次生盐渍化发生。中国华北平原北部的一些引水渠运用该措施取得了较好的效益。(b)堤坝迎水面衬砌加土工膜减渗措施,即针对输水明渠和平原水库堤坝所实施的减渗工程,主要是运用混凝土、预制混凝土板或石材进行堤坝全断面衬砌,以加固坝坡,保护土工膜,减缓水分渗漏。(c)中国山东省水利科学研究院1987年提出的防止平原水库围坝、江河堤防及水渠堤岸渗漏、渗透、变形的垂直铺塑防渗技术,即运用开槽铺塑机开槽,随后将0.35~1.00 mm厚的土工膜垂直埋设于槽内,利用泥浆浓缩固结的性质将土工膜固定在基础槽内形成一道不透水墙,其垂直铺塑深度可达10 m。该技术已在很多河道堤防、平原水库和水渠等软基防渗工程中得到应用,并且具有施工简单、防渗减渗效果好和成本低廉的优点。

②修建排水系统。在减少灌渠渗漏的同时,应根据区域气候特征、地形与地质水文状

况、土壤性状和农田灌溉方式等,在平原灌区修建适当的排水系统,这也是防治灌区土壤盐渍化的重要工程措施,其排水方式主要有明沟排水、暗管排水、井灌井排和机电排水,可确保平原灌区的地下水位降低或控制在区域土壤盐渍化临界深度以下,保证土壤迅速脱盐和防止土壤再度返盐。明沟排水即在地面开挖明沟进行排水,这是目前中国平原灌区普遍采用的一种形式,具有工程投资小、施工简便等优点,但也具有占地较多、维护管理成本较高等缺点。暗管排水是将排水管道修建于地下进行排水。其优点是不占耕地,无明沟塌坡和维修的困难,可长期保存;缺点是投资大,施工技术比较复杂。目前暗管排水只能在河段小、地形不平的地区与明沟结合使用。井灌井排指在地下水质较好的地区,用竖井提水,结合灌溉,可降低地下水位,兼收排水之效。其优点是排水效率高,地下水位降得快,降得深。机电排水主要是在自然排水出路困难的封闭涝洼盐碱地带,把扬水站、排沟、井及灌渠结合起来,做到遇涝能排,遇旱能灌,从而对改良盐渍化耕地起到显著的效果。

2. 农业耕作措施

改善农业耕作和种植技术等是防治土壤盐渍化的重要措施,具体包括客生改良压沙治盐、平整土地与深翻改土、增施有机肥和覆盖秸秆、密植耐盐农作物及实施牧草与农作物轮作,它们能够有效地减少土壤表面的物理蒸发,防止返盐,降低土壤盐渍化程度。

客土改良压沙治盐是国际上常用的防治土壤盐渍化的方法。在地处尼罗河下游的埃及,滨海盐渍土的治理就采用了该方法,即在滨海盐碱土表面铺设 50 cm 厚的砂砾层,构成地下水分和盐分上升的非毛管孔隙阻隔层和地下排水层;再在该砂砾层上铺设 10~20 cm 厚的富含有机质的客土层,即形成土壤水分和养分保持层;然后在该客土层上铺设约 50 cm 的粉砂层,在其上种植适合在当地生长发育的番石榴和椰枣树,并在树行之间开沟引水灌溉。上述措施已经取得显著的经济效益和生态效应。实践观察表明:当富含有机质的客土层厚度为 10~12 cm 时,能够抑制土壤盐渍化 3~4 年;当厚度为 16~20 cm 时,土壤约 20 年不会发生严重的盐渍化。

平整土地与深翻改土也是国内外常用的防治土壤盐渍化的有效方法。耕地土壤盐渍化的发生常与微地形密切相关,即在微地形较高处,其地表物理蒸发较强,故盐渍化亦较强。如据中国华北平原南部的禹城改碱实验站调查观测,在相同土质和水文地质条件下,耕地土壤表面盐斑的部位一般要比邻近的地面高出 2~5 cm。故平整土地对改良盐渍化耕地极为重要。平整土地有利于消除盐斑,有利于提高灌水质量和促进作物生长,但平整土地后要留有一定的坡度,以保证耕地在灌水时行水通畅。深翻深耕是改土治碱的一个有效办法,它能够改善土壤结构,增加土壤孔隙度,有利于淋盐洗碱,降低土壤盐渍化对农作物的危害。实地调查表明:盐渍化耕地经过深翻之后,其土壤在雨季后脱盐效果极为明显,盐分中的氯化物比硫酸盐更容易被淋洗掉;而未经深翻的耕地,经历雨季后其土壤盐分含量有上升的趋势。

增施有机肥和覆盖秸秆主要通过增加土壤养分、改善土壤理化性状、增强土壤的吸附代换性能、减少土壤表面无效的物理蒸发过程等途径,达到防治土壤盐渍化的目的。通过增施有机肥使土壤表土层中有机质的含量维持在 30 g/kg 以上,土壤就具有良好的结构和活跃的土壤微生物活动,保水保肥能力得以增强,从而可抑制土壤中养分的迁移与聚集。另外,对已经发生次生盐渍化的土壤,更应增施有机肥,尽量少施化肥特别是氮肥。实施耕地土壤秸秆覆盖除了具有培肥、保温、灭草、免耕、省工和防止土壤流失等多种效应之外,还能明显抑制土壤蒸发,显著减弱土壤盐分的表聚作用,有效缓解盐分对作物的直接接触危害等。乔培林于2009年在半干旱的黄土高原沟壑区,通过实地观测比较了地膜覆盖、玉米秸秆覆盖(将玉米秸秆粉碎,在冬小麦播种之后在田间覆盖约5 cm厚的粉碎玉米秸秆)和露地不覆盖三类土壤的水分状况,结果表明秸秆覆盖和地膜覆盖均能够有效减少冬小麦田间表土层水分的蒸发过程,对保持和增加耕作层土壤水分含量具有显著作用,如表9-3所示。

表9-3　秸秆覆盖对冬小麦田间土壤水分含量的影响

覆盖厚度/cm	土壤水分含量/%		
	秸秆覆盖	地膜覆盖	裸露田地
0~20	148.8	142.0	94.6
20~40	141.2	144.0	119.6
40~60	116.4	115.0	107.6
60~80	85.2	80.3	83.6
80~100	79.4	71.5	76.5

密植耐盐农作物及实施牧草与农作物轮作等措施也是减轻土壤盐渍化危害的重要措施。在长期的农业生产过程中,人们发现在土壤盐渍化程度较轻的情况下,大部分农作物均可种植并可获得理想的收成;在土壤盐渍化处于中等程度的情况下,可选择性地种植芹菜、大蒜、韭菜、芥菜、芋、蒌菜、蚕豆、棉花、水稻、大麦、向日葵等耐盐能力较强的作物;在盐渍化程度较重土壤上可种植耐盐作物,如叶用甜菜、菠菜、南瓜、甘蓝等。利用上述耐盐作物在其生长发育过程中的避盐、泌盐和生物体内储藏盐分的机能,可实现在农业生产过程中不断改良盐渍化土壤的目的。实施牧草与农作物轮作是国内外防治土壤盐渍化的有效措施,如印度曾种植窄叶田菁来减轻土壤盐渍化的危害;中国在盐碱土改良过程中也有种植草木樨、田菁和紫花苜蓿的实例,其脱盐效果显著。据调查观察,种植草木樨当年,土壤的脱盐率可达18.3%,第二年可达27.1%;种植田菁可以使土壤表土层(0~10 cm深)中的全盐含量降低25%~64%,上部心土层(10~20 cm深)中的全盐含量降低10%~45%。

3. 化学改良与工程技术措施

土壤盐渍化的化学改良与工程技术措施是当今国际土壤改良、土地整治及土地利用效益提高的新途径。其中化学改良盐渍地的主要途径和原理有:一是向土壤中施加适量的钙剂或钙质活化剂,以改变土壤胶体上吸附的阳离子的组成,即以Ca^{2+}取代土壤胶体上吸附的Na^+使亲水胶体变成疏水胶体,从而促进土壤团粒状结构的形成,改善土壤的通透性,加速土体脱盐;二是施用其他改良剂以调节土壤的酸碱度,改变土壤溶液反应,改善营养状况,防止碱害。在土壤盐渍化防治过程中常用的化学改良剂主要有过磷酸钙、亚硫酸钙、粗硫酸、硫黄粉、亚硫酸钙及工业废料等。

其中石膏($CaSO_4$)包括不同品位的纯石膏、土色石膏和石膏土等,其主要作用机理为

$$Na_2CO_3 + CaSO_4 \rightleftharpoons CaCO_3 + Na_2SO_4$$

即土壤中的Na_2CO_3被转化为$CaCO_3$和Na_2SO_4,从而有效地降低土壤的碱性,消除碳酸钠与碳酸氢钠对植物的毒害作用。

由于过磷酸钙不仅含有石膏,还含有游离酸和五氧化二磷,故过磷酸钙能增加土壤中的

活化钙,进而促进植物生长,其防治土壤盐渍化和促进作物增产的效果显著。磷石膏是制造磷铵复合肥的副产品,其主要成分为石膏,还含有一定数量的磷素,故磷石膏在治理盐碱土方面比单施石膏的改良效果好。硫黄和硫酸亚铁改良盐碱土主要是利用硫黄和硫酸亚铁在土壤微生物的作用下水解并产生酸类物质的特性,其可直接中和土壤中的碱性物质,但成本较高,大面积使用有困难,可用于局部碱斑的改良。

采取适当的工程措施阻止地表水分的无效物理蒸发并抑制土壤盐渍化的发生,再选择种植适宜的经济作物将会有显著的经济效益。具体工程措施包括在盐渍化土地上规划、修建塑料拱棚或者日光温室,并装配必要的引水及微喷或滴灌设施,如有可能可再加配相应的加热、降温、加湿、遮阳、补光、施肥等系统。初期在大棚内部可种植耐盐经济作物,如芹菜、大蒜、韭菜、芥菜、芋、蕹菜,在这些经济作物生长发育的过程中多次实施微喷或滴灌,一方面土壤表土层中的盐分不断被淋洗下移,另一方面这些经济作物本身可吸收部分盐分,同时因有大棚覆盖,物理蒸发减弱且表土层中盐分聚积过程停滞,其综合作用使土壤表土层中的盐分不断被脱去。经过一茬或两茬经济作物的种植与收获,大棚内的盐渍化土壤得到治理后,便可以种植经济价值更高的作物,如草莓、番茄等。

美国、以色列、澳大利亚等发达国家均采取综合性工程措施和管理措施控制土壤盐渍化,可见运用高新技术和工程措施防治土壤盐渍化已成为国际土壤退化防治发展的新方向之一。例如美国对其西南部科罗拉多河河水和农田灌溉排水进行了工程处理,并获得了盐分含量不足 0.3 g/kg 的淡水,其处理费用大约为 0.6 美元/t,这对提高农田灌区的水源保证率、促进农作物增产和改善科罗拉多河的水质均发挥了重要的作用。该农田灌溉排水净化脱盐处理的工艺流程如图 9-1 所示。另外也有人借用处理工业废水的环境工程学方法,如运用多介质过滤 + 活性炭过滤工艺、阳床 + 阴床 + 混床的全离子交换工艺、超滤 + 反渗透 + 混床工艺、膜分离技术等处理地表的咸水或盐水,确保出水水质稳定达标,但这样的处理成本较高。

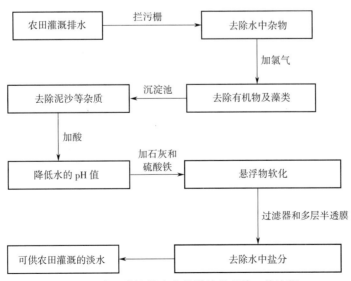

图 9-1　农田灌溉排水净化脱盐处理的工艺流程

第 10 章 土壤修复工程实施与管理

10.1 场地污染土壤修复工程实施的特点与影响因素

10.1.1 场地污染土壤修复工程实施的特点

随着现代工业化和城市化不断发展,环境中有毒有害物质日益增多,环境污染日益严重。多数污染场地的土壤和地下水同步受到污染,并且每个污染场地的污染物类型、浓度、深度存在差异性,污染物浓度的空间变异性明显,污染区块分布或集中或分散,这些与多重因素有关,因此针对场地污染土壤的修复一般较为复杂且修复成本高。基于此,归纳出场地污染土壤修复工程实施的特点。

(1)专业技术要求高

场地污染土壤修复并不是简单地去除污染土壤,为了确保土壤的可持续利用,往往需要采取多种技术手段使得受污染的土壤能够被再次安全利用。首先,需要由专业技术人员实施土壤污染状况调查与风险评估,调查与评估后确定土壤修复目标,根据土壤污染状况及风险评估结果,结合污染场地的水文地质条件,筛选土壤修复技术并制定具体的修复方案。在场地污染土壤修复工程实施中,通常需要联用多种修复技术,并进行多次小试、中试的验证以确定修复参数。整个修复过程会涉及不同的专业领域,这就要求必须由有专业知识及实践经验的技术人员实施修复,对专业技术水平要求高。

(2)修复技术复杂

大型污染场地多为老旧工业企业搬迁遗留,因历史上企业生产过程中工艺技术陈旧、管理水平较低、环保设施落后等问题,经过多年的生产活动,场地的土壤和地下水均受到不同程度的污染。场地中的污染物由于自身性质的不同,呈现出不同的水平和垂直分布特征。不同行业污染场地的典型污染物各有特点,如:焦化场地中的典型污染物为多环芳烃和苯系物;有机氯农药类场地中的典型污染物为氯代烃类、六六六和 DDT 等;钢铁行业的典型污染物为多环芳烃、苯系物和重金属等。实施土壤修复工程时,要针对不同场地的污染特点,筛选出适合的修复技术。大多数工业场地污染严重,需要联用多种修复技术才能实现修复目标,实施过程中的修复技术十分复杂。

(3)二次污染风险大

污染场地大多位于市区或周边,边界范围大,周围敏感点较多,VOCs 类污染物的挥发扩散防控难度大,修复过程中的二次污染风险大。场地污染土壤修复可能产生的二次污染包括修复过程中产生的尾气、废水、噪声、固体废物和危险废物等。比如:污染土壤开挖过程中产生的扬尘和挥发性物质的散发,以及修复设备及大棚产生的尾气;污染土壤修复过程中抽提的污染地下水、冲洗废水、基坑废水等;修复设备机械施工过程中产生的噪声;污染土壤运输过程中可能产生的污染物挥发和遗撒等。

（4）修复资金高

场地污染土壤修复是一项非常复杂而又艰巨的工作,因土壤污染具有隐蔽性、滞后性、累积性等特征,给治理修复造成非常大的困难,不仅修复周期长、见效慢,而且成本高。污染土壤修复工程本身耗时较长,修复工作要求从前期污染状况调查到后续运行管理每一步务必执行到位,这无疑加大了污染土壤的修复成本。根据《污染场地修复技术名录（第一批）》,国内异位化学氧化技术的处理成本一般为 500~1 500 元/m³,异位热脱附技术的处理成本一般为 600~2 000 元/t,异位土壤洗脱技术的处理成本一般为 600~3 000 元/m³。美国使用原位化学氧化技术修复地下水的处理成本约为 123 美元/m³。可见场地污染土壤修复需投入巨量的资金。

（5）修复周期长

大多数污染物质在土壤中不容易迁移、扩散和稀释,经过长年积累而超标,污染程度严重且不易一次性修复完成,往往需通过多种方式才能修复完成,因此场地污染土壤修复周期一般较长。

10.1.2　场地污染土壤修复工程实施的影响因素

场地污染土壤修复工程开展实施的过程会受到一些因素的影响,制约修复效果,这些因素主要包括污染物的特性、污染物的浓度及分布、污染场地的水文地质条件、污染场地的未来规划用途、修复设备的可靠性、资金投入及工期等。

（1）污染物的特性

污染物的特性是选择修复技术时需要考虑的重要因素。土壤环境中的污染物种类繁多、性质各异,常见的污染物包括无机污染物、有机污染物、放射性污染物等。污染物一般具有自然性、毒性、扩散性、积累性、活性、持久性和生物可降解性,但不同的污染物在不同的条件下具有不同的特性,而且单一污染场地与复合污染场地的修复技术也存在差异,因此污染物的特性对修复技术的选择及工程实施有很大的影响。

（2）污染物的浓度及分布

根据污染物的浓度,可以将污染程度划分为轻度、中度和重度。不同的污染程度所对应的修复技术工艺参数和工期也有很大差异。因此,污染物浓度对于修复工程的实施存在较大影响。污染物的分布决定了修复工程的施工部署安排和工程平面布置,其也是重要的影响因素之一。土壤污染物的分布特征主要包括四个方面:分布面积、深度分布、空间分布和季节变化。污染物的分布面积主要取决于污染源和污染物的性质;深度分布主要受土壤类型和土壤性质的影响;空间分布与到污染源的距离、污染物的性质、土壤类型、土地利用状况和气候因素有关;季节变化主要与气候条件、土壤微生物的活动、降雨等因素有关。

（3）污染场地的水文地质条件

污染场地的水文地质条件包括:地层结构、岩性、各时代地层分布厚度;含水层分布位置、厚度、埋深、富水性情况;含水层渗透系数及包气带土壤渗透系数;地层天然物理性质参数;等等。这些条件能够准确提供污染物的迁移转化状况,为修复技术的选择和修复工程的实施提供坚实依据。

（4）污染场地的未来规划用途

污染场地的未来规划用途也是影响修复工程实施的一个重要因素。很多污染场地经修复后，会根据规划进行后续开发，有些时候对修复周期要求较高，并且不同规划对修复目标值的要求也不同，因此修复技术的选择和修复工程的实施需要考虑这个因素。

（5）修复设备的可靠性

在修复工程实施过程中，修复设备的可靠性是保证修复工作持续开展的关键因素之一。修复设备的可靠性是指设备在一定时间内正常运行的能力，它直接影响土壤修复的效果和成本。为了提高设备的可靠性，施工单位通常采取一系列有效的策略和措施，并结合先进的设备维护管理软件，实现设备可靠性的最大化。

（6）资金投入

充足的资金投入是土壤修复工作的有力保障，大多数污染场地的修复工程造价较高，合理评估工程造价后要明确项目资金来源。目前，土壤修复行业的主要资金来源主体包括国家（专项资金）、地方政府、房地产企业和污染源企业。对于工程造价超过资金条件的污染场地，可采取暂时的工程阻隔＋制度管控措施，待资金到位或开发出成本更低的修复技术后再进行修复。

（7）工期

修复工程的工期要求也是制定修复策略和筛选修复技术时需要考虑的影响因素之一。对于时间要求较高的场地，通常采用快速修复的技术或方式，如异地修复和清洁土回填的方式，采用原位修复所耗的工期通常较长。修复工程的工期受很多因素的影响，但其主要取决于修复技术和修复工程量。

10.2　修复工程的实施流程与工作内容

污染场地土壤修复工程的流程分为八个步骤，包括调查污染状况、进行风险评估、确定修复目标、筛选修复技术、制定修复方案、设计修复工程、实施修复工程和评价修复效果。

（1）调查污染状况

污染状况调查是风险评估的前提，更是污染场地修复治理的重要基础。污染状况调查可分为三个阶段，其工作内容与程序如图 10-1 所示。

第一阶段是以资料收集与分析、现场踏勘和人员访谈为主的污染识别阶段，原则上不进行现场采样分析。第二阶段是以采样与分析为主的污染证实阶段。第二阶段污染状况调查通常可以分为初步采样分析和详细采样分析两步，每步均包括制订工作计划、现场采样、数据评估与分析等步骤。第三阶段以补充采样和测试为主，获得风险评估及进行土壤和地下水修复所需的参数。本阶段的调查工作可单独进行，也可与第二阶段调查过程同时开展。

（2）进行风险评估

风险评估是污染场地修复的前提，是修复目标确定的基础。对污染场地进行风险评估，对于界定污染范围、确定污染危害程度和指导污染修复实践具有重要作用。风险评估工作程序与内容见图 10-2。

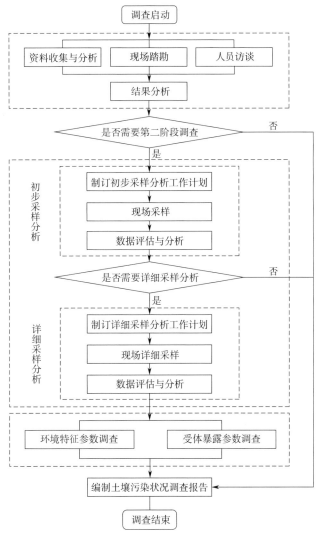

图 10-1　污染状况调查的工作内容与程序

风险评估是指在污染状况调查的基础上,分析土壤和地下水中的污染物相对人群的主要暴露途径,评估污染物对人体健康的致癌风险或危害水平。风险评估的工作内容包括危害识别、暴露评估、毒性评估、风险表征以及土壤和地下水风险控制值的计算。

1)危害识别

收集土壤污染状况调查阶段获得的相关资料和数据,掌握土壤和地下水中的关注污染物的浓度分布,明确规划土地利用方式,分析可能的敏感受体,如儿童、成人、地下水体等。

2)暴露评估

在危害识别的基础上,分析关注污染物迁移和危害敏感受体的可能性,确定土壤和地下水中污染物的主要暴露途径和暴露评估模型,确定评估模型参数取值,计算敏感人群对土壤和地下水中污染物的暴露量。

3)毒性评估

在危害识别的基础上,分析关注污染物对人体健康的危害效应,包括致癌效应和非致癌效应,确定与关注污染物相关的参数,包括参考剂量、参考浓度、致癌斜率因子和呼吸吸入单位致癌因子等。

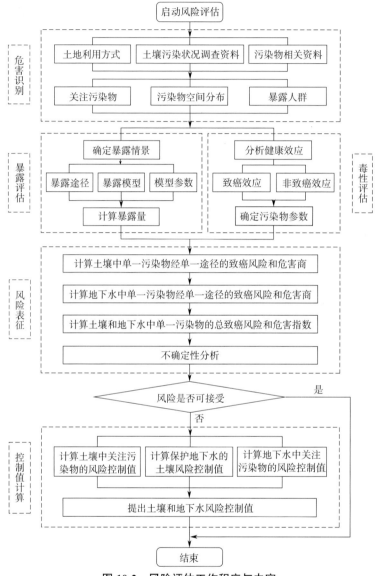

图 10-2 风险评估工作程序与内容

4)风险表征

在暴露评估和毒性评估的基础上,采用风险评估模型计算土壤和地下水中单一污染物经单一途径的致癌风险和危害商,计算单一污染物的总致癌风险和危害指数,进行不确定性分析。

5)土壤和地下水风险控制值的计算

在风险表征的基础上,判断计算得到的风险值是否超过可接受的风险水平。若风险评估结果未超过可接受的风险水平,则结束风险评估工作;若风险评估结果超过可接受的风险水平,则计算土壤、地下水中关注污染物的风险控制值;如调查结果表明,土壤中关注污染物可迁移进入地下水,则计算保护地下水的土壤风险控制值。根据计算结果,提出关注污染物的土壤和地下水风险控制值。

（3）确定修复目标

修复目标是修复技术选择与方案制定的基础和依据。修复目标以不同的场地功能和规划利用途径为前提,根据不同的风险水平进行相应的选择,并进行充分的调研和论证。目前,我国常用的修复目标主要分为基于标准的修复目标、基于风险评估的修复目标和专家评估确定的修复目标三类。

1）基于标准的修复目标

基于标准的修复目标是最为彻底、要求最高的修复目标。目前可参考的质量标准有国家标准,如《土壤环境质量　建设用地土壤污染风险管控标准（试行）》（GB 36600—2018）、《地下水质量标准》（GB/T 14848—2017）等;地方标准及规定,如河北省地方标准《建设用地土壤污染风险筛选值》（DB 13/T 5216—2022）、《上海市建设用地土壤污染状况调查、风险评估、风险管控与修复方案编制、风险管控与修复效果评估工作的补充规定（试行）》等。

2）基于风险评估的修复目标

根据《建设用地土壤污染风险评估技术导则》（HJ 25.3—2019）对污染场地进行风险评估,并计算出关注污染物的土壤和地下水风险控制值,以此来确定修复目标。

3）专家评估确定的修复目标

由于污染场地的情况多样,污染物种类多,污染状况复杂,因此需要专家在相关标准和风险评估的基础上综合判断场地条件和污染状况来确定修复目标。

（4）筛选修复技术

修复技术的选择是污染场地修复的核心内容。筛选修复技术包括采用场地修复技术筛选矩阵、多目标决策支持方法、成本-效益分析法和生命周期评价法对修复技术进行筛选,并对选用的技术进行修复效率评估、经济性评估和可行性评估。

（5）制定修复方案

在选定修复技术的基础上,针对整个场地进行技术集成,形成总体修复技术体系,制定修复方案。制定修复方案包括制定技术路线、确定工艺参数和明确修复工程量,在此基础上制定和优选修复方案,进一步制订环境管理计划。

（6）设计修复工程

修复工程设计应根据场地条件,按照修复方案,明确场地修复的具体施工过程。修复工程设计包括方案设计、初步设计和施工图设计三个阶段。

（7）实施修复工程

修复工程实施要根据污染物种类、污染程度及场地特性和条件等,按照既定的修复方案及工程设计方案,采用对应的污染修复工程技术装备,实施修复工程。

（8）评价修复效果

修复工程实施后,对其修复效果进行全面而客观的评价是修复技术整体应用的全面总结与阐述。污染场地的修复效果评价包括治理效果和风险评价,主要通过对修复后的土壤和地下水中的污染物进行检测,判断是否符合修复方案中制定的修复目标,如果达到了预期的修复目标,可以恢复场地的使用功能。污染场地存在长期监测的情况下,在修复完成后,监测系统仍应运行一段时间,直到监测结果明确表明污染物被有效去除或控制,且得到环境主管部门的批准,才可关闭监测系统。

10.3 修复工程技术筛选及方案制定

10.3.1 修复工程技术筛选

1. 筛选原则

修复工程技术筛选是污染场地修复的核心内容,是修复目标得以实现的基本保障。在筛选修复技术的过程中,除了要考虑技术自身的适用性以及地块条件外,还要考虑采用的修复技术是否既有利于后期监管又能确保满足后期地块的开发利用需求。因此,依次遵循以下原则筛选修复技术。

(1)技术针对性

根据地块具体污染情况,充分考虑地块水文地质、污染物分布的不均一性等因素,选择具有针对性的修复技术。该技术应能适应本项目地块土壤岩性及水文地质条件。同时,为确保修复后土壤中的目标污染物浓度不高于修复目标值,其必须在一定的修复时间内将目标污染物浓度降低至修复目标值以下。

(2)技术先进性

科学组织,合理安排,充分考虑本项目地块的污染特征、工艺流程以及现场修复实施的实际情况,所用技术需满足本地块土壤污染物的去除要求,并保证修复过程不会影响周边环境和周围居民。随着经济发展和人民生活水平的提高,公众对环境的关注度日趋提高,因此在选择修复技术时也应考虑这方面的因素,接受舆论监督、采纳公众的合理建议是污染场地修复技术选择的发展趋向。

(3)实施可行性

所采用的修复技术必须确保具备工程化修复实施条件,相关配套设施及装备完善,以确保修复能够顺利实施。修复工期是修复技术筛选的重要依据,同等投入情况下应当选择在尽可能短的工期内实现修复目标的技术,保障场地功能的实现。

(4)经济适用性

在满足以上筛选条件的潜在可行修复技术中,应优先选择资金投入较低的修复技术。资金投入评估所需的信息可能来自供应商、估价指南,或者参考其他类似工程估算符合该项目实际的工程费用。修复技术的选择原则是:在合理的资金投入范围内可最高效、快速达到人体健康风险要求的修复目标。

(5)监管有效性

合理安排,有利于修复过程监管。为缩短管理部门对修复过程的监管周期,降低监管成本,最大限度地防止修复过程中可能产生的环境及安全风险,采用的修复技术应能够在较短的时间实现对全部污染土壤的达标修复。

2. 修复技术概述

常见污染土壤修复技术有热脱附技术、水泥窑协同处置技术、砖瓦窑协同处置技术、土壤气相抽提技术、常温解吸技术、土壤洗脱技术、化学氧化技术、化学还原技术、固化/稳定化技术、微生物修复技术、焚烧技术、填埋技术等。

（1）热脱附技术

热脱附是用直接或间接的热交换,将土壤加热到足够高的温度,使其中的有机污染物蒸发并与土壤分离的过程,挥发出的污染物被收集或直接焚烧裂解。热脱附技术常用于有机污染物(如石油烃、农药、多氯联苯等)污染土壤的处理。随着工程项目的广泛应用,热脱附技术逐渐发展为原位热脱附技术和异位热脱附技术。

（2）水泥窑协同处置技术

水泥的生产过程是以石灰质原料、黏土质原料与少量校正原料经破碎后,按一定比例配置、磨细并调配为成分合适、质量均匀的生料,在水泥窑内煅烧至部分熔融得到以硅酸钙为主要成分的硅酸盐水泥熟料的过程。将污染土壤与水泥生料共处置,经回转窑高温煅烧,可以将有机污染物完全分解,达到无害化处置的目的。受水泥生产工艺的限制,普通水泥窑对投料口进行改造方可共处置污染土壤。同时作为水泥生产的附加功能,要求对土壤性质进行分析,合理配料,不能给水泥生产和产品质量带来不利影响。

（3）砖瓦窑协同处置技术

砖瓦窑协同处置技术是指使用污染土壤替代传统制砖瓦原料,经过原料破碎、混合、干燥、焙烧、冷却等环节制成砖瓦类产品。

（4）土壤气相抽提技术

土壤气相抽提(SVE)也称土壤通风或真空抽提,可用于土壤原位或异位修复。因对挥发性有机物污染土壤及地下水治理的有效性和广泛性,SVE 逐渐发展为一种标准有效的环境修复技术。气相抽提技术通过布置在不饱和土壤层中的提取井向土壤中导入空气,气流经过土壤时污染物随空气进入真空井,气流经过后,土壤得到修复。

（5）常温解吸技术

常温解吸技术是将污染土壤从污染区域挖掘后运输至密闭解吸车间,经过初步预处理后,常温下通过专业工程设备(包括混合和筛分设备等)将污染土壤与修复药剂(以生石灰为主)混合,并通过车间附属通风及尾气收集和处理系统将解吸的挥发性气体去除。挥发性有机污染土壤的常温解吸技术属于异位 SVE 增强技术,其实质为化学反应放热增强的土壤通风技术。

（6）土壤洗脱技术

污染物主要集中分布于较小的土壤颗粒上,土壤洗脱是采用物理分离或增效洗脱等手段,通过添加水或合适的增效剂,分离重污染土壤组分或使污染物从土壤相转移到液相中的技术。经过洗脱处理,可以有效地减小污染土壤的处理量,实现减量化。

（7）化学氧化技术

化学氧化技术是通过向土壤中注入化学氧化剂与污染物产生氧化反应,使污染物降解或转化为低毒产物的修复技术。常见的氧化剂包括高锰酸钾、过氧化氢、芬顿试剂、过硫酸盐和臭氧。处理周期与污染物初始浓度、修复药剂和目标污染物的反应机理有关。化学氧化技术可以分为异位化学氧化技术和原位化学氧化技术。

（8）化学还原技术

化学还原技术主要通过向土壤中注入还原剂在地下创造出还原性条件,促进氯代有机物的还原脱氯降解。化学还原技术可以处理重金属类(如六价铬)和氯代有机污染物等。

常见的还原剂包括硫化氢、连二亚硫酸钠、亚硫酸氢钠、硫酸亚铁、多硫化钙、二价铁、零价铁等。化学还原技术可分为原位化学还原技术与异位化学还原技术。

（9）固化/稳定化技术

固化/稳定化技术最早用于危险废物的处置，在污染场地修复方面主要用于受重金属污染的土壤。固化/稳定化技术包含固化和稳定化两个概念。固化是指利用水泥一类的物质与土壤相混合将污染物包被起来，使之呈颗粒状或大块状存在，进而使污染物处于相对稳定的状态。固化程序包括将污染土壤与固定剂（如水泥）混合，使土壤硬化的过程，混合物干燥后形成硬块，可以在原地或转移到其他地点进行最终处置。固化程序可避免固化物中的化学物质流散到周围环境中，来自雨水或其他水源的水，在流经地下环境中的固化物时，不会带走或溶解固化物中的有害物质。稳定化是指利用磷酸盐、硫化物和碳酸盐等作为污染物稳定化处理的反应剂，将有害化学物质转化成毒性较低或迁移性较低的物质，使其不具有危害性或移动性。例如将重金属污染土壤与石灰混合，石灰与重金属反应形成金属氢氧化物沉淀，使重金属不易移出土壤。

（10）微生物修复技术

微生物对污染土壤的修复是以其对污染物的降解和转化为基础的。利用微生物修复污染土壤必须具备两个方面的条件：一是土壤中存在着多种多样的微生物，这些微生物能够适应变化了的环境，具有或能够产生特定的酶，具备代谢功能，能够转化或降解土壤中难降解的有机化合物，或能够转化或固定土壤中的重金属；二是进入土壤的有机化合物大部分具有生物可降解性（即在微生物的作用下由大分子化合物转变为简单小分子化合物的可能性，或进入土壤的重金属具有微生物转化或固定的可能性）。只有具备了上述条件，微生物修复才有实现的可能。

（11）焚烧技术

焚烧是利用高温、热氧化作用通过燃烧来处理危险废物的一种技术，其中发生剧烈的氧化反应，常伴有光与热的现象，是一项可以显著减小废物的体积、降低废物毒性或危害的处理工艺。焚烧既可以有效破坏废物的有害成分，达到减容减量的效果，又可以回收热量用于供热或发电。焚烧的产物是二氧化碳、水蒸气和灰分等。

（12）填埋技术

填埋技术是将污染土壤挖掘运输到填埋场进行安全填埋的一种技术。

3. 工作程序和内容

（1）分析比较修复技术

结合地块污染特征、土壤特性和选择的修复模式，从技术成熟度、适合的目标污染物和土壤类型及修复的效果、时间和成本等方面分析比较现有土壤修复技术的优缺点，重点分析各修复技术工程应用的实用性。可以列表描述修复技术的原理、适用条件、主要技术指标、经济指标和技术应用的优缺点等，然后进行比较分析；也可以采用权重打分的方法。通过比较分析，提出一种或多种备选修复技术进行下一步的可行性评估。

（2）修复技术可行性评估

1）实验室小试

可以采用实验室小试进行土壤修复技术可行性评估。实验室小试要采集地块的污染土壤进行试验，应针对修复技术的关键环节和关键参数，制定实验室试验方案。

2)现场中试

如对土壤修复技术的适用性不确定,应在地块开展现场中试,验证修复技术的实际效果,同时考虑工程管理和二次污染防范等。中试应尽量兼顾地块中的不同区域、不同污染浓度和不同土壤类型,获得土壤修复工程设计所需要的参数。

3)应用案例分析

土壤修复技术可行性评估也可以采用相同或类似的地块修复技术的应用案例进行分析,必要时可现场考察和评估应用案例实际工程。

（3）确定修复技术

在分析比较土壤修复技术优缺点和开展技术可行性试验的基础上,从技术的成熟度、适用条件,对地块土壤修复的效果、成本、时间和环境安全性等方面对各备选修复技术进行综合比较,确定修复技术,以进入制定修复方案阶段。

10.3.2　修复工程技术方案制定

修复工程技术方案（简称修复方案）制定是指导修复工程实施的依据,方案的合理性、系统性直接决定了修复工程能否顺利进行和达到预期的修复目标。在制定修复方案时,应严格按照规范要求,思路清晰,内容详尽完整,操作性强。在实际的污染场地修复工程中,需要在现有经验的基础上,以《建设用地土壤修复技术导则》（HJ 25.4—2019）为依据进行详细的归纳总结,按照要求编制大纲,制定完成修复方案。地块土壤修复方案编制分为选择修复模式、筛选修复技术、制定修复方案三个阶段,如图 10-3 所示。

1. 选择修复模式

在分析前期土壤污染状况调查和风险评估资料的基础上,根据地块条件、目标污染物、修复目标、修复范围和修复时间,确定地块修复总体思路。

（1）确认地块条件

1)核实地块相关资料

根据土壤污染状况调查报告和风险评估报告等相关资料,核实地块相关资料的完整性和有效性,重点核实前期地块信息和资料能否反映地块目前的实际情况。

2)现场考察地块状况

考察地块现状,要特别关注相较于前期土壤污染状况调查和风险评估阶段地块发生的重大变化,以及周边环境保护敏感目标的变化情况。现场考察地块修复工程的施工条件,应特别关注地块用电、用水、施工道路、安全保卫等情况,为修复方案的工程施工区布局提供基础信息。

3)补充相关技术资料

核查地块已有资料和现场考察地块状况,如发现不能满足修复方案编制基础信息的要求,应适当补充相关资料。必要时应适当开展补充监测,甚至进行补充性土壤污染状况调查和风险评估。

（2）提出修复目标

对前期获得的土壤污染状况调查和风险评估资料进行分析,结合必要的补充调查,确认地块土壤修复的目标污染物、修复目标值和修复范围。

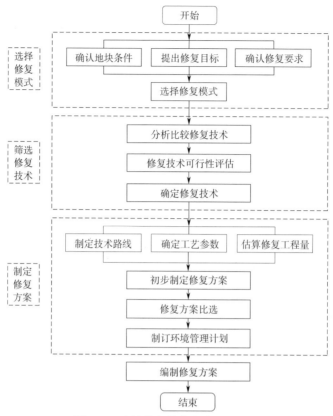

图 10-3　土壤修复技术方案编制程序

1）确认目标污染物

确认前期土壤污染状况调查和风险评估提出的土壤修复目标污染物,分析其与地块特征污染物的关联性和与相关标准的符合程度。

2）提出修复目标值

对计算得到的土壤风险控制值、标准规定的筛选值和管制值、地块所在区域土壤中目标污染物的背景含量以及国家和地方有关标准中规定的限值进行分析比较,结合目标污染物的形态与迁移转化规律等,提出土壤目标污染物的修复目标值。

3）确认修复范围

确认前期土壤污染状况调查与风险评估提出的土壤修复范围是否清楚,包括四周边界和污染土层深度分布,特别关注污染土层异常分布情况,比如非连续性自上而下分布。依据土壤目标污染物的修复目标值,分析和评估需要修复的土壤量。

（3）确认修复要求

与地块利益相关方进行沟通,确认对土壤修复的要求,如修复时间、预期经费投入等。

（4）选择修复模式

根据地块特征条件、修复目标和修复要求,确定地块修复总体思路。永久性处理修复优先于暂时性处置,即显著地减少污染物数量、毒性和迁移性。鼓励采用绿色的、可持续的和资源化修复。治理与修复工程原则上应当在原址进行,确需转运污染土壤的,应确定运输方式、路线及污染土壤数量、去向和最终处置措施。

2. 筛选修复技术

根据地块的具体情况,按照确定的修复模式,筛选实用的土壤修复技术,开展必要的实验室小试和现场中试,或对土壤修复技术应用案例进行分析,从适用条件、对本地块土壤的修复效果、成本和环境安全性等方面进行评估。

3. 制定修复方案

根据确定的修复技术,制定土壤修复技术路线,确定土壤修复技术的工艺参数,估算地块土壤修复的工程量,提出初步修复方案。从主要技术指标、修复工程费用以及二次污染防治措施等方面进行方案可行性比选,确定经济、实用和可行的修复方案。

（1）制定土壤修复技术路线

根据确定的地块修复模式和土壤修复技术,制定土壤修复技术路线,可以采用单一修复技术,也可以采用多种修复技术进行优化组合。修复技术路线应反映地块修复总体思路、修复方式、修复工艺流程和具体步骤,还应包括地块土壤修复过程中受污染水体、气体和固体废物等的无害化处理处置等。

（2）确定土壤修复技术的工艺参数

土壤修复技术的工艺参数应通过实验室小试和/或现场中试获得。工艺参数包括但不限于药剂投加量或比例、设备影响半径、设备处理能力、处理时间、处理条件、能耗、设备占地面积或作业区面积等。

（3）估算地块土壤修复的工程量

根据技术路线,按照确定的单一修复技术或组合修复技术方案,结合工艺流程和参数,估算每个修复方案的修复的工程量。根据修复方案的不同,修复工程量可能是调查和评估阶段确定的土壤处理和处置所需工程量,也可能是方案涉及的工程量,还应考虑土壤修复过程中受污染水体、气体和固体废物等的无害化处理处置的工程量。

（4）修复方案比选

根据确定的单一修复技术或组合修复技术方案的主要技术指标、工程费用估算和二次污染防治措施等方面进行比选,最后确定最佳修复方案。

1）主要技术指标

结合地块土壤特征和修复目标,从是否符合法律法规、长期与短期效果、修复时间与成本、修复工程的环境影响等方面,比较不同修复方案主要技术指标的合理性。

2）修复工程费用

根据地块修复工程量,估算并比较不同修复方案所产生的修复费用（包括直接费用和间接费用）。直接费用主要包括修复工程主体设备、材料、工程实施等所需的费用,间接费用包括修复工程监测、工程监理、质量控制、健康安全防护和二次污染防范措施等所需的费用。

3）二次污染防范措施

在地块修复工程实施前,应首先分析工程实施的环境影响,并根据土壤修复工艺过程和施工设备清洗等环节产生的废水、废气、固体废物、噪声和扬尘等环境影响,制定相关的收集、处理和处置技术方案,提出二次污染防范措施。综合比较不同修复方案二次污染防范措施的有效性和可实施性。

（5）制订环境管理计划

地块土壤修复工程环境管理计划包括修复工程环境监测计划和环境应急安全计划。

1）修复工程环境监测计划

修复工程环境监测计划包括修复工程环境监理、二次污染监控和修复效果评估中的环境监测。应根据确定的最佳修复方案，结合地块污染特征和地块所处环境的条件，有针对性地制订修复工程环境监测计划。

2）修复工程环境应急安全计划

为确保地块修复过程中施工人员与周边居民的安全，应制订周密的修复工程环境应急安全计划，内容包括安全问题识别、需要采取的预防措施、突发事故时的应急措施、必须配备的安全防护装备和安全防护培训等。

10.4 修复工程实施过程中的仪器设备

10.4.1 现场检测仪器设备

（1）履带式取土钻机

履带式取土钻机在取土时以液压力为下压力，对动力头进行施压，从而使得钻机可以钻进得更深，以取得土壤样品。液压直推钻机安装在履带车上，同时具备标准贯入试验（SPT）系统（重力落锤）、双速螺旋系统（可搭载中空螺旋钻杆进行地下水监测井建设等）。这种钻机的优势是一机多用，在很多场景、很多场地都可以使用；它的弊端是受场地限制较为严重，无法进入管线密布、树林密布等的场地。履带式取土钻机如图10-4所示。

图10-4 履带式取土钻机

（2）小型快速钻进设备

小型快速钻进设备是美国环境保护署为开展场地污染调查监测（超级基金项目）而委托设计的土壤和地下水取样装备，特别适用于污染土壤和地下水调查、监测、修复等领域。迄今，小型快速钻进设备的供货商有两家，即美国的AMS（产品为Power-probe）和KEJR（产品为Geoprobe）。Geoprobe如图10-5所示。

图 10-5　Geoprobe

（3）便携式 VOC 检测仪

便携式 VOC 检测仪用来检测土壤样品和污染场地修复现场空气中的 VOC。它通常由一个传感器和一个显示屏组成，可以轻松携带到不同的位置进行测量。通过监测 VOC 浓度，人们可以采取必要的措施来降低暴露风险，例如采取相应的控制措施或在必要时佩戴口罩等。便携式 VOC 检测仪如图 10-6 所示。

图 10-6　便携式 VOC 检测仪

10.4.2　实验室仪器设备

1. 气相色谱仪

气相色谱仪常用于检测土壤中的有机物。该仪器主要利用色谱分离技术和检测技术，对多组分的复杂混合物进行定性和定量分析。气相色谱仪通常可用于分析土壤中热稳定性好且沸点不超过 500 ℃的有机物,如挥发性有机物、有机氯、有机磷、多环芳烃等。其利用试样中各组分在气相和固定液液相间分配系数不同的特性进行检测,当汽化后的试样被载气带入色谱柱中运行时,组分就在其中的两相间进行反复多次分配。由于固定相对各组分的吸附或溶解能力不同,因此各组分在色谱柱中的运行速度不同,经过一定的柱长后便彼此分离,按顺序离开色谱柱进入检测器,产生的离子流信号经放大后,在记录器上描绘出各组分的色谱峰。气相色谱仪如图 10-7 所示。

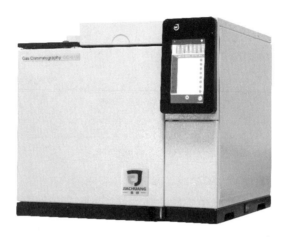

图 10-7　气相色谱仪

2. 原子吸收光谱仪

原子吸收光谱仪可用于测定多种元素,其工作原理为原子在特定波长的光线作用下发生电子跃迁。原子吸收光谱仪通常包括光源、样品室、光栅、光电二极管和信号处理系统。

工作过程如下:光源发出宽谱的光线,常用的光源有气体放电灯、中空阴极灯等,这些光源能够在特定波长范围内产生连续或者离散的谱线;光线经过样品室,样品室中的样品会吸收特定波长的光线;样品室内通常使用火焰炉、石英管等装置,它们将样品转化为气态或者液态进行分析;经过样品室的光线进入光栅,光栅可以将不同波长的光线按照一定的规律分散开,形成光谱;光谱通过光电二极管(光电二极管的灵敏度和稳定性决定了仪器的测量灵敏度)接收,并将光线转化为电信号;电信号经过信号处理系统进行放大和滤波处理,然后转换为数字信号进行计算和分析。

通过测量样品吸收的特定波长光线,原子吸收光谱仪可以定量分析样品中不同元素的含量。根据不同元素的吸收特性和光谱峰的强度,可以确定样品中元素的浓度。原子吸收光谱仪如图 10-8 所示。

3. 电感耦合等离子体质谱仪

电感耦合等离子体质谱仪常用于土壤中重金属的检测,其由等离子体发生器、雾化室、炬管、四极质谱仪和快速通道电子倍增管(称为离子探测器或收集器)组成。其工作原理是雾化器将溶液样品送入等离子体光源,样品在高温下汽化,解离出离子化气体,通过铜或镍取样锥收集的离子,在低真空(约 133.322 Pa)条件下形成离子束,再通过直径为 1~2 mm 的截取板进入四极质谱仪,经滤质器质量分离后,到达离子探测器,根据探测器的计数与浓度的比例关系,可测出元素的含量或同位素比值。电感耦合等离子体质谱仪如图 10-9 所示。

图 10-8 原子吸收光谱仪

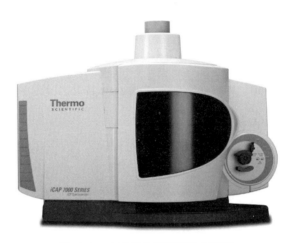

图 10-9 电感耦合等离子体质谱仪

10.4.3 工程修复设备

1. 土壤筛分斗

土壤筛分斗是一种适配于装载机、挖掘机等机械的通用性辅具,能一步完成筛分、破碎、混合和搅拌工作,高效便捷,成本低。土壤筛分斗如图 10-10 所示。

2. 移动式筛分机

移动式筛分机将给料仓、给料机、筛分机运输皮带整合在一个可移动的筛分站上,设备结构紧凑,无须安装,对场地适应性强,设备密封性好,不易产生粉尘。污染土壤通过装载机被铲入一体化移动式筛分机中,经振动筛可分选出小于目标粒径要求的物料。移动式筛分机如图 10-11 所示。

图 10-10　土壤筛分斗

图 10-11　移动式筛分机

3. 原位强力搅拌注药设备

原位强力搅拌注药设备采用"挖掘机＋强力搅拌头"的组合方式。专业设备强力搅拌头是一种安装于挖掘机上的混合搅拌装置,其混合搅拌的效果取决于水平设计的滚轴和混合搅拌部件;在工作时,能够在三维空间内混合搅拌材料。强力搅拌头可以处理不同性质的土壤,其深度可达到地下 5 m。

原位强力搅拌注药设备由三个部分组成。(a)强力搅拌头:用于原位混合修复药剂和软弱土质。(b)压力输料罐车:建立在履带地盘或拖车地盘上的药剂输送系统。(c)控制系统:记录输料罐车的输料过程。其工作原理如图 10-12 所示。

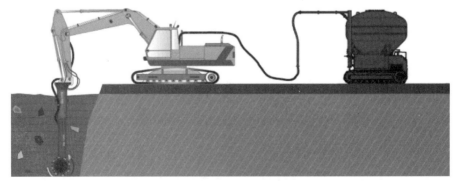

图 10-12　原位强力搅拌注药设备工作原理

该设备通过液压驱动、液压控制将药剂直接输送到喷射装置,运用搅拌头螺旋搅拌过程中形成的负压空间或液压驱动将粉体(或泥浆状)药剂和催化剂喷入污染介质中,或使用高压灌浆管来迫使药剂或催化剂进入污染介质孔隙中。通过安装在输料系统阀端的流量计检测氧化剂和催化剂的输入速度、掺入量,使其按照预定的比例与污染介质以及污染物进行有效的混合。在工作时,滚轴可以在驾驶员的操作下根据工程作业要求在三维空间内实现稳定剂与土壤的搅拌和混合,精准覆盖修复区域。原位强力搅拌注药设备如图 10-13 所示。

图 10-13 原位强力搅拌注药设备

4. 高压旋喷注射设备

高压旋喷注射设备涉及的工艺包括单管法、二重管法、三重管法,每个工艺的原理如下所述。

单管法:利用高压泥浆泵产生 20 MPa 以上的高压射流,然后从喷嘴中高速喷出,与此同时提升和旋转注浆管,高压射流就会持续不断地冲击破坏原地基材料,同时浆液与被剥落下来的土颗粒等进行充分的混合搅拌,然后形成一定直径的固结体。

二重管法:利用空压机产生 0.7~0.8 MPa 的压缩空气,高压泥浆泵产生 20 MPa 以上的高压射流,两种不同的流体分别通过两个不同的通道(气流通道在外,浆液通道在内)在喷射管底部从同轴双重喷嘴中同时喷射,与此同时提升和旋转注浆管,高压射流就会持续不断地冲击破坏原地基材料。

三重管法:压力在 30 MPa 以上的超高压水射流从中间喷嘴喷出,同时从同轴外喷嘴中喷射出的圆管状压缩气流环绕包裹超高压水射流四周,在圆管状压缩气流保护下的超高压水射流高效切割破坏地层土体的同时,由泥浆泵泵出高密度、低压力的水泥浆液充填置换密度较低的泥浆,最后形成圆柱状固结体。

高压旋喷注射设备如图 10-14 所示。

5. 洗脱设备

洗脱处理系统一般包括土壤预处理单元、物理分离单元、增效洗脱单元、废水处理及回用单元、挥发性气体控制单元等。在具体场地修复中可选择单独使用物理分离单元或联合使用物理分离单元和增效洗脱单元。洗脱设备包括土壤预处理设备(如破碎机、筛分机等)、输送设备(如皮带机、螺旋输送机等)、物理筛分设备(如湿法振动筛、滚筒筛、水力旋流器等)、增效洗脱设备(如洗脱搅拌罐、滚筒清洗机、水平振荡器、加药配药设备等)、泥水分离及脱水设备(如沉淀池、浓缩池、脱水筛、压滤机、离心分离机等)、废水处理设备(如废水收集箱、沉淀池、物化处理系统等）、泥浆输送设备（如泥浆泵、管道等）和自动控制设备。洗脱处理系统如图 10-15 所示。

图 10-14 高压旋喷注射设备

图 10-15 洗脱处理系统

6. 热脱附设备

异位热脱附系统可分为直接热脱附系统和间接热脱附系统，也可分为高温热脱附系统和低温热脱附系统。

①直接热脱附系统由进料系统、脱附系统和尾气处理系统组成。进料系统：通过筛分、脱水、破碎、磁选等预处理，将污染土壤从车间运送到脱附系统中。脱附系统：污染土壤进入热转窑后，与热转窑燃烧器产生的火焰直接接触，被均匀加热至目标污染物汽化的温度以上，达到污染物与土壤分离的目的。尾气处理系统：富集汽化污染物的尾气，通过旋风除尘、焚烧、冷却降温、布袋除尘、碱液淋洗等环节去除尾气中的污染物。

②间接热脱附系统同样由进料系统、脱附系统和尾气处理系统组成。但其与直接热脱

附系统的脱附系统和尾气处理系统不同。脱附系统:燃烧器产生的火焰均匀加热热转窑外部,污染土壤被间接加热至污染物的沸点后,污染物与土壤分离,废气经燃烧直排。尾气处理系统:富集汽化污染物的尾气,通过过滤器、冷凝器、超滤设备等去除尾气中的污染物。气体通过冷凝器后可进行油水分离,从而浓缩、回收有机污染物。

热脱附系统的主要设备包括:进料设备,如筛分机、破碎机、振动筛、链板输送机、传送带、除铁器等;脱附设备,如回转干燥设备、热螺旋推进设备;尾气处理设备,如旋风除尘器、二燃室、冷却塔、冷凝器、布袋除尘器、淋洗塔、超滤设备等。

直接热脱附系统如图 10-16 所示。

图 10-16　直接热脱附系统

间接热脱附系统如图 10-17 所示。

图 10-17　间接热脱附系统

7. 气相抽提设备

土壤气相抽提(SVE)系统利用真空泵抽提产生负压,空气流经污染区域时,解吸并夹带土壤孔隙中的挥发性和半挥发性有机污染物,由气流将其带走,经抽提井收集后最终处理,达到净化包气带土壤的目的。SVE 系统通常由抽提系统、尾气处理系统、控制系统三个主要部分构成。SVE 系统的主要设备包括抽气井、布气管道、真空泵、测量装置、控制装置、尾气处理设备等。气相抽提设备如图 10-18 所示。

图 10-18　气相抽提设备

8. 多相抽提设备

多相抽提(multi-phase extraction,MPE)是快速兴起的原位修复技术,用于从包气带、毛细上升区、饱和带土壤和地下水中抽提气相、水溶相和非水溶相污染物,将污染物抽取到地面进行相分离及处理。多相抽提是在土壤气相抽提的基础上加以改进的结果,也是当前在渗透性较好的土壤中应用最多的技术。

MPE 系统通常由多相抽提系统、多相分离系统、污染物处理系统三个主要部分构成。系统主要设备包括真空泵(水泵)、输送管道、气液分离器、非水相液体(NAPL)- 水分离器、传动泵、控制设备、气-水处理设备等。

多相抽提系统是 MPE 系统的核心部分,其作用是同时抽取污染区域的气体和液体(包括土壤气体、地下水和 NAPL),把气态、水溶态以及非水溶性液态污染物从地下抽吸到地面上的处理系统中。多相抽提设备可以分为单泵系统和双泵系统,其中单泵系统仅由真空设备提供抽提动力,双泵系统则由真空设备和水泵共同提供抽提动力。

多相分离系统可对抽出物进行气-液及液-液分离。分离后的气体进入气体处理单元,液体通过其他方法进行处理。油水分离利用重力沉降原理除去浮油层,分离出含油量低的水。

污染物处理系统对经过多相分离后被分为气相、水相和有机相等形态的含有污染物的流体结合常规的环境工程处理方法进行相应的处理。气相中污染物的处理方法目前主要有热氧化法、催化氧化法、吸附法、浓缩法、生物过滤法及膜法过滤等。污水中的污染物处理目前主要采用膜法(反渗透和超滤)、生化法(活性污泥)和物化法等,并根据相应的排放标准选择配套的水处理设备。

多相抽提设备如图 10-19 所示。

图 10-19　多相抽提设备

10.5　修复工程项目管理

10.5.1　项目管理的基本思路

(1)建立专业管理团队

项目部的管理能力和人员素质,是做好管理工作的前提和基础。项目部应根据工程特点和具体要求组建人员素质高、管理能力强、具有类似工程施工经验的管理班子,确保项目管理的各项目标顺利实现。

(2)制定管理目标

明确管理目标是进行项目管理的基础,在工程施工管理中,应遵循"高起点、严要求、高目标"的原则,对工期、质量、环境保护等各项指标进行策划,并制定相应的措施,确保管理目标的实现。现场组织机构不仅要保证工程范围内的各项目标的实现,而且要对各专业人员进行有效管理,使之周密配合,这样方能保证项目全方位、优质、高速、低耗、安全建设。

(3)实施过程控制,严格目标管理

在项目管理过程中,应制定一系列管理制度和管理措施,积极采用计算机等先进的管理手段,通过实施严格的过程管理和过程控制,确保管理目标的实现。

10.5.2　项目组织机构

项目组织机构可划分为四个层次,即企业保障层、项目决策层、项目管理层、施工作业层。项目部设置项目经理,负责管理项目技术负责人、质量主管、现场负责人、安全环保经理、设备主管、商务经理等领导层,各领导层对技术质量部、工程部、安全部、环境保护部、物资部、商务部、行政部等部门进行管理,各专业作业队由对应的管理部门进行管理,具体的组织机构见图 10-20。

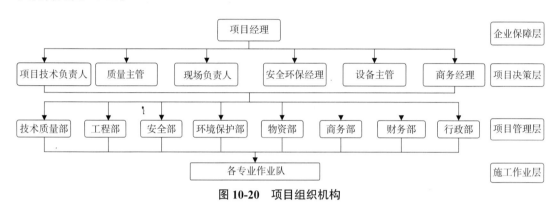

图 10-20　项目组织机构

10.5.3　进度管理

建立由总承包单位和各分包单位组成的进度管理体系,以计划管理为核心,明确关键线路,及时插入各专业分包施工。施工过程中定期进行进度检查,发现问题及时采取措施进行纠偏。根据进度计划合理组织劳动力、材料、机械设备等资源,并对平面布置进行合理规划,安排足够的施工设备及劳动力,确保工程如期顺利推进。具体进度管理制度如下。

（1）进度计划编制与审批制度

施工总进度计划由总承包单位项目技术负责人组织编制,各部门、各专业配合编制,编制完成经监理、招标人审批后方可执行,并同时下发各分包单位。如施工过程中需进行调整,需经监理、建设单位同意。

各专业施工进度计划,由各专业单位根据施工总进度计划编制,编制完成后经总承包单位、监理、招标人审批后方可执行。如施工过程中需进行调整,需经总承包单位、监理、招标人同意。

（2）专题例会制度

为及时有效地解决现场进度问题,协调好各专业的施工组织,计划管理部应制定专题例会制度。

工程管理部每周召开进度管理会议,会议由总承包单位项目经理主持,管理生产的负责人参加。主要目的是检查计划的执行情况,提出存在的问题,分析原因,研究对策,采取措施。

针对影响项目整体施工进度的问题,计划管理部应随时组织各专业召开专题进度会议。各专业单位必须派符合资格要求的人员参加,参加者将代表其决策者。

计划管理部定期进行进度分析,检查指标的完成情况是否影响总目标,劳动力、材料及机械设备的投入是否满足施工进度的要求,通过分析总结经验,暴露问题,找出原因,制定措施,确保进度计划的顺利进行。

各专业单位应及时根据项目部的安排调整进度计划,在进度上有任何提前及延误应及时向计划管理部进行说明。

（3）进度考核制度

为保证施工进度按原定各项计划有效有序地进行,并促进各专业单位努力完成各项进度目标,计划管理部应制定进度考核制度。

计划管理部每周周末对本周进度情况组织一次考核,每月月底对本月进度组织一次考核,严格按照合同条款中规定的工期对各专业单位进行考核,要求各专业单位必须履行合同中明确的工期责任,并实行奖罚。

（4）总平面管理制度

现场总平面布置直接影响各专业的材料运输,进而影响施工进度,需要分阶段对总平面布置进行合理的规划,并对整个总平面进行动态管理,物资管理部应制定总平面管理制度。要加强总平面管理,特别是机械停放、材料堆放等不得占用施工道路,不得影响其他设备、物资的进场和就位,实现施工现场秩序化。

10.5.4　质量管理

在工程实施过程中,总承包单位应根据质量管理的方针目标,有效开展各项质量管理活动,建立相应的质量管理体系。遵循既定的管理方针,建立以项目负责人为核心,各部门的负责人及技术人员、管理人员等配合的质量保证体系,形成从上到下全方位、全过程的质量监控网络。明确项目负责人、技术负责人及各级管理、监测、试验、技术、操作人员的质量职责,实现质量一次通过、整体成优的目标。具体质量管理措施如下。

①成立全面质量管理（TQC）小组。根据项目的特点,成立以项目经理为组长,有关工程技术管理人员及各主要作业层骨干为成员的全面质量管理领导小组,对主要工程进行 P（计划）、D（实施）、C（检查）、A（处理）工程程序循环（简称 PDCA 循环,见图 10-21）,不断提高质量。

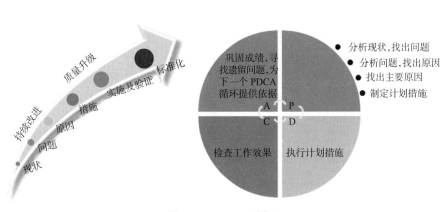

图 10-21　PDCA 循环

②质量管理按照事前、事中和事后控制相结合的模式依次展开。

③总承包单位总部质量部为质量管理主责部门,对工程质量管理工作进行整体的筹划、监控和指导;项目经理部质量部负责本工程质量管理具体组织实施工作,并进行工序的检查和过程控制。

④根据工程总体质量目标,各专业单位结合工程特点分解每个分部工程的质量目标,明确必保优良分项,确定相应的质量控制手段,确保质量目标的实现。

⑤坚持质量月报制度,每月项目经理部上报质量月报,经监理单位确认后报送建设单位,同时报送投标人单位总部质量部。

⑥加强动态质量监控,促进规范化管理。质量部根据管理细则明确质量责任,负责本岗位业务的全方位管理,按照分工,及时准确地处理施工中存在的质量问题;项目经理部每月根据工程进度情况,制订相应的质量检查计划,严格目标考核,使考评结果与奖惩制度紧密结合。

10.5.5　环境管理

环境管理是指按照法律法规和各级主管部门的要求,保护和改善作业现场的环境,控制现场产生的各种污染对环境的影响和危害。为保证在污染土壤和地下水修复工程实施过程中不产生二次污染及确保相关人员的人身健康,工程修复实施过程中需对所涉及场地内的土壤、大气、地下水和噪声环境进行检测,然后将检测结果与相关标准规范或施工前的环境质量进行对比评价,在确保遵守国家和地方政府各项环保法律法规的条件下,切实做好相应环境管理。具体环境管理制度如下所述。

(1)环境保护责任制度

项目经理是工程环境管理的第一责任人,对项目施工环境管理承担主要领导责任,工程管理部对环境管理承担直接领导责任,项目技术负责人对环境管理的相关技术承担直接责任,项目部其他人员承担相关责任。环境保护部是项目部工程环境管理的接口部门,对项目施工区域内的环境管理承担相应的管理责任。

(2)环境保护措施交底制度

项目部在开工前组织施工图纸会审、编制施工组织方案的同时,环境保护部需对本项目中的环境影响因素进行识别、评价,确认重要环境因素,制定相应的管理方案和应急预案,以预防、控制或减小对环境的影响。

环境保护部在项目正式组织实施前,需完成施工过程中的环境保护管理与应急预案,报项目经理批准后实施,并在进行工程技术交底的同时组织对施工过程中的环境保护技术措施(尤其是二次污染防护措施)进行三级交底。

(3)环境保护培训教育制度

为提高全体项目部管理人员、作业人员对项目实施中的环境管理、二次污染防控的意识,防止和减少各类环境事故,应有计划地组织环境保护培训教育活动。主要教育内容是:国家环境保护方针、政策及主要法规、标准;企业环境保护规章制度;生产性质、特点及基本环境保护要求;生产工艺流程、环境保护措施;典型环境事故案例剖析和教训。

组织环境保护教育培训,由班组长、班组兼职环境保护员进行。主要教育内容是:班组工作任务、性质及环境保护要求;有关设备、设施的性能,环境保护装置的作用与完好要求;岗位环境保护要求;事故出现苗头或发生事故时的紧急处置措施。

项目部通过局域网发简报、通报、光盘,组织知识竞赛和集中培训。各部门采用集中学习培训、会议、宣传栏、黑板报、画展、标语的形式开展学习。

项目开工前应制订环保教育培训年度计划,并按照计划组织实施。不断了解职工对环保工作的需求,根据汇总结果及时修改培训计划。保证环保教育培训所需的人员、资金和物资。建立健全职工环保教育管理档案,并由从业人员和考核人员签名。

（4）环境保护设施运行管理制度

针对环境保护与二次污染防护建设相应的环境保护设施,包括进出场清洁设施、废水收集预处理设施、固体废弃物收集设施等。环境保护设施运行管理,是指对项目各项环境保护设施进行操作、维护、管理,保证设施正常运行,对污染物进行处理、处置和利用的活动。

（5）环境保护检查制度

环境保护检查制度,由项目环境保护部安排的每月一次的环境保护检查制度与每日工程、安全、质量部门进行的日常检查制度组成。

（6）环境保护考核制度

项目部建立环境保护考核奖励基金。项目部每季对管辖的作业队进行一次环境保护考核,考核主要内容按扬尘控制、废水收集预处理情况,噪声管理、环境卫生管理情况,建筑垃圾是否按规定处置,是否造成环境影响和环境事件进行评价;对考核评比优胜作业队给予奖励,对造成环境影响的单位给予处罚。发生重大环境污染事故及以上事故,按公司相关规定处罚。

10.5.6　资金管理

制定项目实施的资金统筹计划措施,并建立满足工程要求的项目资金管理办法,高效地利用项目资金,最大限度地发挥流动资金的效益,在合同条件下完成招标人交给的施工任务,提高企业的竞争力,是工程实施保障措施的重要内容。

（1）贯彻执行节约成本、降低消耗措施

采取有效措施,控制生产消耗,节约各项费用。要正确编制生产计划,严格按计划施工。要把成本指标和各种主要材料、单项消耗指标纵横分解到各部门、各施工段及个人,实行奖罚承包。

（2）执行工程计量工作制度,加快资金的回收

加强工程部门、合同部门对已完工程及变更工程的计量工作。要做到工程只要结束,就能很快形成计量。同时,合同部门、财务部门应通力合作,尽快使申报的进度款得以拨付。

（3）重视经济活动分析,发现问题及时采取措施

要重视经济活动分析,从实际出发,建立资金利用效果分析制度。考核资金利用效果的指标主要是流动资金周转率,包括流动资金周转次数和流动资金利润率。将这些指标与本企业历史相比、与计划相比、与行业平均水平相比,看是否有明显上升或下降,是否存在异常。通过分析找出差异原因,针对不利因素提出解决措施。

（4）执行合同管理制度,挖掘资金潜力,发挥流动资金的效益

合同履行过程中的管理是合同管理的重要内容,其主要任务是监控项目实施与合同要求的差别、处理未预见的情况等。按照合同规定制订工作计划并遵照执行,通过对项目实施的实际情况与合同条款的具体规定进行比较,及时发现偏差和采取纠偏措施,以保证项目目标的顺利实现。

10.5.7　污染土壤外运管理

异地修复污染土壤外运时需遵循以下要求。

（1）运输前开展教育培训

项目部组织专业人员对运输车辆司机进行教育培训,要求司机与车辆实名制绑定,确保人车一致,录入监管系统。先实行教育培训,后由专业人员现场教导。主要推行工程车"一停、二看、三听、四指挥"的工作要求,降低路口右转弯风险。

①一停:右转弯要完全停在停止线内,必须礼让直行的非机动车和行人。

②二看:停车后左右查看车辆周边非机动车和行人情况,还要查看监控屏幕。

③三听:听到雷达报警音时先刹车,确定危险消除后再启动。

④四指挥:听从路口指挥人员的指挥,确认安全后,在指挥人员示意以后再重新起步转弯。

（2）运输手续办理及管理制度

运输管理执行联单管理制度,专人负责出入废渣的交接和登记。运输车辆由项目部指定专门人员负责管理,车辆统一编号,并发放污染土壤运输单,经监理核实后,运至指定单位的接收地点,具体实施顺序为:发放污染土壤运输单→出场核实→接收场地核实→卸土核实。

污染土壤运输单由监理方参与签发和签收,以严格控制污染土壤运输流程。

（3）运输过程主要措施及防护

①安装车辆定位系统,建立监控中心,对运输过程中的每台运输车辆和船只进行实时动态监控和管理,包括车辆的跟踪、调度、监督,行车数据全程记录,安全报警等。

②现场转运过程中,用于运输污染土壤的车辆必须有完好的运行工况。用于运输的车厢必须封闭,运输过程中不得有任何泄漏或撒落,严禁用敞盖车运输。

③运输车辆必须按指定路线行驶,接受当地居民监督和交通管理机构检查与指挥。

④专车监督废渣转运途中的遗撒,如发生较大规模遗撒,需立即组织道路应急小组清理。

⑤运输司机、装载方、接收方和监督方都必须填写污染土壤运输单。

⑥司机必须积极参加安全教育培训,进一步落实各项交通安全措施,加强安全行车意识。

⑦司机必须严格遵守公安、交通部门所颁发的一切条例规定,严格按机动车驾驶操作规程行车,严禁将车辆交给无驾驶证人员驾驶。

⑧严格遵守交通规则,不能违章行车(如超速、乱抢道等)。运输途中应尽量避免紧急制动,转弯时车辆应减速。通过隧道、涵洞、立交桥时,要注意标高、限速。司机在工作时间

内不能饮酒,严禁酒后驾驶,开车时要集中精神。

⑨运输车辆随车应备有应急包装袋及装卸清扫工具。

⑩运输过程中如发生事故,驾驶员应立即向项目部报告并同时向当地公安部门报告,并看护好车辆及污染土壤,配合采取一切可能的警示、救援措施。

⑪运输过程中遇天气、道路路面状况发生变化时,应及时采取安全防护措施。若要避雨,应选择安全地点停放车辆。遇泥泞、颠簸、狭窄及山崖等路段时,应低速缓慢行驶,防止车辆侧翻、打滑和土壤遗撒等,确保运输安全。

10.5.8　监理管理

修复工程项目监理包括工程监理和环境监理。

工程监理受项目法人委托,依据国家批准的工程项目建设文件,有关工程建设的法律法规、工程建设监理合同及其他工程建设合同,对工程建设实施监督管理,控制工程建设的投资、建设工期和工程质量,以实现项目的经济和社会效益。工程监理的对象是修复工程本身以及与工程质量、进度、投资等相关的事项,其监理内容主要围绕工程施工建设开展,包括施工安全、施工质量、施工技术、工程进度、施工款项等。

环境监理受场地责任主体委托,依据有关环境保护法律法规、污染地块前期已批复及通过专家评审的相关文件、环境监理合同等,对项目场地治理和修复过程中的环境保护提供监督管理等技术服务,监督指导修复工程施工单位全面落实修复工程项目中的各项环境保护措施和要求。污染地块修复工程环境监理工作包括施工准备阶段环境监理、工程实施阶段环境监理、竣工验收阶段环境监理和编制环境监理工作报告。环境监理的工作对象是工程中的环境保护措施、风险防范措施以及受工程影响的外部环境保护等相关内容。依据项目环保技术文件,监督施工过程中有关废水、废气、噪声、固体废弃物及生态保护等的措施的落实,并采取环境监测等手段来校验落实效果,实现修复过程中环境问题的监督管理。环境监理的工作内容是监督修复工程是否满足环境保护的要求等,协调好工程与环境保护,以及业主和各方的关系。

参考文献

[1] 陈怀满,朱永官,董元华,等.环境土壤学 [M].3 版.北京:科学出版社,2018.

[2] 郭书海,吴波,胡清,等.污染土壤修复技术预测 [J].环境工程学报,2017,11(6):3797-3804.

[3] 路港滨,俄胜哲,袁金华,等.土壤重金属有效性影响因素及其在作物和土壤系统迁移运转规律研究进展 [J].中国农学通报,2023,39(20):67-73.

[4] 林华,张学洪,梁延鹏,等.复合污染下 Cu、Cr、Ni 和 Cd 在水稻植株中的富集特征 [J].生态环境学报,2014,23(12):1991-1995.

[5] 陈晨,陈小华,沈根祥,等.水稻对 5 种重金属累积特征及食用安全研究 [J].生态毒理学报,2021,16(5):347-357.

[6] 杜天庆,杨锦忠,郝建平,等.Cd、Cr、Pb 复合胁迫下小麦植株重金属的积累与分布 [J].麦类作物学报,2012,32(3):537-542.

[7] 陆干,李磊明,陶祥运,等.Pb、Cu 胁迫对玉米生长、细胞色素合成以及重金属吸收特性的影响 [J].安徽农业大学学报,2017,44(5):905-911.

[8] 卢李桃.土壤污染防治的难点及对策研究 [J].皮革制作与环保科技,2023,4(18):103-104,107.

[9] 高伟.土壤污染防治及修复措施分析 [J].清洗世界,2023,39(9):81-83.

[10] 魏潇淑,柏杨巍,王晓伟,等.国内外土壤污染防治法律法规与技术规范概述及思考 [J].环境工程技术学报,2023,13(5):1643-1651.

[11] 沈仁芳,滕应.土壤安全的概念与我国的战略对策 [J].中国科学院院刊,2015,30(4):468-476.

[12] 贾建丽,于妍.环境土壤学 [M].2 版.北京:化学工业出版社,2012.

[13] 崔龙哲,李社锋.污染土壤修复技术与应用 [M].北京:化学工业出版社,2016.

[14] HE Y, LI X, SHEN X, et al. Plant assisted rhizoremediation of decabromodiphenyl ether for e-waste recycling area soil of Taizhou, China [J]. Environmental science and pollution research, 2015, 22(13): 9976-9988.

[15] LIN J J, HE Y, XU J M, et al. Vertical profiles of pentachlorophenol and the microbial community in a paddy soil: influence of electron donors and acceptors [J]. Journal of agricultural and food chemistry, 2014, 62(41): 9974-9981.

[16] MA B, CHEN H, XU M, et al. Quantitative structure activity relationship(QSAR)models for polycyclic aromatic hydrocarbons(PAHs)dissipation in rhizosphere based on molecular structure and effect size [J]. Environmental pollution, 2010, 158(8): 2773-2777.

[17] FENG S, WEN H, NI S, et al. Degradation characteristics of soil-quality-related physical and chemical properties affected by collapsing gully: the case of subtropical hilly region, China [J]. Sustainability, 2019, 11(12).

[18] BAKER B J, DE ANDA V, SEITZ K W, et al. Diversity, ecology and evolution of Archaea[J]. Nature microbiology, 2020, 5(7): 887-900.

[19] OLIVER D P, BRAMLEY R G V, RICHES D, et al. Review: soil physical and chemical properties as indicators of soil quality in Australian viticulture: indicators for soil quality [J]. Australian journal of grape and wine research, 2013, 19(2): 129-139.

[20] RUBIO A, MERINO A, BLANCO A. Soil-plant relations in Mediterranean forest environments [J]. European journal of forest research, 2010, 129(1): 1-3.

[21] 陈梦蝶, 崔晓阳. 土壤有机碳矿物固持机制及其影响因素 [J]. 中国生态农业学报(中英文),2022,30(2):175-183.

[22] 陈冰玉, 邸明伟. 木质素解聚研究新进展 [J]. 高分子材料科学与工程, 2019, 35(6): 157-164.

[23] 潘根兴, 曹建华, 周云超, 等. 土壤碳及其在地球表层系统碳循环中的意义 [J]. 第四纪研究,2000,20(4):325-334.

[24] 祖元刚, 李冉, 王文杰, 等. 我国东北土壤有机碳、无机碳含量与土壤理化性质的相关性 [J]. 生态学报,2011,31(18):5207-5216.

[25] 王乐, 朱求安, 杜灵通, 等. 草地碳循环主要影响因素及研究方法进展 [J]. 草原与草坪, 2023,43(4):144-156.

[26] 张雷, 严红, 魏湜, 等. 土壤有机碳储量及影响其分解因素 [J]. 东北农业大学学报, 2004,35(6):744-748.

[27] CUI J L, ZHANG X M, REIS S, et al. Nitrogen cycles in global croplands altered by elevated CO_2 [J]. Nature sustainability, 2023, 6(10):1166-1176.

[28] ZHONG L, BOWATTE S, NEWTON P C D, et al. An increased ratio of fungi to bacteria indicates greater potential for N_2O production in a grazed grassland exposed to elevated CO_2 [J]. Agriculture, ecosystems and environment, 2018, 254: 111-116.

[29] ZHONG L, ZHOU X Q, et al. Mixed grazing and clipping is beneficial to eco-system recovery but would increase the potential N_2O emission in semi-arid grasslands [J]. Soil biology and biochemistry, 2017, 114: 42-51.

[30] 赵琼, 曾德慧. 陆地生态系统磷素循环及其影响因素 [J]. 植物生态学报,2005(1):153-163.

[31] 潘根兴, 程琨, 陆海飞, 等. 可持续土壤管理:土壤学服务社会发展的挑战 [J]. 中国农业科学,2015,48(23):4607-4620.

[32] 张辉, 宋琳, 陈晓琳, 等. 土壤退化的原因与修复作用研究 [J]. 海洋科学, 2020, 44(8): 147-161.

[33] 刘占锋, 傅伯杰, 刘国华, 等. 土壤质量与土壤质量指标及其评价 [J]. 生态学报, 2006(3): 901-913.

[34] 郭安宁. 不同土壤退化类型及其调控对土壤微生物的影响机制 [D]. 北京:中国地质大学,2020.

[35] 黄慧琼. 遏止全球土壤退化刻不容缓 [J]. 生态经济,2021,37(2):5-8.

[36] 王凯, 孙星星, 秦光蔚, 等. 我国土壤改良修复工程技术研究进展 [J]. 江苏农业科学,

2021,49(20):40-48.

[37] 郑喜坤,鲁安怀,高翔,等. 土壤中重金属污染现状与防治方法 [J]. 土壤与环境，2002（1):79-84.

[38] LUO X H, WU C, LIN Y C, et al. Soil heavy metal pollution from Pb/Zn smelting regions in China and the remediation potential of biomineralization [J]. Journal of environmental sciences, 2023, 125：662-677.

[39] 徐明岗,卢昌艾,张文菊,等. 我国耕地质量状况与提升对策 [J]. 中国农业资源与区划，2016,37(7):8-14.

[40] KHAN S, NAUSHAD M, LIMA E C, et al. Global soil pollution by toxic elements：current status and future perspectives on the risk assessment and remediation strategies：a review [J]. Journal of hazardous materials，2021，417.

[41] 环境保护部和国土资源部. 全国土壤污染状况调查公报 [EB/OL].(2014-04-17)[2023-11-26]. https：//www.mee.gov.cn/gkml/sthjbgw/qt/201404/W020140417558995804588.pdf.

[42] 王喆,蔡敬怡,侯士田,等. 地球化学工程技术修复农田土壤重金属污染研究进展 [J]. 土壤，2020,52(3):445-450.

[43] 樊霆,叶文玲,陈海燕,等. 农田土壤重金属污染状况及修复技术研究 [J]. 生态环境学报,2013,22(10):1727-1736.

[44] 庄国泰. 我国土壤污染现状与防控策略 [J]. 中国科学院院刊,2015,30(4):477-483.

[45] 刘志培,刘双江. 我国污染土壤生物修复技术的发展及现状 [J]. 生物工程学报，2015，31(6):901-916.

[46] 许燕波,钱春香,陆兆文. 微生物矿化修复重金属污染土壤 [J]. 环境工程学报，2013，7(7):2763-2768.

[47] 杨启良,武振中,陈金陵,等. 植物修复重金属污染土壤的研究现状及其水肥调控技术展望 [J]. 生态环境学报,2015,24(6):1075-1084.

[48] 丁竹红,胡忻,尹大强. 螯合剂在重金属污染土壤修复中应用研究进展 [J]. 生态环境学报,2009,18(2):777-782.

[49] 殷飞,王海娟,李燕燕,等. 不同钝化剂对重金属复合污染土壤的修复效应研究 [J]. 农业环境科学学报,2015,34(3):438-448.

[50] 陶雪,杨琥,季荣,等. 固定剂及其在重金属污染土壤修复中的应用 [J]. 土壤，2016，48(1):1-11.

[51] 章强,郭晓明,原名扬,等. 蚯蚓堆肥过程中重金属的迁移转化特征及影响因素 [J]. 中国环境科学,2024,44(4):2166-2183.

[52] 孙涛,陆扣萍,王海龙,等. 不同淋洗剂和淋洗条件下重金属污染土壤淋洗修复研究进展 [J]. 浙江农林大学学报,2015,32(1):140-149.

[53] 金亚波,韦建玉,屈冉,等. 蚯蚓与微生物、土壤重金属及植物的关系 [J]. 土壤通报,2009,40(2):439-445.

[54] 黄益宗,郝晓伟,雷鸣,等. 重金属污染土壤修复技术及其修复实践 [J]. 农业环境科学

学报,2013,32(3):409-417.

[55] 储陆平,周书葵,荣丽杉,等. 电动修复重金属污染土壤的研究进展 [J]. 应用化工, 2020,49(11):2853-2858.

[56] 陈保冬,赵方杰,张莘,等. 土壤生物与土壤污染研究前沿与展望 [J]. 生态学报, 2015, 35(20):6604-6613.

[57] 李政,顾贵洲,赵朝成,等. 高相对分子质量多环芳烃的生物共代谢降解 [J]. 石油学报 (石油加工),2015,31(3):720-725.

[58] 计敏惠,邹华,杜玮,等. 表面活性剂增效电动技术修复多环芳烃污染土壤 [J]. 环境工程学报,2016,10(7):3871-3876.

[59] 蔡烈刚,沈婷,李智民,等. 原位生物修复过程中石油烃降解特征研究 [J]. 资源环境与工程,2018,32(4):606-610.

[60] 吴霞,桑康云,刘泽宇. 有机污染场地原位化学氧化高压旋喷修复试验 [J]. 环境工程, 2023,41(7):124-130.

[61] 滕应,骆永明,李振高. 污染土壤的微生物修复原理与技术进展 [J]. 土壤, 2007, 39(4): 497-502.

[62] 徐向阳,任艳红,黄绚,等. 典型有机污染物微生物降解及其分子生物学机理的研究进展 [J]. 浙江大学学报(农业与生命科学版),2004,30(6):684-689.

[63] SHAN J, WANG T, LI C L, et al. Bioaccumulation and bound-residue formation of a branched 4-nonylphenol isomer in the geophagous earthworm *Metaphire guillelmi* in a rice paddy soil [J]. Environmental science and technology, 2010, 44(12): 4558-4563.

[64] SANCHEZ P A, LOGAN T J. Myths and science about the chemistry and fertility of soils in the tropics [J]. SSSA special publication, 1992(29): 35-46.

[65] 于天仁. 中国土壤的酸度特点和酸化问题 [J]. 土壤通报,1988(2):49-51.

[66] DUCHAUFOUR P. Stages of vegetation and soils of the humid mountains of Colombia[J]. Documents de cartographie ecologique, 1982, 25: 97-100.

[67] 王维君, 陈家坊. 土壤铝形态及其溶液化学的研究 [J]. 土壤学进展,1992(3):10-18,9.

[68] REUSS J O, WALTHALL P M, ROSWALL E C, et al. Aluminum solubility calcium aluminum exchange and pH in acid forest soils [J]. Soil science society of America journal, 1990, 54(2): 374-380.

[69] ALVA A K, KERVEN G L, EDWARDS D G, et al. Reduction in toxic aluminum to plants by sulfate complexation [J]. Soil science, 1991, 152(5): 351-359.

[70] GUO J, ZHANG X, ZHANG Y, et al. Ca-H-Al exchanges and aluminium mobility in acidic forest soils [J]. Acta pedologica sinica, 2006, 43(1): 92-97.

[71] LARSSEN T, VOGT R D, SEIP H M, et al. Mechanisms for aluminum release in Chinese acid forest soils [J]. Geoderma, 1999, 91(1-2): 65-86.

[72] 徐仁扣. 有机酸对酸性土壤中铝的溶出和铝离子形态分布的影响 [J]. 土壤,1998(4): 214-217.

[73] GONG Z T, ZHANG G L, ZHAO W J, et al. Land use-related changes in soils of Hainan

Island during the past half century [J]. Pedosphere, 2003, 13(1): 11-22.

[74] 潘根兴, FALLAVIER P, 卢玉文, 等. 近35年来庐山土壤酸化及其物理化学性质变化 [J]. 土壤通报, 1993(4):145-147.

[75] 吴甫成, 彭世良, 王晓燕, 等. 酸沉降影响下近20年来衡山土壤酸化研究 [J]. 土壤学报, 2005(2):219-224.

[76] 张明, 李小明. 酸沉降对泰山土壤酸化的影响 [J]. 山东大学学报(理学版), 2010, 45(1): 36-40.

[77] YANG Y, JI C, MA W, et al. Significant soil acidification across northern China's grasslands during 1980s-2000s [J]. Global change biology, 2012, 18(7): 2292-2300.

[78] KRUG E C, FRINK C R. Acid rain on acid soil a new perspective [J]. Science(Washington D C), 1983, 221(4610): 520-525.

[79] DUAN L, HUANG Y M, HAO J M, et al. Vegetation uptake of nitrogen and base cations in China and its role in soil acidification [J]. Science of the total environment, 2004, 330 (1-3): 187-198.

[80] LARSSEN T, DUAN L, MULDER J. Deposition and leaching of sulfur, nitrogen and calcium in four forested catchments in China: implications for acidification [J]. Environmental science and technology, 2011, 45(4): 1192-1198.

[81] LU X, MAO Q, GILLIAM F S, et al. Nitrogen deposition contributes to soil acidification in tropical ecosystems [J]. Global change biology, 2014, 20(12): 3790-3801.

[82] 俞仁培. 土壤碱化及其防治 [J]. 土壤, 1984(5):163-170.

[83] 赵其国, 李庆逵. 中国主要农业土壤的集约耕作 [J]. 土壤学报, 1987(1):1-7.

[84] RENGASAMY P. World salinization with emphasis on Australia [J]. Journal of experimental botany, 2006, 57(5): 1017-1023.

[85] LETEY J. Soil salinity poses challenges for sustainable agriculture and wildlife [J]. California agriculture, 2000, 54(2): 43-48.

[86] 孙兴凯, 黄海, 王海东, 等. 大型污染场地修复过程中的问题探讨与工程实践 [J]. 环境工程技术学报, 2020, 10(5):883-890.

[87] 杜志会, 黄正玉, 李戎杰. 工矿企业污染场地修复工程案例分析 [J]. 绿色科技, 2017(20): 48-54.

[88] 张智. 浅谈污染场地土壤修复工程环境监理实践 [J]. 低碳世界, 2019, 9(11):18-19.

[89] 王文坦, 李社锋, 朱文渊, 等. 我国污染场地土壤修复技术的工程应用与商业模式分析 [J]. 环境工程, 2016, 34(1):164-167.

[90] 李志, 陈苏文, 蒋国龙. 污染场地土壤修复工程环境监理实践 [J]. 化工管理, 2021(6): 131-132.

[91] 刘旺锋. 污染场地土壤修复工程环境监理实践探讨 [J]. 新农业, 2020(19):69-70.

[92] 张红振, 叶渊, 魏国, 等. 污染场地修复工程关键环节分析 [J]. 环境保护, 2019(1): 54-56.

[93] 许伟, 沈桢, 张建荣, 等. 污染场地修复工程环境监理的实践与探索 [J]. 环境监测管理

与技术,2016,28(2):61-64.

[94] 沈磊,杨湘智,周丹平,等.污染场地修复环境监理与工程监理合署监理实践 [J]. 节能与环保,2018(12):70-71.

[95] 杨蒙.污染地块修复工程的实施研究 [J]. 清洗世界,2023,39(4):196-198.